U0241491

The Sense
and Nonsense
of Vitamins

维生素的

舌尖上的

徐格林 著

生活·讀書·新知 三联书店

图书在版编目（CIP）数据

舌尖上的维生素/徐格林著. —北京：生活·读书·新知三联书店，2024. 12. —（舌尖上的科学）.
ISBN 978-7-108-07998-5

Ⅰ. Q56-44

中国国家版本馆 CIP 数据核字第 2024HS1204 号

责任编辑　韩瑞华

封面设计　黄　越

出版发行　生活·讀書·新知 三联书店
　　　　　（北京市东城区美术馆东街 22 号）

邮　　编　100010

印　　刷　江苏苏中印刷有限公司

排　　版　南京前锦排版服务有限公司

版　　次　2024 年 12 月第 1 版
　　　　　2024 年 12 月第 1 次印刷

开　　本　880 毫米×1230 毫米　1/32　印张　16.625

字　　数　360 千字

定　　价　68.00 元

第一次世界大战结束后，美国政府在检讨战争得失时发现，密歇根州和威斯康星州的征兵淘汰率极高，很多青年男子在体检时因甲状腺肿被淘汰，其原因是当地土壤和饮用水碘含量低，导致碘缺乏病盛行。进一步的调查证实，大湖区和西北太平洋沿岸甲状腺肿患病率都很高，横贯美国北部的广大地区因此被称为甲状腺肿带（goiter belt）。甲状腺肿带的发现让美国朝野高度关注营养不良性疾病，因为庞大的患病群体在战时会危及国防安全，在平时会影响社会发展。

1924 年，美国开始通过食盐加碘防治甲状腺肿，这是人类历史上第一个群体性食品强化计划。此后的随访表明，碘盐大幅降低了碘缺乏病的患病率，显著提高了居民智商（胎儿和婴幼儿缺碘会影响智力发育）。1933 年，美国开始对牛奶实施维生素 D 强化。最初的强化方法是用紫外线照射牛奶，或在奶牛饲料中添加紫外线照射的酵母。1940 年，强化方法改为直接给牛奶添加维生素 D。牛奶维生素 D 强化使一度流行于美国北方的儿童佝偻病很快绝迹。

第二次世界大战期间，美国部分地区又因普遍发生的营养不良影响到征兵计划，国民体质影响到国防安全，营养问题再度成为朝野关注的焦点。1941 年 5 月，罗斯福总统主持召开国防营养会议（National Nutrition Conference for Defense），决定通过食品强化来改善国民营养。

根据国防营养会议的要求，美国食品药品监督管理局（FDA）建立了食品强化标准，要求生产商给面粉添加硫胺素（维生素 B_1）、核黄素（维生素 B_2）、烟酸（维生素 B_3）和铁。1943 年，美国颁布第一个战时食品法令（War Food Order），规定所有市售面粉都应按 FDA 制定的标准进行强化。

根据国防营养会议的要求，美国国家科学院（NAS）负责为人体必需营养素制定推荐摄入量（Recommended Dietary Allowances），其选定的第一个营养素是维生素 C。1943 年，NAS 推荐，成年女性每日应摄入 70 毫克维生素 C，成年男性每日应摄入 75 毫克维生素 C。此后，NAS 先后为其他维生素、宏量元素、微量元素制定了推荐摄入量，确立营养素摄入标准为制定居民膳食指南奠定了基础。

美国为提高军队战斗力而制定的国民营养增强策略并未随二战结束而告终。当时维生素发现不久，学术界有意无意地夸大了其防病健体的作用，而对其毒副作用则缺乏全面认识。维生素的发现让一度危害巨大的夜盲症、脚气病、坏血病、佝偻病等得以控制，学术界因此对维生素防治其他疾病寄予厚望。在这种背景下，民众开始迷信维生素，服用膳食补充剂（保健食品）成为一种时尚。在工商界的大力推动下，这种时尚迅速发展为全国性维生素狂热（vitamania）。

20 世纪 60 年代，在鲍林（Linus Pauling）等人的助推下，美国的维生素狂热达到巅峰，并开始向世界各国传播。精明的商家利用这股狂热敛财，他们设法将各种化合物包装成维生素进行推销。尽管学术界不断发出呼声，盲目补充维生素没有好处，甚至会引发毒副反应，但各种维生素和被包装成维生素的保健食品依然轮番热销。

20 世纪 90 年代，维生素的局限性逐渐被认识，其毒副作用也被更多揭示出来。美国全民健康与营养调查（NHANES）显示，在现代饮食环境中，大多数居民根本不缺乏维生素，在美国延续近 50 年的维生素狂热开始降温。但利益攸关方并不肯就此罢休，他们以各种借口继续鼓吹保健食品的好处，目的是维持庞大的消费者群体。随着生活水平的提高，进入 21 世纪后维生素热开始进入中国，很多居民开始服用维生素类保健食品。

本书以问答方式简要介绍了 14 种人体维生素（包括半维生素）的生理作用，列举了富含维生素的食物，阐述了维生素缺乏和过量可能引发的疾病，比较了中美两国维生素摄入的推荐量，分析了易发维生素缺乏的人群，回顾了维生素发现的曲折历史，其目的是帮助消费者摆脱盲目补充维生素的冲动，同时从均衡膳食中获取适量维生素。

由于著者水平有限，本书内容可能存在不少错误和疏漏。在此诚恳地邀请读者朋友们指出不当之处，以便有机会再版时加以改进。

徐格林

第一章 维生素

什么是维生素？

很多人都知道维生素的重要性，但究竟什么是维生素却不甚清楚。美国医学研究所（IOM）给维生素制定了四条标准：其一是外源性，维生素在体内不能合成，须经膳食持续补充；其二是微量性，维生素每日摄入量在微克到毫克之间；其三是辅助性，维生素既不参与人体组织构成，也不提供能量，但在生长、发育、代谢和功能运转中发挥调节作用；其四是特异性，维生素缺乏会导致特定疾病。

根据这四条标准，目前确定的人体维生素有 13 种：维生素 A（视黄醇）、维生素 B_1（硫胺素）、维生素 B_2（核黄素）、维生素 B_3（烟酸）、维生素 B_5（泛酸）、维生素 B_6（吡哆素）、维生素 B_7（生物素）、维生素 B_9（叶酸）、维生素 B_{12}（钴胺素）、维生素 C（抗坏血酸）、维生素 D（钙化醇）、维生素 E（生育酚）和维生素 K（叶绿醌和甲萘醌）。微量元素、脂肪酸和氨基酸都不是维生素。

胆碱（维生素 B_4）参与神经递质合成和生物膜构成，人体可从头合成胆碱。根据标准，胆碱并非维生素，但人体合成的胆碱在多数情况下无法满足生理需求，尚须经膳食补充，孕妇缺乏胆碱会引起胎儿神经系统发育异常。因此，胆碱被称为类维生素或准维生素（quasi-vitamins）。

1912 年，波兰生化学家冯克（Casimir Funk）将存在于米糠中的微量营养素命名为"vitamine"，字面意思是维持生命必需的胺类物质（vital amine），但其后的研究发现，这类微量营养素不都是胺类。1920 年，伦敦大学学院（University College London）的学者德拉蒙德爵士（Sir Jack Drummond）写信给《柳叶刀》（*The Lancet*）杂志，建议将 vitamine 改为 vitamin，这样既避免了歧义，又保持了学术名称的延续性。所以，vitamin（维生素）一词是由冯克和德拉蒙德两人共同打造的。

1913 年，美国生化学家麦科勒姆（Elmer McCollum）和戴维斯（Marguerite Davis）发现鱼肝油中存在可防治干眼症的营养素，麦科勒姆将其命名为"脂溶性 A 物质"，而将米糠中的营养素命名为"水溶性 B 物质"。所以，用字母分类维生素始于麦科勒姆。

在维生素被逐个发现的过程中，学术界认识到体内存在一组水溶性维生素，它们共同参与能量代谢，其作用具有高度协同性，因此将之统称为 B 族维生素。因 B 族维生素成员众多，采用字母加数字进行命名，目前已确定了 9 种 B 族维生素（B_1、B_2、B_3、B_4、B_5、B_6、B_7、B_9、B_{12}）。

vitamin 一词出现不久，英国传教士医生高似兰（Philip Cousland）在《高氏医学辞汇》中将其翻译为"维生素"。"维生素"的字面意思是，维持生命必需的营养素，这一翻译非常贴近冯克教授当初的本意。同一时期，畜牧学家陈宰均将 vitamin 翻译为"威达敏"，化学家郑贞文将 vitamin 翻译为"活力素"，还有学者将 vitamin 翻译为"维他命"。民国年间，"维生素"和"维他命"两种译法长期并存。在区分不同种类维生素时，有时用天干取代西文字母。例如，vitamin A 被译为"甲种维生素"或"维生素甲"，vitamin B_2 被译为"二号乙种维生素"或"乙种维生素二"。

1950 年，政务院文化教育委员会成立学术名词统一工作委员会，决定将 vitamin 统一翻译为"维生素"，区分维生素的西文字母和数字保持不变。在中国台湾和香港地区，有时仍沿用"维他命"这一旧时译法。

有些维生素以维生素原（provitamin）的形式存在于食物中。维生素原没有或仅有部分生物活性，但在体内可转化为活性维生素。β-胡萝卜素是维生素 A 原，在体内可转化为视黄醇（维生素 A）；色氨酸是维生素 B_3 原，在体内可转化为烟酸（维生素 B_3）；泛醇是维生素 B_5 原，在体内可转化为泛酸（维生素 B_5）；麦角固醇是维生素 D_2 原，在体内可转化为麦角钙化醇（维生素 D_2）。7-脱氢胆固醇是维生素 D_3 原，在体内可转化为胆钙化醇（维生素 D_3）。

膳食并非人体维生素的唯一来源，肠道细菌可合成维生素 K 和 B 族维生素。遗憾的是，肠道细菌合成维生素的部位在大肠，而大肠的吸收能力较弱，细菌合成的维生素仅有小部分可为人体利用。在日光照射下，皮肤深层细胞可合成维生素 D。经常晒太阳的人，皮肤合成是其体内维生素 D 的重要来源。

为了防治维生素缺乏症，有些国家和地区在面粉、大米、面包、牛奶或其他日常食品中添加维生素，这一公共卫生政策被称为食品强化。经常列入强化对象的有维生素 A、B_1、B_2、B_3、B_9、B_{12} 和 D。

维生素可分为水溶性和脂溶性两大类。目前确认的 14 种维生素有 10 种为水溶性（B 族维生素和维生素 C），4 种为脂溶性（维生素 A、D、E、K）。水溶性维生素在体内储存量小、代谢快，必须经膳食持续补充。脂溶性维生素在体内储存量大、代谢慢，一般经膳食间断补充即可。脂溶性维生素会在体内蓄积，摄入过量容易引发毒副反应。

根据毒副反应发生情况，中国、美国、欧盟和日本为维生素设立了可耐受最高摄入量（UL）。保健食品（膳食补充剂）所含维生素不得超过可耐受最高摄入量。超过限量的维生素产品只能作为处方药销售，并将潜在毒副作用详细列于说明书中。

市场上销售的维生素类保健食品（膳食补充剂）往往是多种成分的混合剂，除了维生素，还可能含有微量元素、氨基酸、必需脂肪酸甚至中草药成分。维生素类保健食品（膳食补充剂）对缺乏者有益，但也可能导致不良反应。孕妇、乳母、慢性病患者等特殊人群服用保健食品（膳食补充剂）前应咨询医生。多数保健食品（膳食补充剂）都依据成人的代谢能力设计，儿童服用应格外慎重。市场上也有专门针对儿童的维生素保健食品（膳食补充剂）。

大多数国家将维生素补充剂归类为特殊食品，而不是药品。因此，就如同普通食品一样，上市前商家无须证明这类膳食补充剂的安全性和有效性，美国食品药品监督管理局只监控膳食补充剂上市后的不良反应。

1994 年，美国颁行《膳食补充剂健康和教育法》（Dietary

Supplement Health and Education Act)，该法对膳食补充剂（保健食品）的生产、储存、包装、标签等都做了详细规定。该法强调，相关政府部门负有教育消费者的责任，这一规定是为了让民众能够掌握基本的营养学知识，不至于因盲信商家宣传而危及自身健康。在美国食品药品监督管理局、美国国立卫生研究院（NIH）、美国农业部（USDA）和部分大学的网站上，有大量介绍维生素的科普文章和相关调查数据。

美国医学研究所目前确定了 14 种维生素（包括准维生素胆碱），但被称为维生素的物质超过 100 种，民众在选购保健食品（膳食补充剂）时会面临极大困惑。维生素命名混乱有历史原因，但商业利益掺杂其间是导致这种混乱的重要原因。只有认清这一本质，才能辨识真假维生素。

1. 前维生素

维生素的概念早在 20 世纪 20 年代就已提出，但维生素的标准直到 60 年代才确立，很多曾被命名为"维生素"的化合物后来被取消了资格，这些化合物称为前维生素（former vitamin），这是现存维生素各字母和数字间留有空缺的主要原因（表 1）。必需脂肪酸曾被命名为维生素 F，腺苷酸曾被命名为维生素 B_8，乳清酸曾被命名为维生素 B_{13}，但后来的研究证实，这些物质都不符合维生素的标准。出于历史原因，学术界和民间有时仍用"维生素"称呼这些化合物，商家则以"维生素"为噱头推销这类保健食品（膳食补充剂）。

表 1　真假维生素一览表

维生素命名	化学名称	分类	分类依据	命名时间	发现者或命名者
维生素A	视黄醇	维生素	参与视紫红质和视紫蓝质合成。人体不能合成，须经膳食补充，缺乏可引起夜盲症。	1920	McCollum
维生素A原	β-胡萝卜素	维生素原	本身不具有维生素A的活性，但在体内可转化为维生素A。	1919	Steenkbock
维生素B	一组水溶性物质	前维生素	最初发现这组物质可促进动物生长发育，遂将其命名为维生素B。在确定其多种组分后，维生素B的名称被废弃。现统称B族维生素。	1916	McCollum
维生素B_1	硫胺素	维生素	参与细胞能量代谢，促进神经髓鞘形成。人体不能合成，须经膳食补充，缺乏可引起脚气病。	1927	Chick
维生素B_2	核黄素	维生素	参与细胞能量代谢。人体不能合成，须经膳食补充，缺乏可引起口角炎。	1927	Chick
维生素B_3	烟酸（niacin）	维生素	参与细胞能量代谢。人体不能合成，须经膳食补充，缺乏可引起糙皮病。	1930	Carter
维生素B_4	胆碱	准维生素	参与神经递质合成和生物膜构成。人体可从头合成胆碱，但合成量无法满足生理需求，尚须经膳食补充。孕妇缺乏胆碱会引起胎儿神经发育异常。	1862	Strecker

维生素命名	化学名称	分类	分类依据	命名时间	发现者或命名者
维生素B_4	腺嘌呤	前维生素	参与 DNA 和 RNA 合成，促进白细胞增生。曾被认为是人体必需，但研究证实体内可从头合成，目前不再列为维生素。	1930	Reader
维生素B_5	泛酸	维生素	参与细胞能量代谢。人体不能合成，须经膳食补充，缺乏可引起灼热足综合征。	1933	Williams
维生素B_5原	泛醇	维生素原	在皮肤中可转化为泛酸，因此是维生素B_5原，也称维生素原B_5。	1940	Roche
维生素B_6	吡哆素	维生素	参与细胞能量代谢。人体不能合成，须经膳食补充，缺乏可引起皮炎和神经炎。	1934	Gyorgy
维生素B_7	肉碱	前维生素	可将脂肪酸导入线粒体进行氧化燃烧，但肝脏和肾脏可利用赖氨酸和蛋氨酸合成肉碱，目前不再将其列为维生素。	1938	Centanni
	生物素	维生素	参与细胞能量代谢和组蛋白修饰。人体不能合成，须经膳食补充，缺乏可引起生物素缺乏面容。	1942	du Vigneaud
	肌醇	前维生素	参与脂代谢和细胞内外信号转导。在法语国家，肌醇被称为维生素B_7。肾脏和睾丸可合成肌醇，目前不再列为维生素。	1943	Anon
维生素B_8	肌醇	前维生素	在英语国家，肌醇被称为维生素B_8。	1943	Anon
	生物素	一物多名	在法语国家，生物素被称为维生素B_8。	1942	du Vigneaud

维生素命名	化学名称	分类	分类依据	命名时间	发现者或命名者
维生素B_8	腺苷酸	前维生素	合成 DNA 和 RNA 的原料，人体可从头合成，目前不再被列为维生素。	1927	Embden
维生素B_9	叶酸	维生素	参与细胞能量代谢和同型半胱氨酸代谢。人体不能合成，须经膳食补充。缺乏叶酸的孕妇，子代易发生神经管缺陷。	1941	Mitchell
维生素B_{10}	对氨基苯甲酸（PABA）	伪维生素	是细菌的维生素，但不能为人体利用。	1940	Woods
	叶酸和钴胺素的混合物	伪维生素	可促进小鸡羽毛生长，是叶酸和钴胺素的混合物，不符合维生素的标准。	1943	Briggs
维生素B_{11}	叶酸和硫胺素的混合物	伪维生素	可促进小鸡羽毛生长，是叶酸和硫胺素的混合物，不符合维生素的标准。	1943	Briggs
	水杨酸	伪维生素	可抑制环氧化酶（COX）并发挥止痛和抗炎作用，但在人体没有生理作用，不符合维生素的标准。	1828	Buchner
维生素B_{12}	钴胺素	维生素	参与核酸和蛋白质合成，促进红细胞发育和成熟，维持神经髓鞘的完整性。人体不能合成，须经膳食补充，缺乏可引起巨幼红细胞贫血。	1948	Rickes
维生素B_{13}	乳清酸	前维生素	是体内合成嘧啶的中间产物，目前已不再将其列为维生素。乳清酸在体内蓄积会导致乳清酸尿症，这种病是因尿素循环异常所致。	1948	Novak
维生素B_{14}	从尿液中提取的未知晶体	伪维生素	可促进骨髓细胞增生，但其化学成分从未被确定。	1949	Norris

维生素命名	化学名称	分类	分类依据	命名时间	发现者或命名者
维生素 B_{15}	潘氨酸	伪维生素	在人体没有生理作用，臭名昭著的美国"江湖医生"克雷布斯父子出于商业目的，将潘氨酸命名为维生素 B_{15}。	1943	Krebs
维生素 B_{16}	二甲基甘氨酸	伪维生素	在人体没有生理作用，是潘氨酸的类似物。美国"江湖医生"克雷布斯父子其将命名为维生素 B_{16}。	1943	Krebs
维生素 B_{17}	苦杏仁苷	伪维生素	在人体没有生理作用，美国"江湖医生"克雷布斯父子其将命名为维生素 B_{17}。	1943	Krebs
维生素 B_{18}	砷剂	伪维生素	砷是人体必需的营养素，但应将其归类为微量元素，而不是维生素。	1979	Herbert
维生素 B_{19}	维生素 B_1、B_6、B_{12} 的混合物	伪维生素	维生素 B_{19} 的名称从未被学术界认可。乌拉圭制药企业 Gramón Bagó 将维生素 B_1、B_6、B_{12} 复合剂称为维生素 B_{19}（19 源于三种 B 族维生素序号之和）。	2016	Gramón Bagó
维生素 B_{20}	左旋肉碱（左卡尼汀）	伪维生素	在体内参与脂代谢，但体内可从头合成，不符合维生素的标准。网络上有大量广告以维生素 B_{20} 的名义推销肉碱类膳食补充剂。	2004	Velisek
维生素 B_{22}	芦荟提取物	伪维生素	具有皮肤保湿和抑菌作用，但这些化合物在体内没有生理功能，将其列为维生素完全出于商业目的。	1973	Clark
维生素 Bc	叶酸	一物多名	小鸡缺乏叶酸会发生巨细胞贫血，因此曾将其称为维生素 Bc（c 代表 chicken）。现已重新命名为维生素 B_9。	1940	Hogan

维生素命名	化学名称	分类	分类依据	命名时间	发现者或命名者
维生素Bf	左旋肉碱（左卡尼汀）	伪维生素	因在脂肪酸代谢中具有重要作用，因此被称为维生素Bf，f代表脂肪酸（fatty acid）。人体可从头合成肉碱。	2007	Bernadier
维生素Bm	肌醇	非人体维生素	缺乏可导致小鼠脱毛，因此曾将其称为维生素Bm，m代表小鼠（mouse）。人体可从头合成肌醇。	2014	Velisek
维生素Bp	胆碱	非人体维生素	缺乏可导致小鸡骨发育不良，因此曾将其称为维生素Bp。p代表骨发育不良（perosis）。	1940	Hogan
维生素Bt	左旋肉碱（左卡尼汀）	非人体维生素	左旋肉碱是面包虫必需的营养素，因此曾将其称为维生素Bt，t代表面包虫（tenebrio molitor）。人体可从头合成左旋肉碱。	1948	Fraenkel
维生素Bv	吡哆醇之外其他形式的吡哆素	一物多名	吡哆素（维生素B_6）有多种形式，有人建议将吡哆醇之外的其他吡哆素命名为维生素Bv。	2014	Anon
维生素Bw	D-生物素之外其他形式的生物素	一物多名	生物素有多种异构体，在体内发挥作用的主要是D-生物素。有人建议将D-生物素之外的其他形式命名为维生素Bw。	2014	Anon
维生素Bx	4-氨基苯甲酸（PABA）	非人体维生素	可促进狐狸毛发生长，因此曾被称为维生素Bx，x代表狐狸（fox）。	1939	Lunde
维生素C	抗坏血酸	维生素	参与胶原纤维和神经递质合成，是体内主要的抗氧化物之一。人体不能合成，须经膳食补充，缺乏可引起坏血病。	1926	Szent-Gyorgyi

维生素命名	化学名称	分类	分类依据	命名时间	发现者或命名者
维生素 C_2	生物类黄酮	伪维生素	具有维生素 C 的部分活性，但这类物质并非人体必需的营养素。	1948	Cotereau
维生素 D	钙化醇	维生素	促进钙磷吸收、调节细胞分化和再生。人体不能合成，须经膳食补充，缺乏会引起佝偻病。	1922	McCollum
维生素 D_1	麦角钙化醇与光甾醇的混合物	废弃命名	最初以为这种混合物是维生素 D 的一种形式，在确定其成分后，维生素 D_1 的名称被废弃。	1932	Windaus
维生素 D_2	麦角钙化醇	维生素	由麦角固醇转化而来，是维生素 D 的一种活性形式。	1932	Windaus
维生素 D_3	胆钙化醇	维生素	由 7 - 脱氢胆固醇转化而来，是维生素 D 的一种活性形式。	1936	Windaus
维生素 D_4	22 - 二氢麦角钙化醇	维生素	是维生素 D 的一种活性形式，但在自然界中分布很少（某些蘑菇中），活性也较低。	2013	Wittig
维生素 D_5	谷钙化醇	维生素	是维生素 D 的一种活性形式。	1977	Moriarty
维生素 E	生育酚	维生素	具有抗氧化作用，人体不能合成，须经膳食补充，缺乏可引起周围神经病和视网膜病。	1924	Sure
维生素 F	必需脂肪酸：亚油酸，亚麻酸，花生四烯酸	前维生素	是细胞膜的重要构成成分，人体不能合成，须经膳食持续补充。但这类物质化学结构和代谢过程与脂肪相似，且人体需求量大，不符合维生素的标准。1929 年起，必需脂肪酸不	1929	Burr

维生素命名	化学名称	分类	分类依据	命名时间	发现者或命名者
			再被列为维生素。近年来，因发现有利于心血管健康，必需脂肪酸中的 omega-3 迅速成为广受消费者青睐的膳食补充剂，商家再次将其称为维生素 F。		
维生素G	核黄素	废弃命名	参与细胞能量代谢，人体不能合成，须经膳食补充。早期曾命名为维生素 G，后重新命名为维生素 B_2。	1927	Sherman
	烟酸	一物多名	为纪念戈德伯格在研究糙皮病方面做出的杰出贡献，他的同事和学生将烟酸命名为维生素 G。G 是戈德伯格（Goldberger）名字的首字母。	1935	Elvehjem
维生素H	生物素	废弃命名	参与糖异生和脂肪酸合成，人体不能合成，须经膳食补充。早期曾将生物素命名为维生素 H，后重新命名为维生素 B_7。	1931	Gyorgy
	氟哌啶醇	冒名维生素	氟哌啶醇（Haloperidol）作为药物可治疗精神分裂症、躁狂症等疾病。出于隐讳，氟哌啶醇常被称为"维生素 H"。	1958	Janssen
维生素H_3	普鲁卡因	伪维生素	阿斯兰声称普鲁卡因具有抗衰老作用，并将其命名为维生素 H_3，但普鲁卡因在人体中没有生理作用。	1965	Aslan
维生素I	大米中萃取的复合物	非人体维生素	鸽子缺乏会引起消化系统疾病，但人体不需要这些物质。	1938	Centanni

维生素命名	化学名称	分类	分类依据	命名时间	发现者或命名者
	布洛芬	冒名维生素	布洛芬（ibuprofen）可缓解疼痛和发热，登山者和远足者常将其称为"维生素 I"。	1961	Adams
维生素J	儿茶素和核黄素混合物	伪维生素	儿茶素并非人体必需，核黄素则被命名为维生素 B_2。	1935	Von Euler
	胆碱	废弃命名	参与细胞能量代谢，人体可从头合成，但合成量往往不能满足生理需求，早期曾被称为维生素 J，后重新命名为维生素 B_4。	1849	Strecker
维生素K	萘醌类	维生素	参与凝血过程，人体不能合成，须经膳食补充，缺乏容易引发出血。	1935	Dam
	氯胺酮	冒名维生素	服食或注射氯胺酮后，使用者会在快节奏音乐中强烈扭动身体或摇晃头部，同时产生意识和感觉分离的"成仙"样体验。黑帮和毒贩将氯胺酮（Ketamine）称为"维生素 K"，完全是为了掩盖其毒品本质，与人体需要的维生素毫无瓜葛。	1962	Stevens
维生素 K_1	叶绿醌	维生素	参与凝血过程，是维生素 K 的主要形式之一。	1939	McKee
维生素 K_2	甲萘醌	维生素	参与凝血过程，是维生素 K 的主要形式之一。	1939	McKee
维生素 K_3	人工合成甲萘醌	维生素	人工合成的甲萘醌与天然甲萘醌（维生素 K_2）结构不同。维生素 K_3 在体内可转化为维生素 K_2。由于维生素 K_3 可引发溶血性贫血，	1967	Dam

维生素命名	化学名称	分类	分类依据	命名时间	发现者或命名者
			目前已不再用作膳食补充剂。		
维生素 K₄	甲萘醌酯	维生素	人工合成的亲水维生素 K。	1967	Dam
维生素 K₅	2-甲基-4-氨基-1-萘酚	维生素	人工合成的维生素 K。因具有抑制霉菌和细菌生长的作用，常用作防腐剂。	1940	Seed
维生素 L	酵母提取物	非人体维生素	大鼠缺乏可引起乳腺泌乳障碍，L 代表泌乳（lactation）。	1938	Nakahara
维生素 L₁	邻氨基苯甲酸	伪维生素	为色氨酸前体，可促进乳腺泌乳，但邻氨基苯甲酸属于氨基酸，并非维生素。	1938	Nakahara
维生素 L₂	腺嘌呤衍生物	伪维生素	可促进乳腺泌乳，是核苷酸的代谢产物，不符合维生素的标准。	1938	Nakahara
维生素 M	叶酸	废弃命名	猴子缺乏可引起红细胞减少，因此将其命名为维生素 M。M代表猴子（monkey）。现已重新命名为维生素 B₉。	1938	Day
维生素 N	脑组织提取物	伪维生素	研究者宣称这种物质具有抗癌作用，但并未被其他学者证实，其成分也从未被确定。	1968	Podionova
维生素 O	含有机锗的盐水	伪维生素	由美国保健品公司 Rose Creek 开发的膳食补充剂，主要由盐水和少量有机锗组成，其作用不会强过安慰剂。	2002	Rose Creek
	左旋肉碱	伪维生素	参与脂肪酸转运，但人体可从头合成。商家常以"维生素 O"为噱头推销左旋肉碱类膳食补充剂。	1938	Centanni

维生素命名	化学名称	分类	分类依据	命名时间	发现者或命名者
维生素P	生物类黄酮	前维生素	可调节毛细血管通透性，因此曾将其命名为维生素P，P指通透性（permeability）。生物类黄酮可增强维生素C的作用，但这类物质有6000多种，不符合维生素的标准。	1936	Rusznyak
维生素P_4	曲克芦丁	伪维生素	最早从芦丁中提取，属于生物类黄酮，可能具有血管保护作用，但并非人体必需的营养素。	2004	Riccioni
维生素PP	烟酸（niacin）	废弃命名	因具有防治糙皮病的作用，最初被命名为维生素PP（pellagra preventive）。B族维生素的概念提出后，烟酸被重新命名为维生素B_3。	1926	Goldberger
维生素PQQ	吡咯喹啉醌	伪维生素	具有线粒体保护作用，但并非人体必需的营养素。PQQ代表pyrroloquinoline quinone（吡咯喹啉醌）。	1979	Hauge
维生素Q	辅酶Q	伪维生素	参与细胞能量代谢，但人体可从头合成。	1950	Festenstein
	大豆磷脂	伪维生素	参与凝血过程，但并非人体必需的营养素。	1974	Quick
维生素R	叶酸	废弃命名	可促进生长发育，早期曾被命名为维生素R。B族维生素的概念提出后，重新被命名为维生素B_9。	1940	Schumacher
	哌甲酯（利他林）	冒名维生素	作为药物可提高操作记忆、情景记忆和唤醒水平，增强完成复杂任务的能力，但会产生神经毒性。出于隐讳等目的，利他林（Ritalin）常被称为维生素R。	1944	Panizzon

维生素命名	化学名称	分类	分类依据	命名时间	发现者或命名者
维生素 S	促长肽	伪维生素	可促进细菌和动物生长，但并非人体必需的营养素。	1940	Schumacher
	水杨酸	冒名维生素	作为药物具有消炎镇痛作用，但在人体中没有生理作用。因应用广泛且疗效确切，水杨酸（salicylic acid）被称为维生素 S。	1828	Buchner
维生素 T	从白蚁中提取的混合物	伪维生素	在大鼠体内可提高蛋白质的利用率，但其成分从未被确定。因最初从白蚁（termite）中提取被命名为维生素 T。	1947	Goetsch
	睾酮	冒名维生素	作为药物可治疗男性性腺机能减退，作为兴奋剂可提高运动员的比赛成绩。出于隐讳等目的，睾酮（testosterone）有时被称为维生素 T。	1935	Laqueur
维生素 U	S-腺苷蛋氨酸（SAM）	伪维生素	作为甲基供体参与氨基酸代谢和 DNA 合成。但 SAM 是蛋氨酸代谢的中间产物，不能归类为维生素。	1950	Cantoni
维生素 V	烟酰胺腺嘌呤二核苷酸（NAD）	伪维生素	作为体内很多脱氢酶的辅酶，其功能是将代谢过程中脱下来的氢传递给黄素蛋白。但这种物质是烟酸代谢的中间产物，不能归类为维生素。	1984	Cody
	枸橼酸西地那非（伟哥、威尔刚）	冒名维生素	作为药物可延长阴茎勃起时间，增强性快感。出于隐讳等目的，患者和药剂师将其称为维生素 V，V 代表伟哥（Viagra）。	1986	Pfizer

维生素命名	化学名称	分类	分类依据	命名时间	发现者或命名者
维生素W	生物素	废弃命名	在发现之初曾被称为维生素W。B族维生素的概念提出后，重新命名为维生素B_7。	1937	Frost
维生素X	未知维生素	临时名称	当怀疑存在某种维生素，在提纯或确定其结构前，会临时称之为维生素X。1923年，伊文思从小麦胚芽中分离出可防治大鼠不育的营养素，临时称之为维生素X，后来确定其为维生素E。PABA在提纯前也曾被称为维生素X。	1923	Evens
维生素Y	吡哆素或肌醇	废弃命名	早期研究认为吡哆素和肌醇具有抗衰老作用，因此将其称为维生素Y。Y代表staying young（永葆青春）。	1930	Chick
	瑜伽	冒名维生素	瑜伽是源于印度的一种修身养性技法，爱好者认为习练瑜伽（Yoga）有益于健康，因此将其称为维生素Y。	2016	Luibrand
维生素Z	多种维生素和矿物质	伪维生素	商家将多种维生素和矿物质制成的膳食补充剂称为维生素Z，这一策略完全是为了推销产品。	2016	NetNutri
	吃得好，睡得香	冒名维生素	有些健康指导师和家庭医生将"吃得好，睡得香"称为维生素Z。	2016	Nerd

2. 一物多名

由于早期信息交流不发达，世界各地的研究者将同一化合物命名为不同维生素。B 族维生素的概念提出后，此前已经命名的很多维生素被重新归类为 B 族维生素，这也导致有些化合物具有多个维生素名称（表 1）。核黄素最初被命名为维生素 G，后被重新命名为维生素 B_2；生物素最初被命名为维生素 H，后被重新命名为维生素 B_7。

3. 一名多物

维生素的命名原则是，按照发现时间先后以西文字母加阿拉伯数字依次命名。由于早期无法及时交流信息，世界各地的研究者曾将不同化合物命名为同一维生素。在维生素发现史上，胆碱、肉碱、腺嘌呤都曾被命名为维生素 B_4，后来的研究证实，这三种化合物无一符合维生素的标准。

4. 冒名维生素

有些化合物甚至药物不符合维生素的标准，但出于推销、便利或隐讳等目的，民间将其称为维生素，此为冒名维生素。

1944 年，瑞士诺华公司（Novartis，旧称 Ciba）的化学家帕尼兹（Leandro Panizzon）首次合成哌甲酯。根据妻子的小名丽塔（Rita），帕尼兹将这种新药命名为利他林（Ritalin）。因具有中枢兴奋性，利他林可用于治疗儿童多动症（ADHD）和发作性睡病（narolepsy）。研究发现，哌甲酯可提高操作记忆、情景记忆和唤醒水平，增强完成复杂任务的能力，因此被民间称为"聪明药"或"维生素 R"，R 就代表利他林。发现药理作用后，利他林风靡欧美国家，学生为了提高考试成绩服用该药，白领为了改善面试效果服用该药，减肥者为了控制体重服用该药，男性为了增强性快感服用该药。2013 年，全球利他林销量高达 24 亿片，在美国长期高居处方药销量排行榜前 50。"维生素 R"给人的感觉是这种药物毒副作用不大，其实利他林可引起睡眠障碍、食欲下降、体重减轻、焦虑等症状，甚至引发过敏、高热、抽搐、精神障碍、心律失常、横纹肌溶解等严重不良反应，长期服用还会成瘾。由于利他林有明显中枢兴奋作用和神经毒性，中国已将其列为 I 类精神药品。

1962 年，韦恩州立大学（Wayne State University）教授斯蒂文斯（Calvin Stevens）首次合成氯胺酮（ketamine）。越南战争期间，美国开始将氯胺酮用作野战外科麻醉剂。最近的研究发现，氯胺酮可治疗创伤性应激障碍（PTSD）。作为一种致幻剂，氯胺酮能让人短时间丧失记忆力，进而处于恍惚状态。吸食或注射氯胺酮的人，会在快节奏音乐中强烈扭动身体或摇晃头部，产生意识和感觉分离的"成仙"样体验，氯胺酮片剂因此被称为"摇头丸"。将氯胺酮加入饮料或红酒中饮用，会让女性产生难以遏制的性冲动，所以氯胺酮又称"迷奸粉"。氯胺酮一般为白色粉末，因英文名称的第一个字母是 K 而被称为"K"粉。在中国香港和部分西方国家，氯胺酮被黑帮和毒贩称为"维生素 K"。这一名称完全是为了掩盖买卖毒品的恶行，与人体需要的维生素毫无瓜葛。

1986 年，辉瑞公司（Pfizer）设在英国桑威奇（Sandwich）的研发中心首次合成西地那非（sildenafil citrate, UK-92480）。开发该药的初衷是治疗心绞痛，但在研究中意外地发现，西地那非可舒缓血管平滑肌，增加海绵窦充血量，导致阴茎勃起。西地那非转而成为增加性快感和治疗男性勃起功能障碍（ED）的畅销药。1998 年，美国和欧盟批准西地那非（商品名：Viagra、万艾可、威尔刚、威而钢、伟哥）上市。出于隐讳等原因，有些消费者和药剂师将万艾可称为"维生素 V"。

1935 年，荷兰化学家拉克尔（Ernst Laqueur）首次合成睾酮（testosterone）。作为药物，睾酮可治疗男性性腺功能减退症。作为兴奋剂，睾酮可提高运动员的比赛成绩，但长期使用睾酮会导致体内激素紊乱，世界反兴奋剂机构（WADA）已将睾酮列为运动员禁用药。在 1988 年汉城奥运会上，加拿大短跑运动员约翰逊（Ben Johnson）因服用睾酮，其百米冠军成绩被取消。出于隐讳之目的，使用者将睾酮称为维生素 T。

5. 非人体维生素

动物和人体组织结构不同，所需营养素也有所不同。动物或微生物需要的某些维生素在人体中并非必需的。1948 年，美国伊利诺伊大学教授弗伦克尔（Gottfried Fraenkel）发现，面包虫（黄粉虫）生长发育并不需要维生素 A、D、E、K 等脂溶性维生素，但需要一种未知营养素，他将这种营养素命名为面包虫维生素，即维生素 Bt，其中的 t 代表面包虫（tenebrio molitor）。进一步分析发现，维生素 Bt 其实就是肉碱（carnitine）。时至今日，仍有商家以维生素 Bt 为噱头推销肉碱类保健食品（膳食补充剂）。肉碱如果是维生素的话，也只是面包虫的维生素，而不是人体的维生素。

对氨基苯甲酸（para–aminobenzoic acid, PABA）是某些细菌

合成叶酸的原料，人体肠道中的大肠杆菌就可利用 PABA 合成叶酸。人体缺乏将 PABA 转化为叶酸的酶，因此不能利用 PABA。在历史上，PABA 曾被命名为维生素 Bx 和维生素 H_1，这其实是细菌的维生素。

　　猫和狗体内不能合成胆碱，必须经食物持续补充。对猫狗而言，胆碱是维生素。人体可从头合成胆碱，但合成量往往无法满足生理所需，对人体而言，胆碱最多只能算准维生素。

6. 伪维生素

　　维生素被逐一发现后，其重要性渐为人知，精明的商家常借用维生素的名头推销保健食品。这类保健食品大多从水果、蔬菜、矿物或食物中提取，可能具有某些营养价值，但根本不符合维生素的标准，这些化合物可称为假维生素（vitamin quackery）或伪维生素（pseudo-vitamins）。

　　1998 年，美国玫瑰溪保健品公司（Rose Creek Health Products）及其子公司（R-Garden）推出保健食品"维生素 O"。该公司宣称，"维生素 O"是一种特殊氧气，采用原始海水激活氧气，然后以液态形式为人体补氧。玫瑰溪公司在报刊、电视和互联网上大量投放广告，宣传"维生素 O"可增加能量供给、增强免疫功能、杀灭细菌病毒、清除体内毒素，健康人服用"维生素 O"可抗衰老、改善注意力、提高记忆力、减轻焦虑、缓解疲劳、促进循环、控制体重等，患者服用"维生素 O"可防治皮炎、关节炎、鼻窦炎、慢性支气管炎、哮喘、肺气肿、偏头痛、消化不良、经前综合征（PMS）、更年期综合征、糖尿病、心脏病、癌症等疾病。以商业机密为由，玫瑰溪公司拒绝向外界透露"维生素O"成分的任何信息。

1999年，美国联邦贸易委员会（FTC）检测发现，"维生素O"的主成分其实就是盐水和有机锗，其效果不超过安慰剂。2000年4月28日，以虚假广告和宣传保健食品的治疗作用为由，联邦贸易委员会判定玫瑰溪公司赔偿消费者37.5万美元。2005年，美国食品药品监督管理局向R-Garden发出警告信，指出其产品外包装和销售网站上存在夸大宣传和虚假广告。其网络广告宣称，一名长期卧床的心衰患者服用"维生素O"后健步如飞，该患者此后停用了医生处方的心脏病药物。令人惊讶的是，经过两次整改，"维生素O"依然在市场上大行其道，只是在产品外包装上提示："该产品无意于诊断、预防、治疗任何疾病（This product is not intended to diagnose, treat, cure or prevent any disease）。"最近几年来，"维生素O"被经销商引入中国，开始在互联网上售卖。

在非洲、南美洲和东南亚地区，某些种类的白蚁可作为食物或动物饲料。1946年，德国动物学家戈奇（Wilhelm Goetsch）从白蚁中提取出一种复合物，并将其命名为"维生素T"（T代表白蚁，termite）。戈奇声称，"维生素T"不仅能促进生长发育，还能加速伤口愈合。之后，商家将"维生素T"包装为保健食品（膳食补充剂）进行推销。后来的研究证实，所谓的"维生素T"不过是氨基酸、核酸、叶酸、维生素B_{12}等组成的混合物。时至今日，这种假维生素产品依然畅销。

1950年，美国凯斯西储大学（Case Western Reserve University）学者坎托尼（Giulio Cantoni）发现，在人体中S-腺苷蛋氨酸（SAM）作为甲基载体参与氨基酸代谢和DNA合成，可能有利于防治胃溃疡。敏感的商家闻风而动，将 SAM 誉为"维生素 U"进行推销。但随后的研究证实，胃溃疡与幽门螺杆菌有关，而与所谓的"维生素 U"毫无关系，"维生素 U"产品随之在市场上销声匿迹。最近几年来，美国商人再次将 SAM 包装为膳食补充剂 SAMe，声称其有利于防治抑郁症、关节炎和肝脏疾病。由于 SAM 有引发躁狂症或过敏反应的可能，欧盟禁止销售含 SAM 的膳食补充剂，购买 SAM 类药物须持有医生处方。仅从 S-腺苷蛋氨酸这一名称就可判断，这种化合物是氨基酸的代谢产物，根本不符合维生素的标准。

在历史上，潘氨酸（pangamate）曾被命名为维生素 B_{15}，苦杏仁苷（laetrile）曾被命名为维生素 B_{17}，必需脂肪酸（尤其是 omega-3 和 omega-6）曾被命名为维生素 F，邻氨基苯甲酸曾被命名为维生素 L_1，肉碱曾被命名为维生素 O，黄酮类化合物（flavonoids）曾被命名为维生素 P。这些命名大多也是为了借维生素的影响力推销保健食品。

曲折的发现历程使维生素的命名格外复杂，这种状况让商家有机可乘，他们在互联网上和媒体广告中将前维生素、类维生素、非人体维生素、伪维生素当作真维生素进行推销。在购买保健食品（膳食补充剂）时，消费者需要仔细鉴别，避免被不实宣传所误导。

哪些维生素的发现曾获诺贝尔奖？

诺贝尔奖是以瑞典化学家诺贝尔的遗产为基金，旨在奖励那些在科学研究上或为人类和平做出重大贡献的人。诺贝尔奖发起和维生素发现始于同一时代。一百多年来，有十多位科学家因发现维生素获诺贝尔奖（表 2），更多学者因研究维生素获得提名。尽管其间曾发生乌龙事件，颁奖也曾受政治因素干扰，但这些并不影响诺贝尔奖对维生素研究的巨大推动作用。

表 2　获得诺贝尔奖的维生素学者

学者	中文译名	国籍	获奖年度	获奖领域	相关维生素
Adolf Windaus	温道斯	德国	1928	化学	维生素 D
Christiaan Eijkman	艾克曼	荷兰	1929	生理学或医学	维生素 B_1
Frederick Hopkins	霍普金斯	英国	1929	生理学或医学	多种维生素
George Minot	迈诺特	美国	1934	生理学或医学	维生素 B_{12}
William Murphy	墨菲	美国	1934	生理学或医学	维生素 B_{12}

学者	中文译名	国籍	获奖年度	获奖领域	相关维生素
George Whipple	惠普尔	美国	1934	生理学或医学	维生素 B_{12}
Norman Haworth	霍沃思	英国	1937	化学	维生素 C
Paul Karrer	卡勒	瑞士	1937	化学	维生素 E
Szent-Gyrgyi	森特-哲尔吉	匈牙利	1937	生理学或医学	维生素 C
Richard Kuhn	库恩	德国	1938	化学	维生素 A
Henrik Dam	达姆	丹麦	1943	生理学或医学	维生素 K
Edward Doisy	多伊西	美国	1943	生理学或医学	维生素 K
Alexander Todd	托德	英国	1957	化学	维生素 B_{12}
Dorothy Hodgkin	霍奇金	英国	1964	化学	维生素 B_{12}
Robert Woodward	伍德沃德	美国	1965	化学	维生素 B_{12}
George Wald	沃尔德	美国	1967	生理学或医学	维生素 A
Haldan Hartline	哈特兰	美国	1967	生理学或医学	维生素 A
Ragnar Granit	格拉尼特	瑞典	1967	生理学或医学	维生素 A
Fukui Kenichi	福井谦一	日本	1981	化学	维生素 B_{12}
Roald Hoffmann	霍夫曼	美国	1981	化学	维生素 B_{12}

诺贝尔奖的设立

1833 年，阿尔弗雷德·诺贝尔（Alfred Nobel）生于瑞典斯德哥尔摩。作为化学家和工程师，诺贝尔一生共获得 355 项发明专利，其中影响最大的是黄色炸药和引爆装置。作为企业家，诺贝尔曾拥有多家军火厂，其中规模最大的是博福斯公司（Bofors）。在战乱年代，诺贝尔依靠军火积累了巨额财富。

1888 年，诺贝尔惊讶地在报上读到自己的讣告，标题是《死亡商人死了》（*The Merchant of Death is Dead*）。他仔细研读后发现，原来是哥哥卢德维格（Ludvig Nobel）被当成了自己。尽管这一张冠李戴事件不值得深究，但讣告竟然将自己称为"死亡商人"，这一恶名让诺贝尔寝食难安。他反思后承认，自己研发生产的武器弹药确实会让数以百万计的人丧生。为了改变身后名誉，诺贝尔决定将巨额资产用于推动科学研究、造福人类和平。

1896 年 12 月 10 日，诺贝尔因脑出血在意大利圣雷莫（Sanremo）私人别墅中去世，按照遗嘱成立的监管委员会接管了他的遗产。诺贝尔奖最初设立了物理（Physics）、化学（Chemistry）、生理学或医学（Physiology or Medicine）、文学（Literature）、和平（Peace）五个奖项。1968 年，瑞典国家银行在成立 300 周年之际，向诺贝尔基金会捐献大额资金，同时增设诺贝尔经济学奖。按照章程，诺贝尔奖每年颁发一次。

在两次世界大战中，瑞典均保持中立，但诺贝尔奖颁授仍两度停止。希特勒当政时，禁止德国公民领取诺贝尔奖。在有些年份，某个单项奖也因缺少合适人选而空缺。截至 2021 年，共有 943 人和 25 个团体获得诺贝尔奖。诺贝尔奖只颁授给健在科学家，因而很多重大发现和发明因主要研究者去世而无法获奖。

1901 年，第一届诺贝尔物理学奖授予了伦琴（Wilhelm Röntgen），以表彰他发现了 X 射线；化学奖授予了范特荷甫（Jacobus van't Hoff），以表彰他在热力学研究方面做出的杰出贡献；生理学或医学奖授予了贝林（Emil von Behring），以表彰他发明了白喉抗毒素。当时欧洲正在流行白喉病，贝林被誉为"孩子们的救星"（savior of children）。

获得诺贝尔奖的维生素学者

佝偻病（rickets）是一种骨骼软化病，多发于儿童中。历史上佝偻病曾在欧洲、亚洲、非洲等地流行。1922 年，美国生化学家麦科勒姆（Elmer McCollum）发现，鱼肝油中含有防治佝偻病的成分。由于是第四个被确定的维生素，这种成分被命名为维生素 D。1926 年，德国化学家温道斯（Adolf Windaus）发现，阳光（紫外线）可将麦角甾醇转变为维生素 D_2，这一发现解决了维生素的来源问题。1928 年，温道斯获得诺贝尔化学奖，但最初发现维生素 D 的麦科勒姆并未获奖。

19 世纪末期，荷兰派驻爪哇岛的军队中流行脚气病，艾克曼（Christiaan Eijkman）受命研究脚气病防治方法。在一次偶然机会中，艾克曼发现用精米（抛光大米）饲养鸡可引发脚气病，由此揭开了脚气病病因之谜，最终发现了维生素 B_1。1912 年，英国生化学家霍普金斯（Frederick Hopkins）发现，用蛋白质、碳水化合物、脂肪、矿物质和水配制的标准饲料喂养动物，会引发生长发育障碍。霍普金斯提出，日常膳食中存在微量"膳食辅助因子"，这些因子后来被命名为维生素。1929 年，艾克曼和霍普金斯分享了诺贝尔生理学或医学奖。

巨幼红细胞贫血在历史上曾被称为恶性贫血（pernicious anemia），pernicious 的本意是"致命的"，可见当时这种病死亡率极高。1919 年，美国医生惠普尔（George Whipple）发现，动物肝脏和瘦肉可促进红细胞再生。美国医生迈诺特（George Minot）和墨菲（William Murphy）发现，牛肝榨汁（富含维生素 B_{12}）可治疗恶性贫血。1934 年，惠普尔、迈诺特和墨菲分享了诺贝尔生理学或医学奖。

1937 年，匈牙利生化学家森特-哲尔吉（Albert Szent-Györgyi）获得诺贝尔生理学或医学奖。森特-哲尔吉首次分离出维生素 C（己糖醛酸），同时揭示了维生素 C 在体内的生理作用。森特-哲尔吉发现，辣椒中含有丰富的维生素 C，他将提纯的维生素 C 无偿送给世界各地的学者，推动了维生素 C 的研究工作。

1937 年，英国化学家霍沃思（Norman Haworth）和瑞士化学家卡勒（Paul Karrer）分享了诺贝尔化学奖。霍沃思利用晶体 X 线衍射技术确定了维生素 C 的化学结构，同时建立了维生素 C 合成技术。卡勒首次从鱼肝油中分离出维生素 A，确定了维生素 A 的化学结构，建立了维生素 A 的合成技术。此外，卡勒还确定了核黄素（维生素 B_2）的化学结构，首次合成了维生素 B_2 和维生素 E。

1938 年，德国生物化学家库恩（Richard Kuhn）因发现类胡萝卜素（维生素 A 前体）获得诺贝尔化学奖。库恩还首次提纯维生素 B_2（核黄素）和维生素 B_6（吡哆素）。当时希特勒的纳粹政府抵制诺贝尔奖，直到第二次世界大战结束，库恩才领取了奖章和证书。

1943 年，丹麦生化学家达姆（Henrik Dam）和美国生化学家多伊西（Edward Doisy）分享了诺贝尔医学或生理学奖。达姆发现，用无脂饲料喂养的小鸡容易出血，而且凝血时间明显延长，给饲料中加入火麻仁可预防出血。这一结果表明，火麻仁中含有促凝血物质，达姆将这种物质命名为凝血维生素（维生素 K）。之后，达姆带领的研究团队从苜蓿中提取出维生素 K。多伊西则确定了维生素 K 的化学结构，同时建立了维生素 K 合成技术。维生素 K 的临床应用大幅降低了新生儿内出血的发生率。

1954 年，英国生化学家托德（Lord Todd）描述了维生素 B_{12}

的基本结构。1955 年，英国化学家霍奇金（Dorothy Hodgkin）采用晶体 X 线衍射技术对维生素 B_{12} 的化学结构进行了精准分析。1957 年，托德因在核苷酸方面的研究被授予诺贝尔化学奖。1964 年，霍奇金因确定维生素 B_{12} 的化学结构获得诺贝尔化学奖。

美国化学家伍德沃德（Robert Woodward）被尊为"有机合成之父"，他合成了胆甾醇、皮质酮、马钱子碱、利血平、叶绿素等多种复杂有机物。1965 年，伍德沃德获得诺贝尔化学奖。1973 年，伍德沃德首次合成维生素 B_{12}。不过，他合成维生素 B_{12} 是在获得诺贝尔奖之后。

1952 年，日本化学家福井谦一（Fukui Kenichi）提出前线分子轨道理论（frontier molecular orbital theory），以解释芳香烃类物质的化学性质。在研究维生素 B_{12} 的结构时，伍德沃德参考福井谦一的理论，和他的学生霍夫曼（Roald Hoffmann）提出分子轨道对称守恒原理。1981 年，霍夫曼和福井谦一因创立分子轨道理论共同获得诺贝尔化学奖。作为该理论的最初发起人，伍德沃德本应再度获得诺贝尔奖，遗憾的是他已于 1979 年离世。

20 世纪 50 年代，美国生化学家沃尔德（George Wald）发现，视网膜上的视紫红质受光线照射后可分解为视蛋白和视黄醛（维生素 A 的活性形式）。瑞典生理学家格拉尼特（Ragnar Granit）发现，视网膜上的三种视锥细胞可感知不同波长（不同颜色）的光线。美国生理学家哈特兰（Haldan Hartline）发现，视网膜上的感光细胞受光线照射后可发出神经冲动。1967 年，沃尔德、格拉尼特和哈特兰因揭示视觉奥秘分享了诺贝尔生理学或医学奖。

诺贝尔奖乌龙事件

早期诺贝尔奖的一个评选标准是，获奖成就必须为前一年取得的重大发现。这一规定曾导致乌龙事件发生，因为有些"重大发现"在短时间内根本来不及验证。1926 年，丹麦病理学家菲比格（Johannes Fibiger）获得诺贝尔生理学或医学奖；但后经证实，他的发现是错误的，由此诺贝尔奖的声誉受到影响。此后，诺贝尔奖委员会改变了评奖标准，获奖成就必须是经充分验证的重大发现。

1907 年，菲比格发现，爱沙尼亚塔尔图（Tartu）地区的野生大鼠中流行胃部肿瘤。这种肿瘤可在大鼠间"传染"，而在患病大鼠胃内也检测到线虫和虫卵。根据这些研究结果，菲比格于 1913 年提出，线虫可引起胃部肿瘤。

寄生虫可导致癌症，这一发现在医学上不能不说是重大突破。1926 年，菲比格因此获得诺贝尔医学或生理学奖，不久被任命为哥本哈根大学校长。丹麦政府为了推动癌症研究，在哥本哈根大学建立了世界上第一个癌症研究所，由菲比格兼任所长。1928 年，菲比格因大肠癌去世，享年 61 岁。

菲比格的学说在他生前从未遇到挑战。菲比格去世数年后，有学者开始质疑他的研究结果。1935 年，帕西（Richard Passey）等学者发现，菲比格喂养大鼠的饲料不含维生素 A，而维生素 A 缺乏可诱发瘤样增生，但这种增生并不是恶性肿瘤（癌症），菲比格将良性病变错当成了恶性肿瘤。1952 年，希契科克（Claude Hitchcock）采用组织病理学方法证实，菲比格在大鼠胃内诱发的包块确实不是恶性肿瘤，而是维生素 A 缺乏和线虫感染共同导致的黏膜乳头状增生。至此，菲比格的寄生虫致癌学说被彻底否定，1926 年医学奖成为诺贝尔奖历史上为数不多的乌龙事件之一。

美国为什么会出现维生素狂热？

第二次世界大战期间，如何增强参战人员营养成为军事医学研究的重点。战场环境难以保证均衡膳食，参战人员体能消耗大，有必要在军需食品中加入维生素和矿物质。这种做法很快流传到民间，商家则趁机推销维生素产品。二战结束不久，服用维生素补充剂在欧美国家成为时尚，美国学者约德（Robert Yoder）将这种现象称为"维生素狂热"（vitamania）。

由于发现不久，当时的学术界有意无意地夸大了维生素的作用，对其毒副作用则缺乏全面认识，而民众的营养学知识也非常有限。在这一背景下，商家的夸大宣传迅速点燃了维生素狂热，大批民众开始迷恋维生素类保健食品（膳食补充剂）。20世纪60年代，在一位政治和科学两栖名人的助推下，欧美国家的维生素狂热达到巅峰，随后波及世界各国，时至今日其影响依然没有消失。

1901年，莱纳斯·鲍林（Linus Pauling）生于美国俄勒冈州波特兰市。1922年，鲍林从俄勒冈州农学院（现改名为俄勒冈州立大学，Oregon State University）毕业。鲍林涉猎广泛，曾被誉为化学家、生化学家、工程师、政治家、作家、教育家。他一生共发表了1 200篇论文，其中850篇为科学论文。鲍林是历史上唯一两度独享诺贝尔奖的人。1954年，鲍林因揭示化学键本质荣获诺贝尔化学奖。1962年，鲍林因发起反越战运动获得诺贝尔和平奖。鲍林强烈反对核武器试验，他的言论触怒了肯尼迪总统，曾一度受到政治迫害，但他最终推动了《禁止在大气层、外层空间和水下进行核武器试验条约》（PTBT）的签署。1961年，鲍林当选《时代》周刊年度风云人物。2000年，《新科学家》（*New Scientist*）杂志评选出史上最伟大的100位科学家，鲍林位列第16。

作为量子化学和分子生物学奠基人，鲍林提出了化学键轨道杂交理论，制定了元素电负性尺度标准，发现了蛋白质二级结构（α螺旋和β折叠）。鲍林提出的X线晶体衍射技术成为破解生命体DNA密码的钥匙。晚年的鲍林致力于研究正分子医学，他提出的维生素观点至今仍存争议，他掀起的全球维生素狂热则成为他辉煌人生的一个污点。

1941年，40岁的鲍林患急性肾炎，医生建议他采用低蛋白无盐饮食，同时补充多种维生素，结果他很快就康复了。这一经历让鲍林对维生素的疗效惊叹不已，成为他日后推崇维生素的动力来源。

1965年，在阅读加拿大精神病学家霍弗（Abram Hoffer）的专著《烟酸治疗精神病》（*Niacin Therapy in Psychiatry*）后，鲍林提出维生素不仅可治疗相关缺乏症，还能发挥健康促进作用。

1968 年，鲍林在《科学》（*Science*）杂志发表《正分子精神病学》（*Orthomolecular Psychiatry*）一文，正式提出正分子疗法和正分子医学（orthomolecular medicine）。他认为服用大剂量维生素可提高脑内神经递质的浓度，这种疗法应作为精神病患者的首选。尽管鲍林并非医学出身，对于疾病防治完全是门外汉，但头顶两项诺贝尔奖的光环，他的观点很快被学术界和民间接受，正分子疗法（orthomolecular therapy）风靡欧美，维生素则成为医治各种疾病的万应丹。

生物化学家斯通（Irwin Stone）是研究维生素 C 的先驱之一，他首次将维生素 C 作为防腐剂添加到食品中。1966 年，斯通向鲍林推荐用大剂量维生素 C 预防感冒，鲍林马上以身试药。1970年，鲍林出版《维生素 C 与感冒》（*Vitamin C and the Common Cold*）一书，他在书中宣称，每天服用 1 000 毫克维生素 C 会使感冒发生率降低 45％，有些人可能还需更大剂量的维生素 C。美国医学研究所制定的成人维生素 C 推荐摄入量（RDA）为每天 90 毫克，鲍林提出的剂量是官方推荐量的 11 倍。《维生素 C 与感冒》一书出版后，大批民众开始追随鲍林服用维生素 C，北美地区维生素 C 销量激增 10 倍，很多城市维生素 C 一夜脱销。20 世纪 70年代中期，大约有 5 000 万美国人长期服用维生素 C，生产商因此赚得盆满钵满，商界将这种现象称为"鲍林效应"（Pauling effect）。《维生素 C 与感冒》一书长期高居畅销书排行榜前列，高峰时期每年都要再版。

1973 年，鲍林与同事罗宾逊（Arthur Robinson）在加利福尼亚州门洛帕克（Menlo Park）成立正分子医学研究所。此后，鲍林开始系统评估维生素 C 的治疗价值。在生命的最后几年，鲍林对维生素的狂热程度已达痴迷；他发表了多篇论文，希望证明联用维生素 C 和赖氨酸可防治冠心病，这一方案被学界称为鲍林疗法。鲍林和他的支持者认为，维生素 C 完全可取代冠脉支架手术。

1971 年开始，鲍林与英国医生卡梅伦（Ewan Cameron）合作，尝试将维生素 C 用于癌症治疗。在 100 例晚期癌症患者中开展的试验发现，口服或静脉注射大剂量维生素 C 能使癌症五年生存率提高 4 倍。1979 年，鲍林和卡梅伦合作出版《癌症与维生素 C》（*Cancer and Vitamin C*）。两人在书中声称，大剂量维生素 C 完全可以防治癌症，这一观点把维生素狂热进一步推向高潮。在欧美的超市和药店里，不仅维生素 C 热销，各种膳食补充剂（保健食品）都大行其道。《麦考尔》（*McCall's*）、《好管家》（*Good Housekeeping*）则通过宣传维生素成为畅销杂志。

正当鲍林大肆鼓吹维生素 C 的抗癌作用时，他的妻子艾娃（Ava Pauling）不幸患上胃癌。根据鲍林和卡梅伦的建议，艾娃每天服用 10 000 毫克维生素 C，拒绝接受化疗和放疗。在整个治疗过程中，鲍林一直信誓旦旦地宣称，维生素 C 将拯救艾娃。遗憾的是，艾娃于 1981 年 12 月 7 日病逝。尽管鲍林深受打击，但他对维生素的狂热丝毫未减。

1986 年，鲍林出版《如何活得久，活得好》（*How to Live Longer and Feel Better*）。他在书中写道："（大剂量维生素）可改善你的健康状况，增加你的幸福感，有利于防治心脏病、癌症和其他急慢性疾病，有利于延年益寿。"鲍林声称，自己每天服用 12 000 毫克维生素 C（推荐摄入量的 133 倍），若有感冒则会加量到 40 000 毫克（推荐摄入量的 444 倍）。这本书影响巨大，被翻译成几十种语言在世界各国发行，维生素狂热遂由美国播散到全球。

在维生素狂热兴起之初，学术界就有人质疑鲍林的观点。美国精神医学学会（APA）和美国儿科学会（AAP）对鲍林宣传的正分子疗法提出尖锐批评。1973 年，美国精神医学学会成立的专门工作组评估后认为，正分子疗法毫无依据，使用大剂量维生素不仅无效，还会产生毒副作用。工作组毫不客气地指出："（鲍林）通过媒体、文章、邮件、畅销书等方式大肆炒作正分子疗法，其拙劣手段令人不齿，很多医学术语都被滥用。"

《维生素 C 与感冒》一书出版后， 《美国医学会杂志》（JAMA）发表生化学家宾（Franklin Bing）撰写的书评。宾教授告诉读者："在这本书里，我们看到的不是科学家为追求真理所做的严谨论述，而是广告商为推销产品发出声嘶力竭的叫卖声。"

鲍林抛出维生素 C 预防感冒的观点后，加拿大多伦多大学医学院组织了一项随机对照试验（RCT），将 50 名受试者分为两组，分别接受维生素 C（每天 4 000 毫克）和安慰剂治疗。在观察期内，两组人群感冒次数和感冒持续时间并无差异。此后，美国国立卫生研究院（NIH）也组织了随机双盲对照试验，参与者均为 NIH 员工。入组的 311 名员工被试分为两组，一组服用大剂量维生素 C（每天 1 000 毫克），另一组服用安慰剂。在为期 9 个月的随访期内，若有感冒则将服药量增大三倍。结果显示，大剂量维生素 C 没有预防感冒的效果，对感冒严重程度稍有影响。

鲍林抛出维生素 C 防治癌症的观点后，大名鼎鼎的梅奥诊所（Mayo Clinic）通过两项随机双盲对照试验证实，服用大剂量（每天 10 000 毫克）维生素 C 对癌症患者不仅没有好处，反而会引发胃肠痉挛、腹胀、腹泻等不良反应。对鲍林开展的研究重新审视后发现，服用大剂量维生素 C 的癌症患者病情较轻，因此预后更好。梅奥研究给出的结论是，用大剂量维生素 C 治疗癌症无异于江湖医术，根本就没有依据。

阅读梅奥诊所的研究论文后，鲍林怒不可遏。他指责梅奥研究"欺骗民众，歪曲事实"，他批评梅奥研究未采用静脉注射补充维生素 C，部分对照组患者在研究期间仍在服用维生素 C，治疗组服用维生素 C 的时间太短（2.5 个月）。此后，鲍林和梅奥诊所的莫特尔教授（Charles Moertel，两项梅奥研究的负责人）展开长期论战，他们互相以尖酸刻薄的语言攻击对方，甚至指责对方存在学术不端。

最终，梅奥诊所的研究获得了学术界普遍认可，民间也开始质疑正分子疗法。鲍林撰写的评论被多家医学期刊拒稿，他在斯坦福大学的实验室被压缩，经费被削减，获取外源资金的渠道被切断，正分子医学研究所被勒令更名，其研究一度陷入绝境。愤怒的鲍林誓言要将梅奥诊所和攻击他的 15 名医生告上法庭，后经律师劝解放弃上诉。学术争论压制了鲍林的风头，也让民众有机会更加全面地了解维生素的正副作用。1990 年之后，在美国持续了四十多年的维生素狂热稍有降温，但既得利益者并不想就此罢休。

1992 年 4 月 6 日，《时代》周刊发表专栏作家托菲克西斯（Anastasia Toufexis）撰写的封面文章，文中宣称："越来越多的科学家开始怀疑传统医学对维生素以及矿物质作用的看法太过保守。超常规大剂量维生素可防治先天缺陷、白内障、心脏病和癌症等诸多疾病。更加激动人心的是，维生素可延缓衰老，这对于人类健康无疑是一道曙光。"

1993 年，鲍林自己患上前列腺癌，这次他终于放弃了大剂量维生素疗法，同意接受放射治疗；但他声称自己服用维生素 C 使癌症发病整整延后了二十年，这种说法显然是无法验证的空话。1994 年 8 月 19 日，鲍林死于前列腺癌，享年 93 岁。

鲍林去世后，根据遗嘱，他的母校俄勒冈州立大学接管了鲍林研究所（Linus Pauling Institute）。此后，该研究所主要分析微量营养素和膳食成分对人体健康的影响，从营养学角度探索疾病的防治策略。鲍林研究所还致力于开展医学教育，尤其是宣传营养学知识。鲍林研究所的网站上刊登有大量科普文章，这些文章均由专业人员在系统回顾相关文献的基础上撰写而成，内容全面而翔实。本书的部分章节参考了这些科普文章，在此对鲍林研究所致以敬意和谢意。

维生素发现之后，其生产和销售长期被罗氏（Roche）、巴斯夫（BASF）、默克（Merck）、武田制药（Takeda）等寡头垄断。这些制药巨头一方面资助学者开展相关研究（鲍林就是其中之一），游说欧美国家调整保健食品政策，在报刊、电视、互联网上大肆鼓吹维生素的疗效；一方面订立攻守同盟，设定垄断价格，通过维生素产品攫取巨额利润。1999 年，美国司法部以操控维生素价格的罪名，对罗氏罚款 5 亿美元，对巴斯夫罚款 2.25 亿美元，对武田罚款 0.72 亿美元。2001 年，欧盟以操控维生素价格的罪名，对罗氏、巴斯夫、武田等八家公司罚款 10 亿欧元。从两次罚款事件中，我们隐约能看见维生素狂热背后的真正推手。

根据美国疾病预防控制中心（CDC）的调查，1988 至 1994 年间，30％的美国人长期服用维生素补充剂；2003 至 2006 年间，39％的美国人长期服用维生素补充剂。益普索咨询有限公司（Ipsos Public Affairs）调查发现，2019 年有 77％的美国成人

（1.70亿）服用膳食补充剂，其中99％的膳食补充剂含有维生素或矿物质。2020年，全球保健食品（膳食补充剂）市场扩张到了1362亿美元。2019年爆发的新型冠状病毒肺炎（COVID‑19）疫情促进了维生素类保健食品（膳食补充剂）的热销。分析机构预测，2026年全球保健食品市场规模将达2047亿美元。

值得一提的是，在美国司法部的刻意打压下，近年来全球保健品市场发生重构。欧洲和日本企业从这一领域大规模撤退，美国企业安利（Amway）、康宝莱（Herbalife）、辉瑞（Pfizer）、雅培（Abbott Laboratories）、自然阳光（Nature's Sunshine Products）、赞果（XanGo）、安美氏（American Health）、倍宜（Pure Encapsulations）、凯雷集团（Carlyle Group）、如新集团（Nu Skin Enterprises）等迅速瓜分了维生素市场。

婕柔薇达是如何走上神坛的?

1905 年，德国化学家艾因霍恩（Alfred Einhorn）首次合成普鲁卡因（procaine）。不久，德国外科医生布朗（Heinrich Braun）将其用于局部麻醉。在此之前，可卡因是最常用的局麻药。因副作用小、没有成瘾性，普鲁卡因很快取代可卡因成为一线局麻药，尤其是在牙科和截肢手术中。

20 世纪 50 年代初，罗马尼亚女科学家阿斯兰（Ana Aslan）提出，普鲁卡因具有抗衰老作用。阿斯兰以普鲁卡因为主成分，加入多种化合物制成复方药物婕柔薇达（Gerovital，有时也译作益康宁）。在为期三年的临床试验中，阿斯兰对 15 000 人进行随访。结果发现，服用婕柔薇达的人请病假的时间明显缩短。在流感大流行期间，服用安慰剂的流感患者死亡率为 13.0％，而服用婕柔薇达的流感患者死亡率仅为 2.7％。

尽管这些研究结果不能证实婕柔薇达有抗衰老作用，但阿斯兰仍将这种新药誉为"不老泉"（fountain of youth）。不老泉是流行于西方国家的一个古老传说，最早见于古希腊时期的历史文献。根据传说，饮用不老泉水或在不老泉中沐浴可永葆青春。之后，阿斯兰又发明了用于皮肤美容的阿斯拉薇达（Aslavital），其主要成分也是普鲁卡因。

1965年上任的罗马尼亚领导人齐奥塞斯库（Nicolae Ceausescu）为布加勒斯特老年医学研究所配置了大量资源，用于抗衰老和美容药物的研发，该研究所的所长正是阿斯兰。在政府大力宣传下，婕柔薇达和阿斯拉薇达成为名噪一时的抗衰老药和养颜美容药。阿斯兰被誉为杰出的老年医学家，同时当选罗马尼亚科学院院士。

随着宣传逐步升级，婕柔薇达和阿斯拉薇达的神奇疗效被不断夸大。阿斯兰开展的新"研究"发现，婕柔薇达不仅可治疗风湿病、关节炎、高血压、冠心病、帕金森病、痴呆和各种精神疾病，还能增强记忆、促进头发生长、让白发变黑、使皮肤恢复弹性、使皮肤变得光滑紧致、使老年人精神焕发。阿斯兰提出婕柔薇达的主成分（Gerovital H$_3$）可发挥抗衰老作用，并将其命名为维生素 H$_3$。

为了让更多人获得治疗，罗马尼亚政府成立了专门机构负责宣传、制造和分销婕柔薇达，卫生部门为罗马尼亚的144家大型医院配发该药。阿斯兰在奥托佩尼（Otopeni）建立了面向国际名流的疗养院，其中设有别墅群和抗衰老诊所。先后造访该疗养院的名人包括赫鲁晓夫、戴高乐、丘吉尔、肯尼迪、阿登纳、毕加索、卓别林等。在罗马尼亚国家旅游局制作的宣传册中，优美的风景、悠久的历史和神奇的婕柔薇达被列为该国吸引游客的三大法宝，阿斯兰则成为罗马尼亚的国宝级人物。

社会名流的参与引发了西方学术界对这种"神药"的关注。1977 年，美国国立老年研究所（NIA）对婕柔薇达相关研究进行了系统评估，所得结论认为，除了轻微单胺氧化酶（MAO）抑制作用，婕柔薇达没有抗衰老作用，也没有治疗疾病的作用。部分服用婕柔薇达的人产生疗效的原因在于，他们同时开展了体育锻炼、压力释放和膳食指导。其后，《新英格兰医学杂志》（*The New England Journal of Medicine*）也刊发述评，提出婕柔薇达没有延年益寿的作用。

1982 年 9 月 17 日，美国食品药品监督管理局发布公告，禁止进口或销售婕柔薇达（包括 Gerovital H_3、KH_3、GH_3、Trofibial H3、Aslavital 和 Zell H_3）。同时发出的消费者警告指出："该类产品宣称可抗衰老，防白发，消除皮肤皱纹，改善睡眠，增强性功能，治疗风湿病、关节炎和各种精神疾病。但这些宣称的疗效没有任何科学依据，部分使用者还出现了低血压、呼吸困难和抽搐等严重不良反应，FDA 已认定这些药物为非法。"

美国食品药品监督管理局发出禁令后，婕柔薇达一度在市场上销声匿迹。近年来，电商的崛起为这种神药提供了新的表演平台。部分商家将尘封的历史重新翻出来，声称婕柔薇达包治百病，还具有抗衰老、养颜美容、改善睡眠等作用。

罗马尼亚加入欧盟后，精明的商人希望重拾昔日辉煌，注册成立了婕柔薇达公司，其产品主要是阿斯兰当年研制的化妆品和护肤品。

美国"江湖医生"如何利用维生素敛财?

第一次世界大战期间爆发的西班牙大流感最终导致 1 亿人感染，3 000 万人死亡。这次流感的奇特之处在于，病死者以 20 到 40 岁的青壮年为主；而普通流感病死者以儿童和老人为主。1918 年 1 月，病毒被参战美军带回国，流感迅速在北美各地暴发。急剧增加的死亡人数引发了群体恐慌，而投机者则从中窥到了发财机会。

针对流感当时缺乏有效的治疗方法，在内华达州独立执业的医生克雷布斯（Ernest Krebs Sr.）宣称，他从古印度医学（Ayurveda）中获得秘方：块根芹（一种根部膨大的芹菜）可治愈流感。他将块根芹提取物制成口服液（Syrup Leptinol）在美国西部销售。

1920 年，大流感逐渐消失，但块根芹口服液并未消失。克雷布斯提出，块根芹口服液还可医治普通感冒、百日咳、哮喘、肺结核等疾病。1923 年 4 月 23 日，美国食品药品监督管理局检测后认定，块根芹口服液没有治疗效果，完全是一种假药。但此时克雷布斯已赚得盆满钵满，他从偏僻的内华达乡间搬到旧金山，在市中心购买了豪宅。

克雷布斯的儿子小克雷布斯（Ernst Krebs Jr.）生于 1911 年。1938 到 1941 年，小克雷布斯在哈尼曼医学院（Hahnemann Medical College）就读，一年级因功课不及格留级，二年级又因功课不及格被开除。1942 年，小克雷布斯进入加州大学伯克利分校（University of California, Berkeley）学习解剖学，但因"不务正业"再次被开除。

离开学校后，小克雷布斯重操父业，他将学术界摒弃多年的癌症滋养细胞理论翻出来，打算靠生产糜蛋白酶挣钱，但当时没有人买账。1943 年，克雷布斯父子将杏仁中提取的一种化合物命名为潘氨酸（pangamic acid），并为提取方法申请了专利。1949 年，他们又申请了潘氨酸用作药物的专利（US2464240）。尽管潘氨酸在人体中没有生理作用，克雷布斯父子仍将其誉为"维生素 B₁₅"，声称这种维生素可防治哮喘、皮肤病、关节痛、神经痛、癌症、心脏病、精神分裂症等疾病。

早在 1830 年，法国化学家罗比凯（Pierre-Jean Robiquet）就从杏仁中分离出苦杏仁苷（amygdalin），这是人类提纯的第一个糖苷。苦杏仁苷的发现为认识数量庞大的芳香族化合物打开了大门，为现代应用化学开辟了一个全新分支。1845 年，俄罗斯学者首次尝试用苦杏仁苷治疗癌症，但因毒性太大而放弃。20 世纪 20 年代，在尝试改善假酒（冒用他人品牌制售的非法酒）口味时，老克雷布斯分析了杏仁提取物的药理作用，再次提出杏仁可防治癌症。

1952 年，小克雷布斯合成一种苦杏仁苷衍生物，并将其命名为力而卓（laetrile）。他宣称，化学结构的改变使力而卓去掉了毒性，但保留了生物活性。1961 年，克雷布斯父子申请了力而卓用作肉类防腐剂的专利（US2985664）。

尽管苦杏仁苷在人体内没有生理作用，小克雷布斯仍将其誉为"维生素 B_{17}"。他宣称癌症是人体长期缺乏"维生素 B_{17}"的结果，长期服用苦杏仁苷可预防癌症和多种慢性疾病。小克雷布斯极力想把苦杏仁苷归类为维生素，完全是为了谋取商业利益。如果他的诡计得逞，苦杏仁苷就能以膳食补充剂（保健食品）而非药物的名义生产销售，上市前就无须进行安全和疗效评估。

然而，学术界并不认可小克雷布斯的观点，官方也从未承认苦杏仁苷是维生素，媒体也不断揭发他的学术劣迹。1962 年和1966 年，克雷布斯父子因销售非法药物罪两度被罚款。1970 年，老克雷布斯在郁郁寡欢中离世。小克雷布斯的弟弟拜伦·克雷布斯（Byron Krebs）在研究苦杏仁苷时因实验室爆炸身亡。

就在小克雷布斯陷入困境之时，加拿大人小麦克诺顿（Andrew McNaughton）的加入让苦杏仁苷生意出现了转机。小麦克诺顿的父亲老麦克诺顿（Andrew George McNaughton）是加拿大家喻户晓的传奇将军，二战中担任加拿大武装部队总司令，战后担任加拿大驻联合国代表。小麦克诺顿在二战期间是一名战斗机试飞员，战后曾从事与以色列和古巴等国的军火走私。1965年，小麦克诺顿成立基金会，资助学者开展研究、发表论文、出版专著。然而，麦克诺顿基金会的真实目的绝非为了促进科学研究，而是想让学术界认可苦杏仁苷是一种维生素，力而卓是一种没有副作用的"天然药物"。

1972 年，小麦克诺顿在加利福尼亚州索萨利托组建苦杏仁苷工厂，但递交给加州政府的化学品生产申请被意外驳回，他不得不将工厂搬到墨西哥蒂华纳（位于美墨边境附近）。小麦克诺顿还在蒂华纳成立了一家诊所（Clinica Cydel），雇请医生为来自美国和墨西哥的患者提供苦杏仁苷。

当时美国正在兴起维生素狂热，小克雷布斯和小麦克诺顿利用这股狂热，将苦杏仁苷誉为"维生素 B_{17}"。在电台、电视、报刊、健康宣传册上，"维生素 B_{17}"被吹捧成包治百病的"神药"。

在完成学术积累和舆论准备后，小麦克诺顿组织团队将苦杏仁苷从墨西哥走私到美国销售。当时每片苦杏仁苷生产成本只有几美分，但黑市售价超过 1 美元，每安瓿注射剂的售价则超过 10 美元，小麦克诺顿每年可赚得数千万美元。

由于美国医学研究所没有认定苦杏仁苷为维生素，小麦克诺顿没有直接在产品上标注"维生素 B_{17}"。他首先申请了"seventeen（十七）"这一注册商标，然后在产品外包的商标前画上一只蜜蜂（bee）。"bee seventeen"的发音与 B_{17} 完全一样。这一看似低劣的操作却发挥了巨大商业作用，很多消费者误以为苦杏仁苷就是维生素 B_{17}，没有毒副作用。

实际情况是，麦克诺顿生产的苦杏仁苷含有 6% 结合态氰化物，单次剂量中的氰化物（30 毫克）若全部释放就会引发中毒。幸运的是，释放氰化物所需的酶（β-葡萄糖苷酶）在人体含量极低，注射的苦杏仁苷会以原形经尿液排出，不至于产生明显毒副反应。但是，有些植物和细菌含有 β-葡萄糖苷酶，口服的苦杏仁苷会被食物中的 β-葡萄糖苷酶降解，所释放的氰氢酸就可能引发毒副反应。用狗开展的实验证实，口服苦杏仁苷会导致严重毒副反应甚至死亡。当时也有临床医生报告，部分使用苦杏仁苷的患者出现了氰化物中毒症状。1974年，一名幼童在误服五片苦杏仁苷后因氰化物中毒死亡，美国食品药品监督管理局随即发出消费者警告，并对苦杏仁苷展开调查。

调查发现，苦杏仁苷在未递交新药上市申请的前提下就开始销售，此举违反了《食品、药品和化妆品法》的相关规定。1970年，小克雷布斯曾向美国食品药品监督管理局递交苦杏仁苷人体试验的申请，但因该药在动物实验中无效而被拒绝。

1974年，涉及苦杏仁苷走私的16人被提起诉讼。因危及公共安全，案件移交给联邦最高法院，美国参议院司法委员会也派员听审。最终，小克雷布斯因无证行医被判入狱六个月（缓刑），因销售非法药物被处500美元罚款。

约翰·伯奇协会（John Birch Society）成员理查森（John Richardson）也被控涉案。理查森本人是一名医生，因走私苦杏仁苷被判短暂入狱，加利福尼亚州医学委员会（Medical Board of California）注销了他的行医资格。理查森被判有罪使伯奇协会全面介入苦杏仁苷案，再次让小克雷布斯脱离困境。

依托伯奇协会，理查森发起成立了"癌症治疗自由选择委员会"（Committee for Freedom of Choice in Cancer Therapy），他很快就吸纳到35 000名会员。理查森还专门聘请小克雷布斯为科学部主任。"癌症治疗自由选择委员会"提出，癌症患者自己有权决定临终前的治疗方案，当局拒不批准苦杏仁苷为合法药物，等于扼杀了患者最后一线希望。该委员会发动几十万人进行联署，组织大批患者和家属上街游行，声称苦杏仁苷具有奇效，甚至有望"彻底治愈癌症"。

1973 年，伯奇协会的重要头目格里芬（Edward Griffin）出版《没有癌症的世界》（*World Without Cancer*）一书，后又将主要内容制作成电影发布。格里芬鼓吹，癌症的发生是由于膳食中缺乏苦杏仁苷，补充苦杏仁苷能让人类远离癌症，但出于政治和经济方面的考虑，身居高位的人都极力反对这种神奇的自然疗法。

1972 年美国发生水门事件，民间反建制、反政府和反监管的情绪达到巅峰。右翼势力借机坐大，大批新教徒和对政府不满的人加入支持苦杏仁苷的游行队伍中，几个奸商玩弄的小把戏竟然发展为规模空前的全国性运动，最后导致联邦政府和州政府之间的矛盾高度激化。

苦杏仁苷被美国联邦政府禁用后，右翼势力、医药公司和"癌症治疗自由选择委员会"转而寻求各州政府的支持。它们强调癌症患者应享有治疗选择权，《食品、药品和化妆品法》不适用于绝症患者。1976 年，阿拉斯加州议会通过苦杏仁苷合法化议案。1977 年，又有 13 个州通过苦杏仁苷合法化议案。截至 1981 年，共有 24 个州（约占美国人口一半）通过苦杏仁苷合法化议案。这一局面让美国食品药品监督管理局在药品监管方面的权威受到空前挑战，《食品、药品和化妆品法》陷入尴尬境地。

1980 年，在巨大的政治压力下，美国国立癌症研究所（NCI）被迫发起苦杏仁苷临床试验。尽管苦杏仁苷在 23 种动物模型中没有显示任何抗癌效果，麦克诺顿的产品甚至连纯度要求和无菌标准都达不到，但同样迫于压力，美国食品药品监督管理局特许将苦杏仁苷在人体上进行试验。

结果可想而知，苦杏仁苷在癌症防治方面毫无作用。小克雷布斯此前宣称，有 7 万癌症患者因服用苦杏仁苷而获得治疗。但国立癌症研究所发起的全国调查表明，经苦杏仁苷治疗的患者仅有68人评估了疗效，其中6名患者肿瘤指标有所好转，而且不一定是苦杏仁苷的作用。

1979年，家住马萨诸塞州锡楚埃特（Scituate）的四岁男童查德（Chad Green）因患急性白血病住进麻省总医院（Massachusetts General Hospital）。在实施化学治疗后，小查德出现了头发脱落、食欲下降等副反应。查德的妈妈戴安娜（Diana Green）形容："（化疗后）孩子变得像动物一样。"出于对化疗副反应的担忧，戴安娜决定将小查德带回家，用苦杏仁苷这种"天然药物"进行治疗。主治医师杜鲁门（John Truman）多次劝阻无效后将戴安娜告上法庭。普利茅斯地方法院审理后判决，戴安娜应将小查德送回麻省总医院并恢复化疗。

然而，戴安娜并未服从判决，而是偷偷将小查德带到墨西哥蒂华纳，送进小麦克诺顿开的诊所。小查德在服用苦杏仁苷后不久离世。因害怕被追究刑事责任，戴安娜在墨西哥躲了一年才敢回家。普利茅斯地方法院判定她犯有藐视法庭罪，但免予刑事处罚。杜鲁门医生在法庭上指出，如果小查德完成化疗，他有50％的机会活下来，遗憾的是他因氰化物中毒丧失了这一机会。

2007年，戴安娜出版《查德的胜利》（*Chad's Triumph*）一书。在这部回忆录里，这位年轻妈妈描述了自己为拯救爱子，与病魔、医生、法庭和记者周旋的传奇经历和苦难心路。媒体的报道和渲染使查德案成为美国近代史上最著名的父母权利案。

查德案在美国引发了全民大讨论，小克雷布斯和小麦克诺顿的过往劣迹被彻底曝光，苦杏仁苷从此被赶下神坛。但在世界其他地方，小克雷布斯造成的影响远未消失。在包括中国在内的很多国家，时至今日仍有人将潘氨酸包装为"维生素 B_{15}"，将苦杏仁苷包装为"维生素 B_{17}"进行兜售；互联网上也有大量推销此类产品的广告。

1996 年 9 月 8 日，小克雷布斯在旧金山市的家中去世。他被媒体称为美国历史上"最狡猾、最成功、最会赚钱的江湖医生（quack）"。

第二章 维生素 A

人体为什么需要维生素 A?

维生素 A（vitamin A）是一组脂溶性营养素。广义的维生素 A 包括视黄醇、视黄醛、视黄酯、维甲酸和部分类胡萝卜素，狭义的维生素 A 仅包括视黄醇。维生素 A 具有维持视力、保护眼睛、增强免疫、美容皮肤等作用，人体不能合成维生素 A，因此须经膳食持续补充。

1. 维持视力

视网膜上有视锥和视杆两种感光细胞。视锥细胞主要分布于视网膜黄斑区内，其功能是形成明视觉，让人在白天能看清物体的细微特征并辨别色彩，因此也称白天视觉。视杆细胞主要分布在视网膜黄斑区外，其功能是形成暗视觉，让人能在昏暗中辨识物体的大致轮廓，因此也称夜间视觉。视杆细胞中的感光物质为视紫红质（rhodopsin），视锥细胞中的感光物质为视紫蓝质

（iodopsin）。

当光线照射到视网膜时，视杆细胞上的视紫红质分解为视黄醛和视蛋白。视紫红质的构象变化可触发神经冲动，信号沿视神经传递到大脑皮质形成视觉。视黄醛经酶促反应可与视蛋白结合，再次形成视紫红质，从而实现循环利用。

在昏暗的环境中，视网膜上的视紫红质一边分解一边合成，这保证了眼睛能持续辨识物体。在强光照射下，视网膜上的视紫红质大量分解，在短时间内来不及合成补充。因此，人们从阳光强烈的室外进入光线昏暗的室内时，就会有突然失明的感觉。经过数分钟适应，视网膜方能合成足量视紫红质，眼睛才会逐渐看清周围物体。所以，电影院在白天也要安排持手电筒的引导员，防止观众因视觉来不及适应而发生碰撞和跌倒。

维生素 A 既参与视紫红质合成，也参与视紫蓝质合成。视紫蓝质合成速度远快于视紫红质，体内维生素 A 缺乏更容易影响视紫红质。一旦视紫红质合成不足，患者在黄昏后就看不清或看不见外界物体，这种病称为夜盲症（nyctalopia）。

2. 保护眼睛

体内的维生素 A 可经循环进入泪液中。泪液弥散到眼球表面后，其中的维生素 A 就会对角膜、结膜等组织起营养、滋润和保护作用。维生素 A 缺乏时，角膜和结膜会变得干涩，并因起皱而粗糙，严重时发生角膜溃疡和穿孔，最终导致失明，这种病称为干眼症（xerophthalmia）。

3. 增强免疫

维生素 A 可调节造血干细胞的休眠周期，促进 T 细胞分化和增殖，进而发挥免疫调节作用。维生素 A 可增强肠黏膜树突状细胞对细菌的识别能力，健全肠道屏障功能，防止细菌等病原体入侵。维生素 A 缺乏的人免疫力下降，容易发生各种感染。古希腊医学家希波克拉底就曾观察到，夜盲症患儿容易发生耳炎、咽喉炎和感冒。现代流行病学证实，缺乏维生素 A 的儿童容易感染麻疹。

4. 美容皮肤

维甲酸（视黄酸）是维生素 A 在体内代谢的中间产物。维甲酸可促进上皮细胞分化和成熟，缩小皮脂腺，减少皮脂分泌。皮脂是皮肤寄生细菌的主要营养来源，因此维甲酸可抑制皮肤细菌的生长繁殖，保持皮肤光洁柔润，促进皮肤损伤修复。维生素 A 缺乏则会引起表皮过度角化和毛囊增生，使皮肤变得粗糙油腻。在临床上，维甲酸用于治疗多种皮肤病，也用于皮肤美容。

5. 参与精子生成

在男性体内，维甲酸还参与精子生成。当维生素 A 缺乏时，睾丸组织不能合成足量维甲酸，会因精子生成障碍导致不育。睾丸内促进合成维甲酸的关键酶是醛脱氢酶（ALDH1A2），这种酶的抑制剂可用作男性避孕药。

6. 调节骨骼钙化和牙齿釉化

人体骨骼一生都处于动态重构之中，这一过程主要由维生素D调节。但研究发现，维生素A可促进氟化物在骨骼沉积，调节骨骼钙化。维生素A还可促进牙釉质发育。

7. 促进生长发育

维生素A及其代谢物（维甲酸）可调节基因转录，进而在人体生长发育过程中发挥作用。

人体每天需要多少维生素 A?

在代谢过程中，体内的维生素 A 会有部分被氧化为维甲酸(视黄酸)，这是一个不可逆的过程，因此须经膳食补充维生素 A 或维生素 A 前体。体内多余的维生素 A 主要以视黄醇的形式储存在肝脏，储存量一般可供人体消耗数月。

不同形式的维生素 A 功效差异很大，计算摄入量需要建立统一的计量单位。2001 年，美国医学研究所提出视黄醇活性当量(RAE)这一指标。1 微克 RAE 相当于 1 微克视黄醇，相当于 2 微克溶解于脂肪中的 β-胡萝卜素，相当于 12 微克日常食物中的 β-胡萝卜素，相当于 24 微克日常食物中的 α-胡萝卜素，相当于 24 微克日常食物中的 β-隐黄质。溶解在脂肪（油）中的维生素 A 容易被吸收，而存在于素食中的维生素 A 很难被吸收。因此，在计算视黄醇活性当量时，应充分考虑食物的结构（肉食或素食）。

衡量维生素 A 的单位有微克和国际单位（IU）两种，1 国际单位（IU）相当于 0.3 微克维生素 A。两种计量单位并行，有时会给消费者带来诸多困惑。美国食品药品监督管理局已出台规定，自 2020 年 1 月 1 日起，食品标签上维生素 A 含量须统一采用微克标示，不得再使用国际单位（IU）。

1. 成人

美国医学研究所推荐，成年男性每日应摄入 900 微克维生素 A，成年女性每日应摄入 700 微克维生素 A（表 1）。中国营养学会推荐，成年男性每日应摄入 800 微克维生素 A，成年女性每日应摄入 700 微克维生素 A（表 1）。

表 1 维生素 A 的推荐摄入量（微克 RAE/天）

美国医学研究所			中国营养学会#		
年龄段	男性	女性	年龄段	男性	女性
0—6 个月	400*	400*	0—6 个月	300*	300*
7—12 个月	500*	500*	7—12 个月	350*	350*
1—3 岁	300	300	1—3 岁	310	310
4—8 岁	400	400	4—6 岁	360	360
9—13 岁	600	600	7—10 岁	500	500
14—18 岁	900	700	11—13 岁	670	630
19—50 岁	900	700	14—17 岁	820	630
≥51 岁	900	700	18—49 岁	800	700
			≥50 岁	800	700
孕妇≤18 岁		750	孕妇，早		700
孕妇≥19 岁		770	孕妇，中		770

美国医学研究所			中国营养学会#		
年龄段	男性	女性	年龄段	男性	女性
乳母≤18 岁		1 200	孕妇，晚		770
乳母≥19 岁		1 300	乳母		1 300

　　＊：适宜摄入量（AI），其余为推荐摄入量（RDA）。1 微克 RAE 相当于 3. 33 国际单位（IU）。#：中华人民共和国卫生行业标准《中国居民膳食营养素参考摄入量第 4 部分：脂溶性维生素》WS/T 578. 4—2018。

　　随着研究证据的积累，学术界认识到人体对维生素 A 的需求量比以前确定的标准要低，因而多次调降维生素 A 的推荐摄入量。1968 年，美国医学研究所推荐成年男性每日摄入 5 000 IU（1 500 微克视黄醇）维生素 A；1974 年，推荐成年男性每日摄入 3 300 IU（1 000 微克视黄醇）维生素 A；2001 年，推荐成年男性每日摄入 3 000 IU（900 微克视黄醇）维生素 A。

　　成年男性每日须摄入 900 微克维生素 A，这相当于保健品（膳食补充剂）中的醋酸视黄酯 3 000 IU（900 微克），相当于保健品中的 β-胡萝卜素 6 000 IU（1 800 微克），相当于普通膳食中的 β-胡萝卜素 36 000 IU（10 800 微克），相当于普通膳食中的 α-胡萝卜素 72 000 IU（21 600 微克），相当于普通膳食中的 β-隐黄质 72 000 IU（21 600 微克）。

　　2012 年中国居民膳食营养与健康状况调查显示，城乡居民平均每天摄入 293 微克维生素 A，其中城市居民 336 微克，农村居民 252 微克。可见，中国居民维生素 A 摄入水平显著低于推荐量。2018 年美国全民健康与营养调查显示，成人经膳食（不包括补充剂）平均每天摄入 648 微克维生素 A，其中男性 682 微克，女性 616 微克。美国居民膳食维生素 A 摄入水平高于中国居民，原因是美国居民肉食和乳制品消费量大。

2. 孕妇

新生儿出生时，体内大约有 3 600 微克维生素 A，其中一半储存于肝脏。新生儿体内储存的维生素 A 源自母体，这一积累过程主要在妊娠最后 90 天完成。因此，妊娠妇女应增加维生素 A 摄入量。美国医学研究所推荐，18 岁及以下孕妇每日应摄入 750 微克维生素 A（在同年龄段普通女性的基础上增加 50 微克），19 岁及以上孕妇每日应摄入 770 微克维生素 A（在同年龄段普通女性的基础上增加 70 微克）。中国营养学会推荐，妊娠早期（1—3 个月）妇女每日应摄入 700 微克维生素 A（与同年龄段普通女性相同），妊娠中晚期（4—9 个月）妇女每日应摄入 770 微克维生素 A（在同年龄段普通女性的基础上增加 70 微克）。

3. 乳母

乳母通过乳汁向婴儿输送维生素 A，母乳中维生素 A 几乎全部以棕榈酸视黄酯的形式存在。妈妈体内缺乏维生素 A，乳汁中棕榈酸视黄酯含量下降，可导致宝宝维生素 A 缺乏。以分娩时间为基准，母乳可分为初乳（1—4 天）、过渡乳（5—14 天）和成熟乳（15—180 天）。初乳维生素 A 含量是成熟乳的三倍，初乳中含有高水平抗体和其他保护性因子，初乳能让宝宝获得人生第一次免疫。过渡乳所含维生素 A 大约是成熟乳的两倍，营养良好的妈妈每 100 毫升母乳平均含有 83 微克（250 IU）维生素 A。发展中国家母乳维生素 A 含量明显低于发达国家。

美国医学研究所推荐，18 岁及以下乳母每日应摄入 1 200 微克维生素 A（在同年龄段普通女性的基础上增加 600 微克），19 岁及以上乳母每日应摄入 1 300 微克维生素 A（在同年龄段普通女性的基础上增加 700 微克）。中国营养学会推荐，乳母每日应摄入 1 300 微克维生素 A（在同年龄段普通女性的基础上增加 600 微克）。

4. 婴儿

由于缺乏研究数据，目前尚不能制定婴儿维生素 A 的推荐摄入量（RDA），只能用适宜摄入量（AI）替代。适宜摄入量是指观察到的健康群体某种营养素的摄入量，因此适宜摄入量的准确性低于推荐摄入量。根据美国医学研究所制定的标准，0—6 个月婴儿维生素 A 适宜摄入量为 400 微克，7—12 个月婴儿维生素 A 适宜摄入量为 500 微克。根据中国营养学会制定的标准，0—6 个月婴儿维生素 A 适宜摄入量为 300 微克，7—12 个月婴儿维生素 A 适宜摄入量为 350 微克。中国婴儿维生素 A 适宜摄入量较低的原因是，中国母乳中维生素 A 含量（29.7 微克/100 毫升）低于美国母乳（83.3 微克/100 毫升）和世界平均水平（44.4 微克/100 毫升）。

5. 儿童

儿童处于快速生长发育阶段，其维生素 A 需求量随年龄增长变化较大。不同年龄段儿童维生素 A 推荐摄入量主要依据代谢体重法推算而来（表1）。

6. 老年人

老年人上皮组织退化、免疫功能下降、骨髓造血能力减弱，维生素 A 可改善这些功能。但老年人代谢能力下降，容易发生维生素 A 中毒，增加维生素 A 摄入不一定能获得益处。美国医学研究所和中国营养学会均推荐，老年人维生素 A 摄入量应与青壮年人相同（表1）。

哪些食物富含维生素 A？

天然食物中的维生素 A 有两种形式，现成维生素 A 和前体维生素 A。现成维生素 A 主要包括视黄醇（维生素 A_1）和 3 -脱氢视黄醇（维生素 A_2），富含于动物源性食物（肉、蛋、奶）中。海鱼肝脏含有丰富的维生素 A_1，淡水鱼肝脏含有丰富的维生素 A_2，畜禽肝脏中含有高水平的维生素 A_1 和 A_2。维生素 A_2 的生理活性约为维生素 A_1 的 40％。畜禽肉还含有视黄酯，视黄酯在人体肠道内可转化为视黄醇（表 2）。

表 2　富含维生素 A 的日常食物（微克 RAE/100 克食物）

食物（动物源性）	视黄醇当量 RAE	食物（植物源性）	视黄醇当量 RAE
羊肝	20 972	芒果	1 342
牛肝	20 220	蒲公英	1 225
鸡肝	10 414	西蓝花	1 202
鹅肝	6 100	胡萝卜	668

食物（动物源性）	视黄醇当量 RAE	食物（植物源性）	视黄醇当量 RAE
猪肝	4 972	菠菜	487
鸭肝	4 675	生菜	298
鸡心	910	小白菜	280
河蟹	389	柑橘	148
河蚌	243	南瓜	148
鸡蛋	234	哈密瓜	135
鱼子酱	111	红薯	125
鸭肉	52	枇杷	117
鸡肉	48	西红柿	92
河虾	48	荷兰豆	80
青鱼	42	杏子	75
鲍鱼	24	板栗	40
牛奶	24	大豆	37
羊肉	22	小米	17
猪肉	18	开心果	14
人奶	11	苹果	3
牛肉	7	蘑菇	2

食物重量均以可食部分计算。数据来源：杨月欣、王光亚、潘兴昌主编：《中国食物成分表》，第二版，北京大学医学出版社，2009。

前体维生素 A 主要指可转化为维生素 A 的类胡萝卜素，富含于植物源性食物中。自然界中有 600 多种类胡萝卜素，但只有 β-胡萝卜素、α-胡萝卜素和 β-隐黄质可在体内转变为维生素 A。番茄红素、叶黄素和玉米黄素等分子上没有视黄基，在体内不能发挥维生素 A 的活性作用。深色蔬菜、水果和植物油是膳食类胡萝卜素的主要来源，其中胡萝卜、芥菜、菠菜、西蓝花、哈密瓜、南瓜等含有丰富的 β-胡萝卜素（表2）。

类胡萝卜素在脂肪（油）存在时才能被吸收和利用，这一机制决定了素食和肉食搭配的重要性。将胡萝卜和羊肉一起炖煮，能使其中的 β-胡萝卜素充分吸收并转化为维生素 A。吃素的人在烹制菠菜、西蓝花等蔬菜时，加入适量植物油可显著提升 β-胡萝卜素的吸收率和转化率。

天然食物中的维生素 A 和类胡萝卜素存在于动植物细胞中，多与蛋白相结合，完整的组织结构会阻碍肠道对维生素 A 的吸收。加热会让细胞结构崩解，促进结合蛋白分离，使其中的维生素 A 得以释放，在肠道中与脂肪结合为微粒体后被吸收，因此烹饪可提高食物中维生素 A 的吸收率。生食胡萝卜和西红柿，其中的 β-胡萝卜素很难被吸收。但是，过度烹饪会破坏维生素 A 和类胡萝卜素。烹饪好的食物长时间放置，其中的维生素 A 会随着酸败而被破坏。食物经阳光或紫外线照射，其中的维生素 A 和类胡萝卜素会大量降解。

2012 年中国居民营养与健康调查显示，成人摄入的维生素 A 有 48％源于肉食（视黄醇），52％源于素食（类胡萝卜素）。2018 年美国全民健康与营养调查显示，成年男性摄入的维生素 A 有 74％源于肉食，26％源于素食；成年女性摄入的维生素 A 有 66％源于肉食，34％源于素食。可见，肉食比例偏低是中国居民维生素 A 摄入量少的主要原因。

保健食品（膳食补充剂）中的维生素 A 多为醋酸视黄酯或棕榈酸视黄酯，少数为 β-胡萝卜素，这是因为视黄酯的化学性质更加稳定。保健食品（膳食补充剂）中维生素 A 的每日补充量一般在 750 微克—3 000 微克（2 500 IU—10 000 IU）之间。

番茄红素是存在于蔬菜和水果中的天然色素。西红柿和葡萄柚之所以呈现亮丽的红色，就是因为含有丰富的番茄红素。番茄红素在体内不能转化为维生素 A，但具有超强的抗氧化能力。最近几年来，番茄红素成为一种流行的抗癌保健品。根据荟萃分析，富含番茄红素的食物会降低前列腺癌等恶性肿瘤的发病风险。但美国食品药品监督管理局评估后指出，现有研究结果尚无法断定番茄红素是否具有抗癌作用，原因是番茄红素在储存和烹饪过程中会大量降解，因此难以准确评估其摄入量。另外，富含番茄红素的蔬菜水果通常含有其他抗癌成分，尽管多吃这类食物可降低患癌风险，但很难说就是番茄红素的功效。

虾青素也是一种类胡萝卜素，属于叶黄素类有机物。虾青素存在于藻类和海鲜中，其颜色为红色或粉红色。龙虾、河虾、鲑鱼、鳟鱼、螃蟹等海鲜煮熟后呈现红色，就是因为含有虾青素。虾青素是目前已知最强的抗氧化剂之一。氧化是体内发生炎性反应的根本原因，而炎性反应会引发动脉粥样硬化、心脑血管病、糖尿病、癌症、关节炎等疾病，还会加速衰老。从理论上分析，抗氧化剂会防治这类疾病，并能延缓衰老。但是，临床研究尚未证实虾青素在疾病防治方面的作用。

美国农业部开发的营养数据库可检索到各类食物维生素 A（以 IU 为单位）和 β-胡萝卜素的含量（以微克为单位）。《中国食物成分表》也能检索到大部分日常食物维生素 A 的含量（RAE）。

　　维生素 A 在体内参与合成视网膜感光物质、营养角膜上皮细胞，缺乏维生素 A 会引起多种疾病，其中最具特征性的就是夜盲症和干眼症。

1. 夜盲症

　　夜盲症的突出表现就是傍晚后看不见或看不清，但白天（光线强烈时）仍能看见，原因是维生素 A 缺乏导致视紫红质合成障碍。如果维生素 A 缺乏持续加重，最终影响到视紫蓝质合成，患者就会出现完全失明。

2. 干眼症

　　干眼症的典型表现是角膜白斑。维生素 A 缺乏时，产生泪液的上皮细胞被角质细胞取代，脱落的角蛋白碎片积聚形成泡沫样白斑，一般呈不规则椭圆形或三角形。1863 年，法国医生比托（Pierre Bitot）首次描述了这种现象，角膜白斑因此也称比托斑（Bitot spots）。比托斑是维生素 A 缺乏的最初警示，此时若能及时补充维生素 A，干眼症会逐渐好转。若未能及时补充维生素 A，干眼症就会逐渐加重，角膜出现磨损、溃疡、软化、穿孔，最后引发失明。

3. 感染

维生素 A 缺乏会导致免疫力下降，引发毛囊炎、中耳炎、尿路感染、脑膜炎、上呼吸道感染、肺炎、腹泻、麻疹等疾病。

4. 先天畸形

孕妇缺乏维生素 A 可引发胎儿畸形。怀孕期间酗酒可导致胎儿酒精综合征（fetal alcohol syndrome），表现为脑、心脏、肾脏、眼睛等功能或结构异常，面部、躯干和四肢出现畸形。酗酒导致维生素 A 缺乏是引发胎儿酒精综合征的重要原因。

5. 骨骼和牙齿疾病

儿童缺乏维生素 A 会因骨骼发育不良导致身材矮小，成人缺乏维生素 A 会引发多种骨关节疾病。儿童缺乏维生素 A 会引起牙釉质发育不全，也容易发生牙周炎。

6. 癌症

在吸烟者中开展的调查发现，通过膳食（主要是蔬菜和水果）增加天然类胡萝卜素摄入会降低肺癌风险。但在干预性临床试验中，给受试者服用维生素 A 或 β-胡萝卜素制剂，并不能降低肺癌风险。甚至有研究提示，补充大剂量 β-胡萝卜素反而增加肺癌风险。这些结果表明，通过膳食补充维生素 A 可发挥抗癌作用，但通过保健食品（膳食补充剂）补充维生素 A 并不能发挥抗癌作用，原因是膳食中的维生素 A 可获得其他营养素的协同作用。

7. 黄斑变性

黄斑变性是老年人视力丧失的主要原因。随着年龄增加，视网膜组织结构退化，黄斑区感光能力下降。尽管发病机制尚未完全阐明，但氧化反应增强是黄斑变性发生的重要机制。因此，具有抗氧化作用的类胡萝卜素可能有助于防治老年黄斑变性。美国国立眼科研究所（NEI）发起的老年眼病研究（AREDS）表明，给轻度老年黄斑变性患者每天服用 β-胡萝卜素（15 毫克）、维生素 E（400 IU）、维生素 C（500 毫克）、锌（80 毫克）和铜（2 毫克）组成的复合膳食补充剂，5 年后可将重度老年性黄斑变性的发生率降低 25％。

维生素A过量会有哪些危害?

　　脂溶性维生素在体内代谢慢，易发生蓄积中毒。维生素A是一种脂溶性维生素，摄入过量容易引发毒副反应。体内储存的维生素A约有90％位于肝脏。

　　根据美国医学研究所制定的标准，成人维生素A可耐受最高摄入量（UL）为每日3 000微克。根据中国营养学会制定的标准，成人维生素A可耐受最高摄入量为每日3 000微克（表3）。超过可耐受最高摄入量就可能引发毒副反应。

表3　维生素A可耐受最高摄入量（微克RAE/天）

美国医学研究所			中国营养学会[#]		
年龄段	男性	女性	年龄段	男性	女性
0—6个月	600	600	0—6个月	600	600
7—12个月	600	600	7—12个月	600	600
1—3岁	600	600	1—3岁	700	700

美国医学研究所			中国营养学会#		
年龄段	男性	女性	年龄段	男性	女性
4—8 岁	900	900	4—6 岁	900	900
9—13 岁	1 700	1 700	7—10 岁	1 500	1 500
14—18 岁	2 800	2 800	11—13 岁	2 100	2 100
19—50 岁	3 000	3 000	14—17 岁	2 700	2 700
≥51 岁	3 000	3 000	18—49 岁	3 000	3 000
			≥50 岁	3 000	3 000
孕妇≤18 岁		2 800	孕妇,早		+ 0
孕妇≥19 岁		3 000	孕妇,中		+ 0
乳母≤18 岁		2 800	孕妇,晚		+ 0
乳母≥19 岁		3 000	乳母		+ 0

+:在同年龄段基础上的增加值。1 微克 RAE 相当于 3.33 国际单位(IU)。

♯:中华人民共和国卫生行业标准《中国居民膳食营养素参考摄入量第 4 部分:脂溶性维生素》WS/T 578.4—2018。

维生素 A 毒副反应的发生取决于摄入量和蓄积速度,据此可将维生素 A 中毒分为急性和慢性两类。急性中毒是因短期摄入大量(>7 500 微克/千克体重)维生素 A,慢性中毒是因长期摄入超量维生素 A(>3 000 微克/日)。应当强调的是,酗酒的人或肝病患者在较低剂量就可发生维生素 A 中毒。

急性维生素 A 中毒可导致颅内压升高,中毒者常表现为头痛、头晕、恶心和呕吐,有时还会出现皮肤刺痛、视物模糊和四肢乏力等,严重会导致昏迷甚至死亡。食用大量动物肝脏、误服大量鱼肝油或维生素 A 制剂、皮肤大面积涂抹维甲酸类药物或化妆品均可引发急性维生素 A 中毒。

慢性维生素 A 中毒可表现为低热、失眠、脱发、贫血、脱皮、关节疼痛等。长期服用大剂量维生素 A 类药物或膳食补充剂可引发慢性维生素 A 中毒。维生素 A 主要在肝脏代谢，过量维生素 A 会造成肝功能损伤。

长期摄入过量维生素 A 还会导致骨质疏松，进而增加骨折风险。这是因为，维生素 A 可抑制成骨作用，促进破骨作用。在绝经后妇女中开展的研究发现，相对于低维生素 A 摄入（每日低于500 微克），高维生素 A 摄入（每日高于 1 500 微克）会将髋骨骨折的风险增加一倍。根据 2012 年的荟萃分析，长期服用大剂量维生素 A 或 β-胡萝卜素反而增加死亡率。这些结果提示，盲目补充维生素 A 不一定会有好处。

动物肝脏富含维生素 A，北极熊、海豹、海象、驼鹿、狗等动物肝脏中维生素 A 含量尤其高，大量食用动物肝脏有可能引发维生素 A 中毒。检测发现，北极熊肝脏中维生素 A 含量高达 900微克/克，成人一次摄入 45 000 微克以上维生素 A 就可引发中毒，相当于一次吃 50 克（1 两）熊肝。

1597 年，荷兰航海家德·维尔（Gerrit de Veer）率领舰队探索东北航道（北极航道）。在冬季暴风雪来临之际，德·维尔和船员登上新地岛（Nova Zembla）避难。因食物短缺，他们不得不猎杀北极熊为食。德·维尔在日记中描述，食用熊肝后他和船员出现了全身蜕皮等中毒症状，当时预感生还无望。幸运的是，经过一段时间休养，他们都意外地活了下来。

1911 年 12 月 14 日，挪威探险家阿蒙森（Roald Amundsen）首次抵达南极点。1912 年 11 月，澳大利亚极地探险家莫森（Douglas Mawson）、默茨（Xavier Mertz）和宁尼斯（Belgrave

Ninnis）带领 9 只哈士奇（Siberian Husky，也称西伯利亚雪橇犬），开始对南极大陆进行测绘。1912 年 12 月 14 日，宁尼斯不慎坠落冰崖罹难，同时坠崖的还有 3 只哈士奇和探险队携带的全部食物。为了保命，莫森和默茨将剩余的 6 只哈士奇一个个宰杀后食用。默茨于 1913 年 1 月 8 日去世，莫森于 1913 年 2 月 8 日侥幸逃回大本营。根据莫森的陈述，默茨食用狗肝后出现烦躁和精神错乱，继而四肢抽搐并发生昏迷，最终于数天后去世。2005 年，澳大利亚学术界对该事件展开调查，多数学者认为食用大量狗肝导致维生素 A 中毒是默茨死亡的主要原因。在极度疲惫和虚弱时，人体更易发生维生素 A 蓄积中毒。莫森因食用了较多狗肉和较少狗肝而幸免于难。

儿童容易因维生素 A 摄入过量而引发毒副反应，应避免长期大量食用动物肝脏。每克羊肝含维生素 A 高达 210 微克，学龄前儿童维生素 A 可耐受最高摄入量是每日 900 微克，这相当于 4.3 克羊肝的含量。

怀孕期间摄入过量维生素 A 会增加出生缺陷的风险。过量维生素 A 致畸的敏感时间是在早孕期（怀孕前 3 个月），这段时间胎儿正处于器官快速发育阶段。维生素 A 引发的出生缺陷包括头面部畸形、神经和心血管等系统结构异常。

化妆品中的维生素 A 或维甲酸可经皮肤和黏膜吸收。在胎儿体内和胎盘中，维甲酸可与核受体（RAR）结合，进而影响基因转录，高浓度维甲酸因此具有一定致畸作用，孕妇或备孕妇女应谨慎使用此类药品或化妆品。

经食物（如动物肝脏）摄入过量现成维生素 A 会引发毒副反应，但经食物（如胡萝卜）摄入过量类胡萝卜素一般不会引发毒副反应。这是因为，体内维生素 A 过剩时，β-胡萝卜素就不再转化为维生素 A。另外，β-胡萝卜素的吸收具有饱和效应，也就是说补充量越大吸收率越低。长期大量食用富含类胡萝卜素的食物可引起类胡萝卜素血症，血液中类胡萝卜素水平显著升高，皮肤甚至可变为橙黄色，这就是平常所说的"面有菜色"。除了影响美容，类胡萝卜素血症对人体健康不会产生危害。在减少 β-胡萝卜素摄入后，血液类胡萝卜素水平会很快下降，皮肤颜色也会恢复正常。

通过天然食物摄入大量 β-胡萝卜素不产生明显毒副反应，但通过保健食品（膳食补充剂）摄入大量 β-胡萝卜素则可能产生毒副反应。美国国立癌症研究所开展的生育酚和胡萝卜素预防癌症研究（ATBC）发现，补充大剂量 β-胡萝卜素会增加肺癌和冠心病的风险。美国医学研究建议，膳食均衡的人没有必要补充维生素 A 或 β-胡萝卜素。

华法林是一种抗凝血药物。房颤、心脏瓣膜移植术等患者需要长期服用华法林以预防血栓形成。维生素 A 可抑制肝酶，增加华法林的血药浓度，从而增加出血风险。同时服用华法林和维生素 A 制剂的人，应密切监测凝血功能。

贝沙罗汀（Bexarotene）是一种外用抗肿瘤药，主要用于治疗皮肤淋巴细胞瘤。贝沙罗汀可增强维生素 A 的作用，若同时使用维生素 A 和贝沙罗汀会增加毒副反应的发生风险。

哪些人容易缺乏维生素 A?

膳食均衡的人一般不会缺乏维生素 A。素食者、贫困人口和特殊疾病患者可能缺乏维生素 A。维生素 A 过量会产生毒副作用，补充维生素 A 最好的方法是食补。服用维生素 A 补充剂前应进行营养评估。

1. 素食者

肉食中含有现成的维生素 A（视黄醇、视黄酯），素食中含有前体维生素 A（类胡萝卜素）。现成维生素 A 和前体维生素 A 的吸收转化都离不开脂肪。动物源性食物（肉、蛋、奶）不仅能提供丰富的现成维生素 A，其中的脂肪还能促进维生素 A 吸收转化。研究发现，成人每餐摄入 3 克以上油脂（包括动物脂肪和植物油）才能保证类胡萝卜素的吸收转化。素食者和偏食者会因油脂吃得少而导致维生素 A 缺乏。中国居民摄入的维生素 A 有一半来自肉食。素食者若不重视深色蔬菜、水果和植物油的摄入，更容易发生维生素 A 缺乏。肉食摄入不足还会引发缺铁性贫血，维生素 A 缺乏和贫血会协同增加感染风险，完全素食者容易发生皮肤疖疮、感冒和腹泻。

2. 减肥者

奥利司他（orlistat；商品名罗氏鲜，Xenical）是被临床研究证实有效的减肥药。奥利司他发挥减肥的机制在于减少脂肪吸收，因此可降低维生素 A 的吸收率和转化率，进而导致维生素 A 缺乏。为了追求身材苗条，很多年轻女性长期服用奥利司他，同时减少肉食摄入，这些人应适当增加维生素 A 或 β-胡萝卜素的摄入。

3. 贫困人口

贫困人口肉食消费量少，膳食中现成维生素 A 含量低，如果不增加类胡萝卜素摄入，就会发生维生素 A 缺乏。因生理需求量相对较大，儿童容易发生维生素 A 缺乏，尤其是落后或偏远地区的儿童。2012 年，在甘南藏族自治州舟曲县开展的调查发现，当地汉族和藏族儿童干眼症发病率高达 11.9％，干眼症是维生素 A 缺乏的最初表现。

在贫困地区，由于食物来源有限，妈妈营养不良会导致乳汁不足，乳汁中维生素 A 含量也会下降，这种母乳不能为宝宝提供足量维生素 A。没有母乳或过早停止母乳喂养，也会导致宝宝维生素 A 缺乏。缺乏配方奶粉或奶粉配方不合理，是贫穷地区宝宝发生维生素 A 缺乏的另一潜在原因。另外，在贫困地区，因孕妇食物中维生素 A 缺乏，胎儿无法在肝脏中蓄积足量维生素 A。缺乏维生素 A 不仅会影响胎儿发育，宝宝出生后也容易发生干眼症。

4. 断奶期间的婴幼儿

母乳中含有维生素 A，以母乳喂养的宝宝一般都能获得足量维生素 A。断奶期间，由母乳过渡到餐桌食品会使宝宝食量减少。相对于母乳，餐桌食品中的维生素 A 含量低且不易吸收，这些因素导致断奶期间的宝宝容易发生维生素 A 缺乏。

5. 以家庭食物喂养的婴幼儿

根据国家卫生健康委员会的调查，中国 6 个月以内婴儿接受纯母乳喂养的比例只有 27.8%，其他婴儿多采用配方奶粉或家庭食物喂养。配方奶粉会根据不同年龄段宝宝的身体需求添加维生素 A，以标准配方奶粉喂养的宝宝一般不会出现维生素 A 缺乏。但在偏远地区、落后地区和贫困人口中，以自制奶或家庭食物喂养的宝宝容易发生维生素 A 缺乏。

第一次世界大战期间，德国在北大西洋实施无限制潜艇战，攻击在该区域航行的任何船只。丹麦因此无法进口奶牛饲料，奶制品尤其是黄油极度匮乏，价格奇高。黄油是牛奶上层悬浮物经滤水后的产物，去除黄油的脱脂牛奶基本不含维生素 A。为了生产黄油，丹麦婴幼儿普遍以脱脂牛奶加椰子油（coconut butter）

喂养，结果导致大批婴幼儿罹患干眼症。

6. 早产儿

早产儿出生时肝脏储存的维生素 A 较少，加之进食、消化和吸收能力较弱，更容易发生维生素 A 缺乏。检测发现，早产儿血清视黄醇浓度显著低于足月儿。维生素 A 缺乏可引发肺部感染和慢性腹泻，这些并发症往往会危及宝宝生命。

7. 缺锌的人

锌离子是合成维生素 A 转运蛋白的必需辅助因子，锌离子还可促进视黄醇转化为视黄醛（维生素 A 的活性形式）。因此，锌在维生素 A 的吸收、转运和代谢过程中发挥着重要作用，缺锌会恶化维生素 A 缺乏的相关症状。

8. 酗酒者

酒精会阻碍维生素 A 的吸收，干扰类胡萝卜素转化为维生素 A，长期酗酒容易引发维生素 A 缺乏。

9. 慢性病患者

囊性纤维病是因为基因缺陷导致外分泌腺黏液生成过多，进而累及呼吸道、消化道和生殖道等器官的疾病。由于胰腺分泌管道被黏液阻塞，囊性纤维病患者胰酶分泌不足。胰酶是消化液中分解脂肪的主要成分，因无法分解消化脂肪，囊性纤维病患者易出现脂肪泻，导致食物中的维生素 A 很难被吸收。高达 40％的囊性纤维病患者存在维生素 A 缺乏。同样，慢性腹泻或其他胃肠病患者也容易发生维生素 A 缺乏。

10. 麻疹患儿

麻疹是由病毒引起的呼吸道传染病，常发生于儿童中间。患麻疹的宝宝常因高热、食欲不振而减少维生素 A 的摄入。维生素 A 可维持眼角膜和其他上皮组织的正常结构和功能。麻疹宝宝容易出现角膜溃疡和穿孔，甚至可引发失明。在非洲开展的调查发现，发生角膜溃疡和失明的麻疹患儿几乎都存在维生素 A 缺乏。世界卫生组织（WHO）开展的评估证实，给麻疹宝宝补充维生素 A 可降低并发症和死亡率。

由于居民喜好素食，加之麻疹和腹泻发病率高，印度是维生素 A 缺乏的高发国家。根据世界卫生组织的建议，从 1970 年起，印度每半年给 5 岁以下儿童一次性服用 66 000 微克维生素 A。随着生活水平的提高，居民膳食中维生素 A 的含量在逐渐增加，疫苗接种也让麻疹得以有效控制，卫生条件的改善使腹泻发病率大幅下降，加之大剂量维生素 A 会引发毒副反应，目前印度学界和民间开始质疑补充大剂量维生素 A 的必要性和安全性，纷纷要求终止这一实施了 50 年的公共卫生政策。

麻疹是欠发达国家和地区儿童死亡的重要原因，但这种疾病的发生并不局限在落后地区。2019 年春，美国暴发大规模麻疹疫情，超过1000名儿童感染麻疹。有学者认为，维生素A缺乏导致免疫力降低是麻疹流行的重要原因。

据世界卫生组织估计，全球有1.9亿学龄前儿童维生素A摄入不足，每年约有67万名儿童因维生素A缺乏而死亡，每年约有50万名儿童因维生素A缺乏而失明，维生素A缺乏主要发生在非洲、南亚和东南亚。令人惋惜的是，这些严重危害都可通过改善膳食和补充维生素A而得以预防，联合国因此将消除维生素A缺乏症列入千年发展目标（MDG）。

对于可能缺乏维生素A的人，在补充前应评估体内维生素A的营养状况。维生素A在血液中以视黄醇的形式转运，因此可测定血清视黄醇浓度以了解体内维生素A的丰缺程度。如果血清视黄醇浓度低于0.70微摩尔/升（20微克/分升），提示体内维生素A缺乏，但这种检测方法不能反映体内维生素A的储存量。在维生素A轻度缺乏时，血清视黄醇浓度并不下降，只有当肝脏储存的维生素A消耗殆尽后，血清视黄醇浓度才开始下降。测定血清视黄醇对补充维生素A的反应可间接评估体内维生素A的储存量。在补充少量维生素A后，若血清视黄醇浓度增加20％以上，表明体内维生素A储存不足。

人类是如何战胜夜盲症的?

早在 6 000 年前，古埃及就建立了完整的医学体系，古埃及人通过长期摸索找到了多种疾病的治疗方法。撰写于公元前 1800 年的莎草纸文稿（Kahun Papyrus）记载，一位双目失明的妇人吃了生驴肝后完全复明。撰写于公元前 1550 年的莎草纸文稿（Papyrus Ebers）记载了眼病的治疗方法：将烤熟的牛肝切片，敷贴在眼睛上可产生神奇疗效。

位于两河流域的古巴比伦王国是最早的奴隶制国家，古巴比伦人崇尚肝占术。让病人对着羊的鼻孔吹一口气，将羊宰杀后取出肝脏，巫师（医生）根据肝脏纹理判断病情和预后。肝脏纹理还用于占卜个人和国家的命运，动物肝脏则用于治疗各种疾病。

经过两个世纪的持续征战，到公元前 8 世纪初，亚述帝国统一了两河流域和埃及，继承了古埃及医学和古巴比伦医学。成书于公元前 700 年的《亚述医学》（*Assyrian Medicine*）提到一种怪病，患者每到傍晚就看不见或看不清，白天则视力正常。当时的医生认为，患者晚上失明是由于受到月光照射，治疗这种病的方法是在眼部涂抹驴肝汁。

古希腊时期的医生将这种病称为 nyktalopia。nykt（night）是夜晚，alo 是失明，opia 是眼睛，nyktalopia 的字面意思就是夜盲症（night-blindness）。希波克拉底（Hippocratēs，前 460—前 377 年）在《预后学》（*Book of Prognostics*）一书中明确指出："夜间无法看清外物称为夜盲症，这种病往往发生在儿童和青少年中间。"治疗夜盲症的方法是，将一大块牛肝浸泡在蜂蜜中（可能是为了改善口味），每天吃一两次。希波克拉底还观察到，患有中耳炎、咽喉炎和发热的儿童更容易发生夜盲症。

罗马帝国时期，盖仑（Galen）和他的追随者奥里巴西斯（Oribasius）对夜盲症进行了更精准的描述，"患者白天视力良好，日落后视力开始下降，到夜间则完全不辨外物"。盖仑建议用羊肝治疗夜盲症。

阿拉伯医学传承自古希腊医学，阿拔斯王朝时期（Abbasid Dynasty，中国古代称黑衣大食）著名的翻译家易斯哈格（Hunayn ibn Ishaq）在译作中记载，在眼部涂抹动物肝脏榨汁可医治夜盲症。西班牙穆斯林统治时期（711—1492 年），医生推崇用山羊肝榨汁涂抹眼部以治疗夜盲症，但治疗后会让患者食用羊肝渣。

欧洲殖民地扩张时期，荷兰人朋木斯（Jacobus Bontius）是第一位抵达东印度群岛的西方医生。在《印度医学》（*De medicina Indorum*）一书中，朋木斯记载了当地爪哇人患夜盲症的状况："（患者）最初夜间视力障碍，之后逐渐加重以至失明。"朋木斯还寻访到爪哇人有用动物肝脏治疗夜盲症的传统。

18 世纪中期，俄罗斯东正教制订了严格教规，在为期 40 天的大斋节（Great Lent）期间，信徒不得食用肉类、鱼类、蛋类、乳制品、葡萄酒和植物油。这些禁忌导致夜盲症在乡间广泛流行。在当地执业的德国医生冯·伯根（von Bergen）认为，夜盲症系营养不良所致。冯·伯根用牛肝治愈了大批夜盲症患者，他告诉同行是从中国人那里学到了这种疗法。

1816年，超常低温导致世界范围内农作物歉收，欧洲随后爆发了粮食危机。为了提高食物利用率，学术界开始评估各类食物的营养价值，由此催生了现代营养学。19世纪初兴起的工业革命大幅增加了耕作效率，欧洲都市化进程明显加快，城市人口呈爆发式增长。从1800到1850年，法国城市人口翻了一番。大批失地农民涌进巴黎等大都市成为盲流，街道上挤满了乞丐、小偷和拾荒者。由于生活没有着落，面粉价格的小幅上涨就会在盲流中引发"面包骚乱"。食物短缺导致营养不良性疾病盛行。现代公共卫生学奠基人维勒米（Louis Villerme）和莎提诺夫（Louis Chateauneuf）调查后发现，生活拮据导致底层民众健康状况恶化，穷人的平均寿命竟然比富人的短十几岁。为了解决吃饭问题，法国学术界发明了很多离奇的"新食品"。

化学家达切特（Jean d'Arcet）发明了用骨头生产明胶的技术，慈善机构开始在街头和医院派送明胶汤（类似中国人吃的肉冻）。一时间明胶用量大增，以至于用骨头生产刀柄和纽扣都被迫停止，因为那样做意味着"从穷人嘴里抢食物"。随着明胶成为贫困儿童的主食，慈善医院出现了大批营养不良患儿；当死亡率开始飙升后，当局被迫停止供应明胶汤。

儿科医生比拉德（Charles Billard）在慈善医院调查后发现，孤儿中干眼症的发病率极高，主要表现为角膜溃疡和角膜穿孔。

为了找到干眼症发生的原因，法国生理学家马根迪（Francois Magendie）开展了动物实验。结果发现，用不含氮（蛋白质）的食物喂养狗，动物会逐渐消瘦，眼角膜会形成溃疡，溃疡破裂导致角膜穿孔后狗就会死亡。马根迪认为，狗粮中缺乏氮是导致干眼症和死亡的根本原因。英国医生巴德（George Budd）不同意马根迪的观点，认为食物中缺乏某些必需微量营养素引发了干眼症。

1862 年，法国医生比托发现，夜盲症患儿更容易发生干眼症，并在角膜上出现泡沫样白斑，学术界将这种病变称为比托斑。比托的观察结果提示，夜盲症和干眼症可能是同一种营养素缺乏所致。

最早在人体开展夜盲症治疗试验的是奥地利医生施瓦茨（Eduard Schwarz）。19 世纪中期，奥地利（内陆国家）还拥有一支海军，基地设在意大利东北部的里雅斯特（Trieste）。1857 年，奥地利海军护卫舰"诺瓦拉"（Novara）号展开环球科考，26 岁的施瓦茨随舰出航。其间，施瓦茨在 352 名舰员中发现了 75 例夜盲症患者，其中有 60 例发生于从合恩角到直布罗陀的漫长航程中。这些患者大多伴有坏血病。令施瓦茨惊讶的是，随舰乐队的 7 名成员全都患上了重度夜盲症。每当夜幕降临，这些音乐人根本看不见外物，必须像盲人那样牵着他们行走。施瓦茨将舰上的夜盲症患者分为两组，一组给膳食中添加煮牛肝，一组不添加，结果食用牛肝的患者症状迅速好转。这一研究结果证实，夜盲症是一种营养缺乏性疾病，牛肝完全可治愈这种疾病。令人不解的是，施瓦茨的研究论文发表后，受到同行的猛烈攻击，他本人被贴上"轻佻浮薄""私欲膨胀"等标签。环球航行归来三年后，施瓦茨就在郁郁寡欢中离世，牛肝疗法并未得到认可和推广。

1861 年，美国爆发南北战争。随队军医报告，南部联盟军中出现了大批夜盲症患者，北弗吉尼亚军团中夜盲症尤其高发，严重削弱了部队的战斗力。患病士兵在白天尚能完成行军和作战任务，一旦夜幕降临，他们的视力就会变得模糊不清，纷纷要求乘马车转运，否则就得像盲人那样牵着他们行进。起初军医怀疑这些士兵因厌战而装病，但体检后发现，所有患者的瞳孔在夜间对光照完全没有反应（对光反应消失），军医们这才相信确有器质性疾病在军中暴发。士兵们则认为，晚上露营时月光照到眼睛是他们患病的根本原因。军医们尝试用拔火罐、水蛭吸血、火烤、熨烫、汞剂、碳酸钾等方法进行治疗，结果都有害无益，但休假可明显缓解夜盲症的症状（可能因休假期间伙食有所改善）。可见，古罗马和施瓦茨的牛肝治疗法当时并未传到新大陆。

1881 年，爱沙尼亚多尔帕特大学（University of Dorpat）的研究生卢宁（Nicolai Lunin）发现，小鼠仅靠牛奶就可健康地生存，但牛奶中任何独立成分都不足以维持小鼠长期生存。卢宁当时推测，除了蛋白质、脂肪、碳水化合物、盐和水，人和动物还需要其他营养素。卢宁的导师冯·邦奇教授（Gustav von Bunge）在他编著的生理学教科书中进一步强调，牛奶中含有多种生命必需的微量营养素。

1891 年，冯·邦奇教授的另一研究生索欣（Carl Socin）发现，仅用蛋黄喂养小鼠，动物可生存 100 天以上；而用蛋白质、脂肪、碳水化合物、盐和水配制的标准食物喂养小鼠，动物活不过 30 天。索欣据此推测，蛋黄中存在一种生命必需的微量营养素，而且这种营养素为脂溶性物质。可惜的是，冯·邦奇教授没有继续该项研究。1929 年，霍普金斯因提出维生素的概念获得诺贝尔生理学或医学奖。在颁奖演说中，霍普金斯谦逊地表示，48年前（1881年）一名叫卢宁的研究生早就发现了维生素。

19世纪，德国生化学家冯·李比希（Justus von Liebig）建立的营养学理论认为，人体必需的营养素包括蛋白质、脂肪、碳水化合物和矿物质，这种观点一直维持到20世纪初。1912年，英国剑桥大学生物化学家霍普金斯在《未知的膳食要素》(*Unsuspected Dietetic Factors*) 一书中，展示了系列研究结果。采用标准量的蛋白质、淀粉、蔗糖、脂肪和矿物质饲养幼年大鼠，其生长发育明显受阻；但在基础饲料中加入少量牛奶，幼鼠就能健康成长，尽管牛奶中这种未知营养素含量极低。

1911年，研究生斯特普（Wilhelm Stepp）发现了牛奶中的脂溶性营养素。斯特普将面粉和牛奶做成面团，以此为食的幼鼠可健康成长。用乙醚提取面团中的脂溶性成分，以剩余面团为食的幼鼠活不过三周。如果再将乙醚提取物加入面团中，幼鼠则可健康成长。这一研究结果表明，牛奶中的脂溶性营养素对动物至关重要，这种营养素可溶解于乙醚或乙醇中。

1913年，美国生化学家麦科勒姆和戴维斯发现，源于不同组织的脂肪其营养价值不同。用乙醚提取黄油或蛋黄中的脂溶物，将其添加到标准饲料中，幼年大鼠可健康成长。用乙醚提取猪油或橄榄油中的脂溶物，将其添加到标准饲料中，幼年大鼠不能长期存活。这一研究结果显示，黄油和蛋黄中所含辅助因子对动物生长发育必不可少。麦科勒姆将这种辅助因子称为"脂溶性A物质"，将冯克从米糠中分离出的辅助因子称为"水溶性B物质"。维生素的概念提出后，脂溶性A物质被重新命名为维生素A，水溶性B物质被重新命名为维生素B。

20 世纪 30 年代，美国生化学家沃尔德发现了维生素 A 和视力之间的关系，维生素 A 是合成视网膜感光物质视紫红质的主要原料。当人体缺乏维生素 A 时，视网膜上的视紫红质合成受限，在光线昏暗时就看不清物体，夜盲症的病因之谜自此被完全揭开。1967 年，沃尔德因发现视觉形成机制获得诺贝尔生理学或医学奖。

1919 年，美国生化学家斯坦博克发现，β-胡萝卜素可在体内转化为维生素 A。1931 年，瑞士化学家卡勒揭示了维生素 A 的化学结构，他因此获得 1937 年诺贝尔化学奖。1937 年，美国奥伯林学院的霍姆斯（Harry Holmes）和科比特（Ruth Corbet）从鱼肝油中提取出维生素 A 结晶。1947 年，荷兰化学家范·多普（David van Dorp）和阿伦斯（Jozef Arens）首次合成维生素 A。

1972 年，美国国际开发署（USAID）对全球儿童营养状况进行全面评估后认为，维生素 A 缺乏对人类健康构成重大威胁。为了在全球范围解决维生素 A 缺乏问题，USAID 和世界卫生组织于 1974 年成立了国际维生素 A 咨询小组（IVACG），每年组织召开一次专业会议。在 USAID 的资助下，IVACG 对维生素 A 缺乏相关课题展开研究，同时制定维生素 A 缺乏的防治指南。

由于食物结构不合理，广大发展中国家维生素 A 缺乏尤为普遍，维生素 A 缺乏曾经是发展中国家儿童失明和死亡的重要原因。1974 年以来，IVACG 在南亚诸国发起了维生素 A 强化计划，也就是在主食中添加维生素 A，这一计划让数百万儿童避免了失明。

二战中英国如何利用胡萝卜战胜德国？

1940 年 7 月 10 日，在占领法国后，纳粹德国开始对英伦三岛实施大规模战略轰炸，发起了不列颠之战（Battle of Britain）。最初，为了完成海上和空中封锁，德国空军的轰炸目标仅限于船队、航运中心、港口、机场、交通枢纽等。后来，为了在民间制造恐慌并迫使英国投降，轰炸目标扩大到各种军用和民用设施。但狂轰滥炸并没有让英国屈服，反而让纳粹空军损失惨重，希特勒也被迫取消了入侵英国的海狮行动（Operation Sealion）。

不列颠之战打响后，英国强大的防空火力网使德国轰炸机很难在白天靠近目标，空袭大多都在夜间进行。为了减少损失，英国实施了严格的灯火管制，每当空袭警报响起，各大城市和工业重镇全部停电熄火。另外，英国在二战初期建成的雷达预警系统在空战中发挥了巨大作用，成为击败德国空军的秘密武器。

雷达原型由德国物理学家赫尔斯迈耶（Christian Hulsmeyer）建立。1904 年，赫尔斯迈耶首次用无线电波探测到远处金属物体的存在，提出该技术可用于雾中导航。不久，他又研发出无线电测距技术，这样就具备了建造雷达（radar, radio detection and ranging）的所有技术条件。赫尔斯迈耶所用脉冲雷达信号由火花隙振荡器发出，其工作波长为 50 厘米，接收器是带有抛物面的喇叭形天线。在科隆成功测试后，赫尔斯迈耶希望将该技术转交给德国军方，但不知何因最终被拒绝。

1935 年 2 月，沃森-瓦特（Robert Watson-Watt）在英国广播公司（BBC）的短波发射机旁安置了多个接收器，同时在附近地区安排飞机航行。结果一个接收器探测到飞机反射回来的短波，英国政府随即投入大量资金对这一技术展开研究。1935 年 6 月 17 日，沃森-瓦特使用该技术侦测到一架偶然路过的飞机，同时测得飞机方位和距离。1935 年底，沃森-瓦特开发出用于探测飞机的雷达系统，其探测范围为 100 英里（160 公里）。1937 年，他又开发出测定飞机高度的技术。

1938 年，依靠沃森-瓦特研发的技术，英国建成沿海预警雷达链（Chain Home），这是世界上第一个可用于实战的雷达系统。但初步测试发现，在紧急状态下很难将雷达链采集的信息传递给战斗机飞行员。英国军方又开发出用于防空信息采集、筛选和传输的道丁系统（Dowding System）。1939 年，英国开通低空雷达预警系统（Chain Home Low），可探测到飞行高度在 150 米以上的飞机；在港口附近安装的超低空雷达预警系统（Chain Home Extra Low）甚至可探测到飞行高度在 15 米以上的飞机。同一时期，英国还开发出机载雷达装置。

在空战中，预警链和机载雷达让英国占尽优势，但德国情报部门始终没能搞清雷达技术的战略价值。在空袭中，德军曾炸毁怀特岛和多佛（Dover）的雷达基站，但用开放式钢梁构建的信号塔受损不严重，预警系统在空袭后不久得以重启。依据炸毁基站前后的战况，德国军方则错误地判断雷达技术对空战帮助不大，此后未再将雷达基站列为重点轰炸目标。

雷达技术帮助英国飞行员击落了大批德国轰炸机。王牌飞行员坎宁安（John Cunningham）一人就击落了 20 架德机，其中 19 架在夜间击落，坎宁安因此获得"猫眼"（Cat's Eyes）的绰号，他也是历史上第一个利用机载雷达击落敌机的飞行员。为了保守这一军事机密，英国政府发起了规模庞大的欺骗性宣传（战略忽悠）。当时，学术界刚刚认识维生素 A 在暗视力形成中的作用，而胡萝卜素在体内可转化为维生素 A。英国军方对外宣称，坎宁安等飞行员经常吃胡萝卜，其中的胡萝卜素会使暗视力变得更加敏锐，这让他们能够在黑夜里发现并击落敌机。英国的宣传最终发挥了作用，德国空军也开始给飞行员吃胡萝卜。

不过，军方发起的欺骗性宣传也忽悠到了英国民众，胡萝卜在英国迅速成为明星食品。"胡萝卜有益于夜间视力"这样的宣传画和标语随处可见。普通民众开始相信，多吃胡萝卜能让他们在空袭停电期间看得更清楚，从而快速躲入防空洞逃生；很多人开始在自家花园里种植胡萝卜。

引发胡萝卜热潮的另一原因是战时食品匮乏。空中和海上封锁使英伦三岛食品供给受阻，需要进口的糖、黄油和培根尤其短缺，筹集食品的后勤系统已不堪重负。为了应对困局，英国广播公司（BBC）推出《厨房前线》（*Kitchen Front*）节目，号召广大民众在厨房里赢得战争。时任英国粮食大臣伍尔顿勋爵（Lord Woolton）发起了"为胜利而耕种"（Dig for Victory）活动，鼓励民众在自家花园种植胡萝卜，而不是排长队去领救济。

在不列颠之战中，英国民众始终保持着高昂斗志，其中一个重要原因就是，乔治六世国王（George VI）和王后一直留在伦敦，和英国人民一起抵抗纳粹入侵。1939年战争爆发时，高层建议国王和王后避难加拿大，但被乔治六世严词拒绝。1940年9月13日，两枚空投炸弹在皇家礼拜堂爆炸，当时国王和王后距离爆炸点仅有70米。不列颠空战期间，国王和王后视察了被轰炸的街区、学校、医院、兵工厂和军营，这极大地增强了民众战胜纳粹的决心。为了响应"为胜利而耕种"活动，乔治六世国王亲自在白金汉宫的花园里种上了胡萝卜。

现在我们知道，胡萝卜中含有丰富的β-胡萝卜素，而β-胡萝卜素在体内可转变为维生素A。对于维生素A缺乏的人，多吃胡萝卜有可能逆转受损的视力。但对于膳食均衡的健康人，胡萝卜绝无可能增强暗视力。"胡萝卜提高夜间视力"只是英国军方迷惑敌军的烟幕弹。当时学术界尚未完全认识维生素A的生理作用，但在战胜纳粹德国的过程中，胡萝卜确实发挥了巨大作用。

中医如何治疗夜盲症？

最早记载夜盲症的中医典籍是隋代巢元方的《诸病源候论》："人有昼而睛明，致瞑则不见物，世谓之雀目。言其如鸟雀，瞑便无所见也。"夜盲症患者在白天视力正常，到傍晚就看不见物体，这种现象就像麻雀一样，因此得名雀目。除了雀目，中医还将夜盲症称作雀盲、青盲、鸡目、鸡盲、阴风障等，民间则称作鸡蒙眼。清代眼科名医黄庭镜所著《目经大成》中有一首诗，精准地描述了夜盲症患者的视觉症状："大道行不去，可知世界窄，未晚草堂昏，几疑天地黑。"

除了维生素 A 缺乏，视网膜色素变性也会引发夜盲症。令人惊讶的是，在缺乏眼科检查的古代，中医竟能将两者详加区分。中国最早的眼科专著《秘传眼科龙木论》将夜盲症区分为肝虚雀目和高风雀目："（肝虚雀目）此眼初患之时，爱多痒或涩，发歇，时时暗也。后极重之时，惟黄昏不见，惟视直下之物。（高风雀目）与前状不同，见物有别，惟见顶上之物。然后为青盲。多年瞳子如金色。"可见，肝虚雀目相当于维生素 A 缺乏所致夜盲症，高风雀目则相当于原发性视网膜色素变性所致的管状视野。

宋代《圣济总录》解释了夜盲症发生的机制："昼而明视，暮不睹物，名曰雀目。言如鸟雀不能有见于夜也。夫卫气昼行于阳，夜行于阴，阴血受邪，肝气不能上荣于目，肝受血而能视，今邪在于肝，阴血涩滞，至暮则甚，故遇夜目睛昏，不能睹物，世谓之雀目。"中医认为，夜间阴气重，会加重肝血瘀滞，肝气不能上行滋养双目，就会导致雀目，其治疗用防风煮肝散。

防风煮肝散组方："防风去叉、黄连去须、谷精草、黄芩、甘草炙、天南星各一两，蛤粉半分。上七味，捣罗为细散，每服一钱匕，用羊子肝一片，铜竹刀劈开，渗药在内，以麻缕缠定，研粟米饭一大盏。银石锅内煮熟放温，临卧嚼服，切不得犯铁器，病甚者，不过再服，必效。"在长期临床实践中，中医探索出用羊肝这种富含维生素 A 的食物医治夜盲症。

在中国传统农业社会，底层民众以谷物为主食，肉食和蔬菜水果摄入量较少，这种饮食结构容易导致维生素 A 缺乏，进而引发夜盲症。儿童因身体生长快速，维生素 A 需求量相对较大，尤其容易患夜盲症。中医认为，发生在儿童中间的雀目多系肝虚所致，由此创立了以动物肝脏为主的治疗方法。

首次记录以动物肝脏治疗夜盲症的是唐代医药学家孙思邈。《千金要方》有载："肝，补肝明目。"这是中医"以脏补脏"学说的最初论述。因雀目为肝虚所致，《千金要方》和《千金翼方》都提到用羊肝或兔肝治疗夜盲症。

《千金要方》治目无所见方："青羊肝一具，细切，以水一斗纳铜器中煮，以曲饼覆上，上钻两孔如人眼，正以目向就熏目，不过，再熏之。即瘥。"此与古埃及将牛肝敷贴在眼睛上的做法类似，这里用煮羊肝时产生的热气熏蒸眼睛。蒸汽中所含维生素A可通过冷凝作用进入眼内，可治疗维生素A缺乏引起的角膜损伤（干眼症）。泪液中的维生素A可经鼻泪管流入鼻咽部，经消化道被吸收后进入血液，最后经循环运送至视网膜，进而治疗夜盲症。唐代之后，治疗方法演变为直接食用动物肝脏，这样疗效更佳。

《太平圣惠方》记载了治疗小儿青盲的菊花散方："甘菊花一分，牯牛胆一枚（阴干），寒水石一分，雌鸡肝一枚（阴干）。上件药，捣细罗为散。取猪肝血，调下半钱。不至三五服验，兼退翳，自然见物。"古代中医也观察到，夜盲症与干眼症往往相伴发生，鸡肝既可治疗夜盲症，也可消除干眼症导致的角膜白翳，这就是西医所称的比托斑。

《本草纲目》收录了多个以动物肝脏治疗雀盲的方剂，《草部》中的一方最具代表："用羊肝一具，原物不洗，竹刀剖开，放入谷精草一撮，瓦罐煮熟，每天吃一些，有效。忌用铁器。如不肯吃，可炙熟后捣烂做成丸子，如绿豆大。每服三十丸，茶送下。"

用现代营养学理论分析，古代中医所建立的一些夜盲症疗法具有跨越时代的先进性。但也应当看到，囿于当时认识的局限性，中医典籍中夹杂有大量迷信或臆测成分，在论述夜盲症时也存在良莠不齐的现象。

因观察到麻雀（幼鸟称黄雀）在傍晚后看不见外物，一些中医典籍据此认为，孕妇或儿童吃麻雀或野鸭肉就会导致雀目（夜盲症）。《医心方》记载："勿食雀肉并雀脑，令人雀盲。"《幼幼新书》也提到："食野鸭无髓，主患雀目。"

因迷信食用雀肉可导致雀目，有的医家就借用麻雀来治疗夜盲症。《葛氏方》收录了一则奇方："以生雀头血傅目，可比夕作之。"麻雀血基本不含维生素 A，将其敷在眼部，如果能在一夜之间让夜盲症痊愈，那效果只能源于心理作用（安慰剂效应）。《千金要方》中收录的一则疗法曾被后世医书广为转载："令雀盲人至黄昏时看雀宿处，打令惊起，雀惊起乃咒曰：紫公紫公，我还汝盲，汝还我明。如此日日暝三过作之，眼即明，曾试有验。"如果面对麻雀诵念咒语就能治好夜盲症，那只能是一个神话。

第三章　维生素 B_1

维生素 B_1 也称硫胺素（thiamin），是一种水溶性维生素。维生素 B_1 在体内参与能量代谢、神经髓鞘化等生理过程。人体不能合成维生素 B_1，须经膳食持续补充。

1. 能量代谢

维生素 B_1 在体内最主要的作用就是参与三羧酸循环和戊糖磷酸途径，这是葡萄糖在体内燃烧并释放能量的主要方式。维生素 B_1 缺乏会导致能量代谢障碍，脑和心脏等高能耗组织会首先受累。维生素 B_1 也是脂肪和氨基酸代谢的重要辅酶。

2. 神经递质合成

作为辅酶或辅助因子，维生素 B_1 在体内参与谷氨酸和 γ-氨基丁酸（GABA）等神经递质的合成。谷氨酸是脑内主要的兴奋性神经递质，参与学习和记忆过程。γ-氨基丁酸是脑内主要的抑制性神经递质，具有镇静和安神作用。

3. 神经髓鞘化

维生素 B_1 是形成神经髓鞘必需的营养因子，维生素 B_1 参与牛磺酸合成，牛磺酸可促进神经系统发育。

在人体中，维生素 B_1 以硫胺素的形式存储和转运，以磷酸盐的形式发挥作用。硫胺素有五种形式的磷酸盐：单磷酸硫胺、二磷酸硫胺（也称焦磷酸硫胺素，TPP）、三磷酸硫胺、二磷酸腺苷硫胺、三磷酸腺苷硫胺。单磷酸硫胺没有生理作用。二磷酸硫胺是维生素 B_1 在人体发挥作用的主要活性形式。三磷酸硫胺是维生素 B_1 在神经系统发挥作用的主要活性形式。三磷酸腺苷硫胺是维生素 B_1 在细菌中发挥作用的主要活性形式。二磷酸腺苷硫胺在人体中含量极低，其作用目前尚不清楚。

食物中的维生素 B_1 均以磷酸盐形式存在，经食物摄入的磷酸化维生素 B_1 须经酶降解为游离硫胺素才能被吸收。进入人体的硫胺素经血液转运到肝脏，再次被磷酸化为焦磷酸硫胺素，这一过程需要镁离子参与，镁缺乏也会导致维生素 B_1 缺乏。

维生素 B_1（硫胺素）主要在小肠吸收。当肠道中维生素 B_1 浓度较低时，其吸收以主动运输为主，这一过程需要蛋白载体介导，同时要消耗能量。当肠道中维生素 B_1 浓度较高时，其吸收以被动扩散为主，这一过程无须消耗能量。肠道对维生素 B_1 的吸收具有饱和效应，也就是说，当摄入量较小时，维生素 B_1 几乎全部被吸收；当摄入量较大时，维生素 B_1 只能部分被吸收。当一餐摄入的维生素 B_1 超过 5 毫克时，其吸收率就会大幅降低。大肠中的某些细菌可合成维生素 B_1，但大肠的吸收能力有限，细菌合成并非人体维生素 B_1 的主要来源。

成人体内约有 30 毫克维生素 B_1，大部分储存于肝脏。人体中的维生素 B_1 主要用于能量代谢，每摄入 1 000 千卡热量就需消耗 0.5 毫克维生素 B_1。成人平均每天摄入约 2 500 千卡热量，需要消耗 1.25 毫克维生素 B_1。如果不予补充，体内储存的维生素 B_1 在三周内就会消耗殆尽。若膳食中没有维生素 B_1，10 天就会出现轻度症状，20 天就会出现严重症状（脚气病）。

人体每天需要多少维生素 B_1？

维生素 B_1 在体内参与能量代谢，人体对维生素 B_1 的需求量主要受代谢水平影响。不同人群代谢水平差异较大，维生素 B_1 的需求量各不相同。

1. 成人

美国医学研究所推荐，成年男性每日应摄入 1.2 毫克维生素 B_1，成年女性每日应摄入 1.1 毫克维生素 B_1。中国营养学会推荐，成年男性每日应摄入 1.4 毫克维生素 B_1，成年女性每日应摄入 1.2 毫克维生素 B_1（表1）。

表 1　维生素 B₁ 推荐摄入量（毫克/天）

美国医学研究所			中国营养学会[#]		
年龄段	男性	女性	年龄段	男性	女性
0—6 个月	0.2*	0.2*	0—6 个月	0.1*	0.1*
7—12 个月	0.3*	0.3*	7—12 个月	0.3*	0.3*
1—3 岁	0.5	0.5	1—3 岁	0.6	0.6
4—8 岁	0.6	0.6	4—6 岁	0.8	0.8
9—13 岁	0.9	0.9	7—10 岁	1.0	1.0
14—18 岁	1.2	1.0	11—13 岁	1.3	1.1
19—50 岁	1.2	1.1	14—17 岁	1.6	1.3
≥51 岁	1.2	1.1	18—49 岁	1.4	1.2
			≥50 岁	1.4	1.2
孕妇≤18 岁		1.4	孕妇，早		+ 0
孕妇≥19 岁		1.4	孕妇，中		+ 0.2
乳母≤18 岁		1.4	孕妇，晚		+ 0.3
乳母≥19 岁		1.4	乳母		+ 0.3

＊为适宜摄入量（AI），其余为推荐摄入量（RDA）。＃：中华人民共和国卫生行业标准《中国居民膳食营养素参考摄入量第 5 部分：水溶性维生素》WS/T 578.5—2018。

2012 年中国居民膳食营养与健康状况调查显示，城乡居民平均每天摄入 0.9 毫克维生素 B₁，其中城市居民 0.9 毫克，农村居民 1.0 毫克。可见，中国居民维生素 B₁ 摄入量普遍偏低。2018 年美国全民健康与营养调查显示，成年男性平均每天摄入 1.85 毫克维生素 B₁，成年女性平均每天摄入 1.37 毫克维生素 B₁。美国居民维生素 B₁ 摄入水平高于中国居民的主要原因是，美国对多种主食实施了维生素 B₁ 强化。

2. 孕妇

孕妇通过胎盘向胎儿输送维生素 B_1，须经膳食补充更多维生素 B_1。孕妇缺乏维生素 B_1 时，机体会将维生素 B_1 优先输送给胎儿，尤其是在妊娠晚期。因此，孕妇缺乏维生素 B_1 更容易出现相关症状。另外，发生早孕反应的妇女会因剧烈呕吐而影响进食，进一步增加维生素 B_1 缺乏的风险。

美国医学研究所推荐，18 岁及以下孕妇每日应摄入 1.4 毫克维生素 B_1（在同年龄段普通女性的基础上增加 0.4 毫克），19 岁及以上孕妇每天应摄入 1.4 毫克维生素 B_1（在同年龄段普通女性的基础上增加 0.3 毫克）。中国营养学会推荐，妊娠早期（1—3 个月）妇女每天应摄入 1.2 毫克维生素 B_1（与同年龄段普通女性相同），妊娠中期（4—6 个月）妇女每天应摄入 1.4 毫克维生素 B_1（在同年龄段普通女性的基础上增加 0.2 毫克），妊娠晚期（7—9 个月）妇女每天应摄入 1.5 毫克维生素 B_1（在同年龄段普通女性的基础上增加 0.3 毫克）。

3. 乳母

乳母通过乳汁向宝宝输送维生素 B_1，须经膳食补充更多维生素 B_1。缺乏维生素 B_1 的妈妈乳汁中维生素 B_1 含量会降低，有时会影响宝宝的生长发育。

美国医学研究所推荐，18 岁及以下乳母每天应摄入 1.4 毫克维生素 B_1（在同年龄段普通女性的基础上增加 0.4 毫克），19 岁及以上乳母每天应摄入 1.4 毫克维生素 B_1（在同年龄段普通女性的基础上增加 0.3 毫克）。中国营养学会推荐，乳母每天应摄入 1.5 毫克维生素 B_1（在同年龄段普通女性的基础上增加 0.3 毫克）。

4. 婴儿

由于缺乏研究数据，目前尚不能制定婴儿维生素 B_1 的推荐摄入量（RDA），只能用适宜摄入量（AI）替代。根据美国医学研究所制定的标准，0—6 个月婴儿维生素 B_1 适宜摄入量为每日 0.2 毫克，7—12 个月婴儿维生素 B_1 适宜摄入量为每日 0.3 毫克。根据中国营养学会制定的标准，0—6 个月婴儿维生素 B_1 适宜摄入量为每日 0.1 毫克，7—12 个月婴儿维生素 B_1 适宜摄入量为每日 0.3 毫克。

5. 儿童

儿童处于快速生长发育阶段，维生素 B_1 需求量随年龄增长变化较大。不同年龄段儿童维生素 B_1 推荐摄入量主要依据代谢体重法推算而来（表1）。

6. 老年人

美国医学研究所推荐，51 岁及以上人群维生素 B_1 摄入量与19—50 岁人群相同。中国营养学会推荐，50 岁及以上人群维生素 B_1 摄入量与18—49 岁人群相同。

哪些食物富含维生素 B₁？

细菌、植物和原生动物可合成维生素 B_1（硫胺素）。哺乳动物和人类不能合成维生素 B_1，须经膳食持续补充。

谷物、豆类、禽蛋、坚果都含有较丰富的维生素 B_1，乳制品和大多数水果也含有一定量维生素 B_1（表 2）。因消费量大，谷物（粮食）是人体维生素 B_1 的主要来源。

表 2　富含维生素 B_1 的日常食物（毫克/100 克食物）

食物	维生素 B_1 含量	食物	维生素 B_1 含量
小麦胚粉	3.50	葵花子仁	1.89
小麦	0.40	花生仁	0.72
莜麦面	0.39	黑芝麻	0.66
玉米面	0.34	干辣椒	0.53
青稞	0.34	黄豆	0.41
黑米	0.33	松子	0.41

食物	维生素 B_1 含量	食物	维生素 B_1 含量
小米	0.33	芸豆	0.37
荞麦粉	0.32	绿豆	0.25
高粱米	0.29	川橘	0.24
小麦粉	0.28	木耳	0.17
挂面	0.19	核桃	0.15
粳米	0.16	土豆	0.08
鲜玉米	0.16	蘑菇	0.08
籼米	0.15	红薯	0.07
糯米	0.11	豆腐	0.04
玉米糁	0.10	胡萝卜	0.04
馒头	0.04	豆芽	0.04
米饭	0.02	西红柿	0.03
油条	0.01	萝卜	0.02

食物重量均以可食部分计算。数据来源：杨月欣、王光亚、潘兴昌主编：《中国食物成分表》，第二版，北京大学医学出版社，2009。

　　水稻中含有丰富的维生素 B_1，但维生素 B_1 主要存在于稻壳（50％）、糊精层（33％）和胚芽（10％）中，糊精层也就是米粒外面的包浆。稻米经脱壳和抛光会去除稻壳、糊精层和胚芽，这样制成的大米称为精米。经粗加工制成的糙米则混有大量稻壳碎屑（米糠）和胚芽，米粒外面的糊精层也基本完整。相对于糙米，精米更加光洁晶莹，蒸制的米饭更加软香可口，但精米中维生素 B_1 的含量只有糙米的十分之一。烹制米饭前反复淘洗大米，会进一步去除糊精层，因此长期以精米为食会导致维生素 B_1 缺乏。

小麦也含有丰富的维生素 B_1，但其中的维生素 B_1 主要位于麸皮和胚芽中。小麦经脱皮、制粉和过筛会去除麸皮和胚芽，这样制成的面粉称为精粉（精制面粉）。相对于粗制面粉，精粉更加洁白细腻，做成的面食更加筋道柔滑，但精粉中维生素 B_1 含量大幅降低。食品加工中的高温、高压、紫外线照射、酸碱处理等会进一步破坏其中的维生素 B_1。精粉中维生素 B_1 的含量比小麦少30%。面包中维生素 B_1 的含量又比精粉少30%。

20 世纪前叶，美国等西方发达国家普遍开始食用精粉和精米，此举导致居民 B 族维生素摄入不足。学术界发现这种现象后，美国医学会（AMA）游说政府推行食品强化政策。1939 年，美国修订《食品、药品和化妆品法》，规定面粉和面包中须添加维生素 B_1、B_2、B_3 和铁，其目的是消除脚气病、口角炎、癞皮病和贫血。1940 年，英国通过立法推行强化食品，规定面粉中须添加维生素 B_1、B_3 和铁。1951 年，智利通过立法推行强化食品，规定面粉中必须添加维生素 B_1、B_2、B_3 和铁。1953 年，加拿大开始推行强化食品，规定面粉和面包中必须添加维生素 B_1、B_2、B_3、叶酸和铁，另外可选择性添加维生素 B_5、B_6、钙和镁。1949 年，日本成立食品强化研究委员会，要求给大米中添加维生素 B_1，此后曾在日本广泛流行的脚气病基本绝迹。截至 2020 年，全球共有 85 个国家以立法形式对面粉和大米实施强化，强化对象基本都包括维生素 B_1。

在实施维生素 B_1 强化时，一般使用硝酸硫胺素，而不使用盐酸硫胺素。这是因为硝酸硫胺素相对稳定，且不易吸收空气中的水汽而引起面粉板结。但硝酸硫胺素溶解到水中会释放出硝酸根，硝酸根在胃内可被细菌转化为亚硝酸根，亚硝酸根具有一定致癌性，这是部分人反对维生素 B_1 强化的原因之一。

中华人民共和国《食品安全国家标准：食品营养强化剂使用标准》（GB 14880—2012）规定，大米和面粉中添加维生素 B_1 的允许剂量范围为 3 毫克—5 毫克/千克。若一个成人每天食用 300克（6 两）强化大米或强化面粉，其中含有 0.9 毫克—1.5 毫克维生素 B_1，基本可达到每日推荐摄入量。

1942 年，日本学者藤田秋治（Fujita Akiji）在文蛤中发现硫胺素酶。硫胺素酶可降解硫胺素，使食物中的活性维生素 B_1 含量下降。硫胺素酶广泛存在于贝类、淡水鱼和蕨类植物体内。硫胺素酶不耐热，经简单烹饪就可将其完全灭活，因此煮熟的鱼类和贝类不会影响维生素 B_1 吸收。但生食鱼片和贝类，其中的硫胺素酶就会破坏维生素 B_1。

牛、羊等家畜食用蕨类植物可导致脑灰质软化症（polioencepholomalacia）。这是因为，蕨类植物中的硫胺素酶会破坏维生素 B_1，动物因维生素 B_1 缺乏发生脑灰质液化坏死。早春时节，蕨类比其他植物发芽早，在野外放牧或用野草饲养牛羊，很容易发生脑灰质软化症，最终导致牲畜死亡。人类食用未煮熟的蕨类植物，也会引发维生素 B_1 缺乏。

19 世纪后期，澳大利亚内陆仍未被西方人涉足。经政府和民间多次探险，这块神秘的大陆直到 20 世纪初才完全被征服。1861年，伯克（Robert Burke）和威尔斯（William Wills）率领探险队从墨尔本出发，横跨澳大利亚抵达卡奔塔利亚湾（Gulf of Carpentaria）。在行进到库珀溪（Cooper Creek）时，伯克、威尔斯等四人因打前站与探险队失去联络。当食物耗尽后，当地原始部落约鲁巴人（Yandruwandha）给探险队员提供了土著面包（Bush

bread)。吃了这种面包后队员们变得更加虚弱，伯克、威尔斯和一名队员相继死亡，四人中仅有一名士兵侥幸返回。澳洲学者分析后认为，土著面包是用当地出产的大柄苹（nardoo）种子加工而成，这种生长在南澳荒漠中的蕨类植物含有大量硫胺素酶，约鲁巴人会在充分烤熟后再食用土著面包，这样能灭活其中的硫胺素酶。因为不知道其中的秘密，饥不择食的伯克和威尔斯直接食用土著面包，导致体内维生素 B_1 严重缺乏，终因脚气病发作而命丧南澳荒漠。

硫胺素分子上有一个嘧啶环和一个噻唑环，这种独特的分子结构是维生素 B_1 发挥生理作用的化学基础。如果硫胺素分子上的噻唑环不完整或被打开，其作为维生素的功效就会消失。紫外线照射可破坏维生素 B_1 分子上的噻唑环，因此维生素 B_1 应避光保存在阴凉干燥处。维生素 B_1 遇碱容易降解，烹饪时加入苏打（碳酸钠）、小苏打（碳酸氢钠）等碱性物质会破坏食物中的维生素 B_1。硫胺素对热不稳定，但在冷藏期间相对稳定。高温烹饪会破坏食物中的硫胺素，烘烤食物时发生的美拉德反应（Maillard reaction）会让硫胺素丧失殆尽。

咖啡酸、绿原酸、单宁酸等多羟基酚类化合物会氧化硫胺素分子上的噻唑环，使维生素 B_1 的活性降低并难以被吸收。葵花子、甘蓝、黑加仑等富含多羟基酚的食物会降低维生素 B_1 的活性和吸收率。槲皮素和芦丁等黄酮类化合物也会影响维生素 B_1 的吸收利用。

亚硫酸盐会裂解硫胺素上的嘧啶环，使维生素 B_1 失效。亚硫酸盐作为脱色剂和防腐剂常被添加到各类加工食品中。中国允许用于食品添加的亚硫酸盐包括二氧化硫（溶于水后生成亚硫酸盐）、亚硫酸钠、低亚硫酸钠、焦亚硫酸钠、亚硫酸氢钠等。因此，加入亚硫酸盐的食品即使含有维生素 B_1，其功效也会大打折扣。

保健食品（膳食补充剂）中维生素 B_1 的每日补充量约为 1.5 毫克，其常见形式是硝酸硫胺和盐酸硫胺。苯磷硫胺（benfotiamine）是新近研发的维生素 B_1 衍生物。与传统维生素 B_1 不同的是，苯磷硫胺为脂溶性，不溶于水。苯磷硫胺分子上的噻唑环呈开放状态，在体内通过闭环反应可转变为维生素 B_1。因此，服用苯磷硫胺也能发挥维生素 B_1 的作用，而且苯磷硫胺的生物利用度和生物活性比水溶性维生素 B_1 高很多。

作为药物的维生素 B_1 有口服剂和注射剂两种，主要用于防治脚气病、科萨科夫综合征、韦尼克脑病等。此外，维生素 B_1 也用于治疗枫糖浆尿病（maple syrup urine disease）。肌注维生素 B_1 时，偶然会发生过敏反应，个别情况下可引发过敏性休克。因此，除非需要紧急补充维生素 B_1，目前临床已很少采用肌注。如果确实需要，应在注射前进行皮试。

哪些人容易缺乏维生素 B_1？

粮食（谷物）中含有丰富的维生素 B_1，膳食均衡的人一般不会发生维生素 B_1 缺乏。长期酗酒者和部分慢性病患者容易发生维生素 B_1 缺乏。补充维生素 B_1 应首选食补，若食补达不到推荐摄入量，再考虑通过保健食品（膳食补充剂）补充。

1. 酗酒者

酒精会阻碍胃肠道对硫胺素的吸收，减少肝脏中硫胺素的储存量，干扰硫胺素转化为焦磷酸硫胺素（TPP，维生素 B_1 的活性形式）。另外，酗酒的人膳食结构本就不均衡，维生素 B_1 摄入量偏低，因此长期酗酒极易造成维生素 B_1 缺乏。流行病学调查发现，在发达地区，酗酒是维生素 B_1 缺乏最常见的原因，长期酗酒者有80%存在不同程度维生素 B_1 缺乏。

2. 吸毒者

毒品和很多药物都会影响维生素 B_1 的吸收，干扰维生素 B_1 在体内发挥作用，吸毒者和药物滥用的人容易出现维生素 B_1 缺乏。

3. 慢性病患者

肿瘤、糖尿病、甲状腺功能亢进、大面积烧伤、慢性感染（艾滋病、寄生虫）、血液透析等会显著增加维生素 B_1 的消耗量和流失量，这些患者容易发生维生素 B_1 缺乏。临床研究表明，约有10％的艾滋病患者并发韦尼克脑病，而且这些并发症很难被发现。糖尿病患者经肾脏流失的维生素 B_1 明显增加，即使膳食中含有足量维生素 B_1，也会出现相关缺乏症状。

4. 心衰患者

心衰患者一般年龄偏大，多合并有其他慢性疾病，而且往往食量减少，长时间使用利尿剂，这些因素都会导致维生素 B_1 缺乏。调查发现，慢性心衰者33％存在维生素 B_1 缺乏，给部分心衰患者补充维生素 B_1 可改善心功能状况。

5. 实施胃肠手术的人

因疾病或减肥实施胃大部切除术、胃旁路术、肠切除术的人，

维生素 B_1 吸收率明显下降，这些人容易出现维生素 B_1 缺乏，有时会发生脚气病或韦尼克脑病。

6. 使用特殊药物的人

呋塞米（速尿）是一种利尿药，临床上常用于治疗水肿和高血压。呋塞米可促进维生素 B_1 经尿液排出，长期使用可导致体内维生素 B_1 缺乏。5 - 氟尿嘧啶是一种抗肿瘤药，常用于治疗结直肠癌或其他实体肿瘤。5 - 氟尿嘧啶会加速维生素 B_1 降解，阻断硫胺素向焦磷酸硫胺素转变。临床研究也证实，使用 5 - 氟尿嘧啶的患者易发生脚气病或韦尼克脑病。

7. 营养不佳的老年人

老年人可因食量下降导致维生素 B_1 摄入减少，老年人可因胃肠功能退化导致维生素 B_1 吸收率降低，老年人可因多种慢病导致维生素 B_1 消耗增加，老年人可因长期服药干扰维生素 B_1 的代谢。营养不佳的老年人更容易发生维生素 B_1 缺乏。调查发现，养老院中的老年人有 20％存在不同程度维生素 B_1 缺乏。

8. 长期以加工食品为食的人

在历史上，维生素 B_1 缺乏引发的脚气病曾在军人、海员、囚犯、学生等群体中暴发，原因是这些人长期以精米或精粉为食。维生素 B_1 发现后，世界各国普遍实施了大米和面粉强化计划，群体性脚气病已经消失。在现代饮食环境中，如果长期以加工食品为食，仍然会导致维生素 B_1 缺乏。

对于存在缺乏风险的人，在补充前应评估体内维生素 B_1 的营养状况。血液硫胺素浓度无法反映体内维生素 B_1 的丰缺程度，临床上一般用红细胞中转酮酶（ETK）的活性间接评估维生素 B_1 的营养状况。维生素 B_1 缺乏的人，红细胞转酮酶活性降低，但加入焦磷酸硫胺素后活性升高，这种现象称为 TPP 效应。

评估体内维生素 B_1 营养状况的另一方法是，测定尿液中硫胺素的浓度。成人 24 小时尿液硫胺素含量低于 100 微克，提示体内维生素 B_1 不足；24 小时尿液硫胺素含量低于 40 微克，提示体内维生素 B_1 严重不足。

维生素 B₁ 缺乏会有哪些危害？

作为一种水溶性营养素，维生素 B_1 在体内储存量少，缺乏时可引发多种疾病。由于维生素 B_1 本身在体内代谢较快，摄入大量维生素 B_1 一般不产生明显毒副作用。

1. 脚气病

脚气病（beriberi）是维生素 B_1 缺乏引起的特征性疾病。根据症状不同，脚气病可分为湿性和干性两型。湿性脚气病主要影响心血管系统，患者常出现下肢水肿和心衰（脚气冲心）。干性脚气病主要影响周围神经系统，患者常出现四肢刺痛和麻木、反射减弱、下肢乏力等。有无水肿是区分湿性和干性脚气病的主要依据。

两型脚气病在发生之初，都会出现厌食、体重下降、精神萎靡、四肢乏力等症状。如果维生素 B_1 缺乏持续加重，就会累及心血管系统和中枢神经系统，最后危及患者生命。

婴幼儿维生素 B_1 缺乏也会引发脚气病，还会导致脑发育不良，引发婴儿猝死综合征（SIDS）。在现代社会，脚气病已相当少见，但在特定人群或特定环境中仍有发生。补充维生素 B_1 后，脚气病会很快痊愈。

2. 韦尼克脑病

1881 年，德国神经病学家韦尼克（Carl Wernicke）报道了一种喝酒引发的脑病，学术界将其称为韦尼克脑病（Wernicke encephalopathy）。20 世纪 30 年代开展的研究发现，韦尼克脑病是由于酒精阻碍了硫胺素的吸收和代谢，患者因维生素 B_1 缺乏导致脑内神经髓鞘受损。流行病学调查证实，酗酒者韦尼克脑病的发生率是普通人的 10 倍。慢性胃肠病、血液病、艾滋病和毒品都会干扰硫胺素的吸收和代谢，这些人也容易发生韦尼克脑病。

韦尼克脑病最典型的症状可分三大类：眼外肌麻痹、共济失调、认知功能受损和精神情感异常。眼外肌是控制眼球运动的肌肉，支配眼外肌的神经易受维生素 B_1 缺乏影响，眼球向某一方向运动受限，患者就会出现复视（视物成双）。韦尼克脑病最常影响外展神经，受累眼球不能向外侧凝视。共济失调主要表现为站立不稳、行走困难。认知功能受损可表现为注意力、记忆力和定向力下降。精神情感异常可表现为精神涣散、容易发怒、情感淡漠，很多患者同时伴有抑郁状态。部分患者有体温低、血压低、出汗多、心跳快等症状，病程中晚期常出现心力衰竭和周围神经病。

3. 科萨科夫综合征

科萨科夫综合征因俄国神经病学家科萨科夫（Sergei Korsakoff）最先发现而得名。科萨科夫综合征（Korsakoff syndrome）主要表现为近事遗忘、时空定向障碍、记忆广度下降、时间判断困难、思维混乱和性格改变等。有的患者近期记忆完全丧失，常以虚构事件填补记忆空白，因此也称健忘症或妄想综合征。科萨科夫综合征多发于酗酒者中，常伴有末梢神经炎。科萨科夫综合征与韦尼克脑病可同时发生，这时也称韦尼克-科萨科夫综合征（Wernicke-Korsakoff syndrome）。经戒酒和补充维生素 B_1 后，大约有一半科萨科夫综合征患者记忆力可基本恢复，但恢复期有时长达 10 年。

4. 脑桥中央髓鞘溶解症

脑桥中央髓鞘溶解症（CPM）是一种因脑桥神经细胞髓鞘受损导致的疾病，患者常出现四肢麻痹、吞咽障碍、说话困难等症状。临床所见的脑桥中央髓鞘溶解症大多为医源性，也就是由治疗引起。给低钠血症患者输入高渗盐水使血钠水平快速恢复后，部分患者会发生脑桥中央髓鞘溶解症。最新的研究发现，当同时存在低钠血症和维生素 B_1 缺乏时，患者更容易发生脑桥中央髓鞘溶解症。早孕反应明显的妇女，会因剧烈呕吐导致低钠血症和维生素 B_1 缺乏，严重者可引发脑桥中央髓鞘溶解症。给早孕反应明显的妇女补充维生素 B_1，往往能预防和治疗脑桥中央髓鞘溶解症。

5. 视神经病变

视神经病变的病因包括中毒和营养缺乏。引发中毒性视神经病变的物质包括甲醇（工业酒精中含有甲醇）、乙二醇（汽车防冻剂）、双硫仑（戒酒药）、异烟肼（治疗肺结核的药物）、氯喹（治疗疟疾的药物）等，吸烟也可引发中毒性视神经病变。营养性视神经病变主要为 B 族维生素缺乏所致，尤其是维生素 B_1 缺乏。

6. Leigh 综合征

Leigh 综合征又称亚急性坏死性脑脊髓病，是一种遗传性进行性神经变性病。1951 年，英国神经病理学家利（Archibald Leigh）首次报道该病，因此得名。Leigh 综合征患者脑内三磷酸硫胺缺乏，中枢神经系统发生对称性坏死，局部出现小血管和毛细血管增生。患者主要表现为肌张力降低、肌阵挛、呼吸困难、吞咽障碍、眼肌麻痹、四肢瘫痪等。研究发现，Leigh 综合征患儿体内硫胺素、单磷酸硫胺素和二磷酸硫胺素水平均正常，但三磷酸硫胺素水平明显偏低，病因是基因突变引起硫胺素焦磷酸激酶缺乏，导致体内三磷酸硫胺素生成障碍。给 Leigh 综合征患儿服用三磷酸硫胺素可明显改善症状。

7. 婴儿猝死综合征

婴儿猝死综合征（SIDS）是指一岁以下儿童突然不明原因死

亡，通常发生在睡眠期间。维生素 B_1 参与大脑发育，有学者认为维生素 B_1 缺乏可能会引发婴儿猝死综合征。

8. 季节性共济失调

1950 年开始，尼日利亚西南部每逢雨季（7—10 月）就会流行一种怪病，患者主要表现为急性小脑共济失调，这种病被称为尼日利亚季节性共济失调（Nigerian seasonal ataxia）或非洲季节性共济失调（African seasonal ataxia）。除了尼日利亚，安哥拉、喀麦隆、中非共和国、刚果、赤道几内亚、加纳、科特迪瓦、坦桑尼亚等国也有发病。季节性共济失调患者常见的症状包括四肢震颤、步态不稳、头晕、恶心、呕吐等，在雨季结束后患者大多自行好转。由于流行区集中且具有季节性，学术界最初认为该病系感染所致。

1972 年，尼日利亚医生奥孙托昆（Benjamin Osuntokun）调查发现，季节性共济失调患者都在吃了非洲蚕蛹（anaphe venata）后发病。非洲蚕生长在雨季，其幼虫（蛹）味道鲜嫩，是深受当地人喜爱的美食，市场上到处有售。检测发现，非洲蚕蛹体内含有高水平耐热硫胺素酶，可降解食物中的维生素 B_1。与蕨类植物所含不同，非洲蚕蛹中的硫胺素酶可耐受高温，即使将非洲蚕蛹炒熟食用仍会引发共济失调。

摄入大量维生素 B_1 一般不出现毒副反应，这是因为肠道对维生素 B_1 的吸收存在饱和效应。一次摄入 5 毫克以上维生素 B_1，吸收率就会显著下降，而其体内多余的维生素 B_1 会很快经尿液排出。曾有研究人员给健康受试者每天服用 500 毫克维生素 B_1（相

当于推荐摄入量的 417 倍），持续 1 个月也未发现毒副反应。美国
医学研究所没有制定维生素 B_1 可耐受最高摄入量（UL），至今也
没有关于维生素 B_1 中毒的报道。个别人在静脉注射维生素 B_1 时
会发生过敏反应。

近代日本为什么会流行脚气病？

日本幕府统治末期，关东地区流行一种怪病。患者在发病初期腿脚肿胀、疼痛、乏力，然后肢体自下而上逐渐麻木瘫痪，最后多因心力衰竭死亡。令人费解的是，这种病仅限于上流社会，患病者非富即贵。这种致命怪病在幕府政权盘踞的江户城最为盛行，时人称之为"江户病"。

东晋时期，中国江南世家望族中也曾流行这种富贵病。当时的中医认为，该病从脚部发起，与邪气入侵有关，因此称之为脚气病。脚气病从脚部向上发展，一旦邪气冲及心脏（脚气冲心）就会丧命。研习汉方医学的日本医生比对后确定，"江户病"就是中国古代流行的脚气病（脚気，kak'ke）。

庆应二年七月二十日（1866 年 8 月 29 日），日本幕府第十四代征夷大将军德川家茂因"脚气冲心"病逝，年仅 20 岁。德川家茂的早逝加速了幕府统治的瓦解，客观上推动了明治维新，但"专杀富贵，不染穷苦"的脚气病在日本引发了恐慌。

明治十年（1877 年）9 月 2 日，德川家茂的遗孀和宫亲子内亲王（公主）也因"脚气冲心"病逝，年仅 31 岁。和宫公主是仁孝天皇第八女、孝明天皇的妹妹、明治天皇的姑姑。此后，日本皇室又有多人罹患脚气病。

明治维新前，日本民间加工大米完全依靠人力，经反复春磨和过筛的精米价格昂贵，只有皇室、官员、富商、高级武士才有资格享用，普通人只能吃简单加工的糙米。明治维新后，日本经济快速崛起，大米产量和进口量均大幅增加。1870 年引入机械加工技术后，城市居民普遍食用精米，脚气病开始在城区流行。1873 年，明治政府推出土地税改革，农民可以用现金代替大米交税，富裕的农民也能吃得起精米，脚气病开始在乡间流行。相对于糙米，精米不仅口味更佳，而且更易保存，随着日本陆军和海军集中采购精米，脚气病开始在军中流行。

脚气病在军人和学生中流行让明治政府深感不安，担忧脚气病会威胁国家发展和国防安全。由于缺乏应对措施，脚气病和肺结核被称为两大"国民病"，让雄心勃勃的日本一度陷入绝望。脚气病的高致残率和高致死率也让明治天皇惶恐不已，因为他本人就患有脚气病，且症状时好时坏。

1882 年（清光绪八年），朝鲜发生壬午兵变，日本派出舰队与清军对峙。脚气病盛行导致大批士兵病倒，日军处于不战自溃的边缘。日本海军医务局副局长高木兼宽（Kanehiro Takaki）在日记中写道："每当想到帝国的未来，我就心惊胆战。如此坐视脚气病疫情蔓延，却又找不到病因和疗法，一旦（与清军）开战，海军无异于废物一堆。"

1849 年，高木兼宽生于日本宫崎市。高木家族世代为萨摩藩下级武士，高木8岁时开始学习四书五经，18岁时跟随鹿儿岛医生石神良策学习汉方医学（中医）。当时正值幕末动乱，日本爆发了戊辰战争。1868年，20岁的高木成为萨摩藩东北征讨军的军医，此后转战京都、江户、会津若松等地。随军期间，高木在英国公使那里接触到西方医学，认识到中医在战场救护中的局限性，从此下决心改学西医。

1868年10月，萨摩藩创设鹿儿岛医学校（今鹿儿岛大学医学部），延请英国名医威利斯（William Willis）任校长。次年高木获准跟随威利斯学习西医。因成绩优异，高木很快被提升为解剖学教授。1872年，高木加入日本海军，任职于海军医院，不久晋升为海军少医监。1875年，高木到英国圣托马斯医院（伦敦大学国王学院医学院）留学。经过5年学习，他当选皇家外科医师学会（RCS）会员，成为首获这一殊荣的日本人。

1880年，高木返回日本后升任海军医院院长。1881年，高木筹建"成医学校"，开始在日本教授和推行英国医学。1882年，以圣托马斯医院为样板，高木组建了日本首家贫民医院——东京慈惠医院。进入海军后，高木始终将脚气病当作重点研究方向。

当时细菌学在欧洲方兴未艾，很多日本学者认为脚气病是由细菌感染所致。高木调查后发现，脚气病在囚犯和士兵中多发，但在军官中少见。高木还观察到，远洋船舶停靠港口期间，患脚气病的船员数量明显减少；一旦再度启航，患病人数就会激增。这些现象提示，脚气病可能与饮食有关。

明治早期，日本军队后勤供给沿袭幕府旧制，给军人发放伙食补贴让其自行购买饭菜。军官伙食补贴标准较高，食物种类相对丰富。士兵伙食补贴很低，出身贫苦者还靠省吃俭用以贴补家用。多数士兵仅以大米和咸菜果腹，蛋白质摄入量极低。高木分析后发现，脚气病患者食物中氮（代表蛋白质）与碳（代表碳水化合物和脂肪）摄入比高达1：28，远超1：15的正常标准。高木据此认为，营养不良是脚气病的真正元凶。

1882年10月，高木致信海军大臣川村纯义，建议将海军伙食补贴由现金发放改为实物发放，同时在三艘军舰上试行西式饮食，原因是同时代欧洲船员中罕有脚气病发生。然而，改革伙食补贴势必增加军费，加之日本人普遍不喜欢吃西餐，高木的建议并未被采纳。

1883年9月，日本海军"龙骧"号训练舰远航澳洲、南美洲和夏威夷。归来后发现，全舰376人竟然有169人（45％）罹患脚气病，其中25人病亡。海军成立的特别调查委员会评估后认为，"龙骧"号上脚气病流行与船员膳食中碳氮比例失衡有关。这一结论等于肯定了高木的研究结果。为了推进海军伙食改革，高木绕过海军高层，直接向政界要人伊藤博文进言。在伊藤引荐下，高木有机会面见明治天皇，向其报告龙骧舰事件，力陈脚气病对军队的威胁，要求对军人伙食补贴进行改革。他的建议得到天皇首肯。

参考英国军队的伙食供应，高木为海军士兵制定的新膳食标准增加了肉类、豆类、牛奶等高蛋白食物的比例。1883年11月，日本海军批准在即将远航的"筑波"号训练舰上试行新伙食。为了让试验更具说服力，高木从大藏省争取到5万日元特别经费，让"筑波"号完全沿着当年"龙骧"号的航线行进。在同样经历287天环太航行后，"筑波"号333名船员仅14人（4％）罹患脚气病，而且没有船员病亡。事后分析发现，这些脚气病患者都有不吃肉或不喝牛奶的习惯。

筑波舰试验为日本海军启动伙食改革扫清了障碍。1884 年 1 月 15 日，海军省废止《金给制度》，颁行《舰船营下士以下食料给与概则》。考虑到日本人的饮食习惯，高木将等量大米和大麦制成麦饭，作为主食推荐给海军官兵。新膳食标准推出的当年，海军士兵脚气病患病人数较前一年减少一半，之后逐年锐减。1888 年，脚气病在海军基本绝迹。1890 年 9 月，高木再次受明治天皇召见，之后荣获二等瑞宝勋章。因发现麦饭可防治脚气病而获爵位，高木被当时的日本人戏称为"麦饭男爵"。

日本海军推行麦饭后大幅降低了脚气病的发病率，但日本陆军对这一成就不以为然。原因是陆军军医总监森鸥外（Mori Ogai，此人还是与夏目漱石齐名的作家）倡导"细菌致病说"，他声称自己发现了"脚气菌"（后来证实为一种杂菌）。森鸥外认为，日本传统饮食营养丰富，毫不逊色于西方饮食，主张陆军应以精米为食，而非难以下咽的麦饭。森鸥外用最新的统计学理论批驳了高木的研究结果，指责筑波舰试验未能控制气温、湿度等致病因素，认为海军伙食改革后脚气病发病人数减少纯属偶然。

1894 年（清光绪二十年），中日间爆发甲午战争。战后统计表明，日本海军仅 34 人罹患脚气病，无人因脚气病死亡；日本陆军战死 977 人，因脚气病死亡者竟达 4 064 人。即使这样，森鸥外依然不相信麦饭能防治脚气病。他严禁将大麦运往前线，转而向士兵分发"征露丸"。因坚信脚气病为细菌所致，森鸥外用木馏油制成了可杀灭细菌的"征露丸"。日俄战争期间，陆军罹患脚气病的人数激增到 211 600 人，其中 27 800 人病亡，占总死亡人数的 75％。同一时期，海军罹患脚气病者 87 人，仅 3 人病亡。

1910 年，日本化学家铃木梅太郎（Umetaro Suzuki）从米糠中提取出可防治脚气病的因子。铃木将这种因子命名为异酸（aberic acid），后来证明异酸的化学成分就是硫胺素（维生素 B_1），这是人类首次获得纯净的维生素。遗憾的是，铃木的研究结果最初以日文发表，日本学者在翻译论文摘要时，删去了"首次发现"的声明，结果导致这一杰出成就长期未被西方学术界认识。1929 年，诺贝尔奖评审委员会依据翻译的德文摘要，武断地认为该发现并非首次，这一疏忽让铃木与诺贝尔奖失之交臂，也让日本人首次获得诺贝尔奖推迟了 20 年。

1924 年，日本庆应大学教授大森宪太（Omori Kenta）尝试用硫胺素治疗脚气病取得成功，这种致命性怪病的病因从此大白于天下。水稻中含有丰富的硫胺素，但硫胺素主要存在于稻壳、糊精层和胚芽中。在稻谷精加工过程中，稻壳和胚芽被去除，烹饪前淘米还会清洗掉糊精层，用精米做成的米饭硫胺素已流失殆尽。若没有其他补充来源，长期以精米为食的人就会因硫胺素缺乏而罹患脚气病。

明治维新前，只有皇室和达官显贵能够吃得起精米，脚气病仅限于上流社会。明治维新后，日本引进西方粮食加工技术，脚气病开始在普通人中流行。在战场和海上等特殊环境中，蔬菜、水果和奶制品供给有限，以精米为主食的士兵和水手硫胺素摄入严重不足，脚气病开始暴发。

高木兼宽提出，蛋白质摄入不足是引发脚气病的主要原因，尽管这一学说并未抓住脚气病的本质，但在给士兵补充高蛋白食物的同时，无意间补充了硫胺素，客观上起到了防治脚气病的作用，这不能不说是他的一大贡献。1959 年，南极地名委员会通过决议，将南极大陆勒鲁湾东北部的海岬命名为"高木岬"（Takaki Promontory）。

人类是如何战胜脚气病的？

第三章 维生素 B₁ 131

爪哇国是东南亚古国，其境位于今天印度尼西亚的爪哇岛。爪哇国最初为佛教国家，16 世纪初伊斯兰教在岛上兴起，爪哇国分裂为多个穆斯林王国。1596 年，荷兰探险家豪特曼（Cornelis de Houtman）率领船队抵达爪哇岛。1619 年，荷属东印度公司在巴达维亚（Batavia，今雅加达）建立贸易和行政管理中心，此后逐步控制了爪哇岛上的穆斯林王国。

1830 年，荷兰统治者在爪哇岛推行"耕种制"，强迫农民种植水稻等出口作物，爪哇岛成为荷兰的水稻生产基地，岛上开始出现脚气病患者。

1873 年 3 月，荷兰派战舰入侵苏门答腊岛上的亚齐苏丹国（Aceh Sultanate），挑起亚齐战争。在这场旷日持久战中，荷兰陆军和海军都爆发了脚气病。从当地征召的士兵入伍六周后往往集中发病，导致大批非战斗减员，很多部队不得不因此撤出战场。患者大多病情危急，士兵们在早上还身手矫健，在射击训练中展示优异成绩，但到了晚上就沦为脚气病的牺牲品。当时一位军医记载，他所在医院一天就有 18 名士兵死于脚气病。从荷兰本土来的士兵同样会罹患脚气病，只是病情稍轻。除了士兵，水手、囚犯、矿工、苦力中也有脚气病流行。

为了应对这一严峻形势，1886 年荷兰政府成立脚气病调查委员会，由乌得勒支大学（University of Utrecht）病理学教授佩克哈林（Cornelis Pekelharing）和神经病学教授温克勒（Cornelis Winkler）负责。年轻的艾克曼曾在爪哇岛担任军医，他被借调到委员会担任助手。

抵达爪哇岛后，佩克哈林和温克勒很快就发现，脚气病的主要病理改变是多发性神经炎，患者的症状和电生理检查也支持这一论断，但脚气病的病因始终无法确定。

流行病学调查发现，脚气病主要发生在以大米为食的居民中间，当时的学者据此提出了两种理论。其一是大米中含有某种毒素；其二是大米中缺乏某种营养成分，长期食用后引发了脚气病。

毒素理论很快就被推翻，因为脚气病的流行区均位于稻米优质产区，而且从稻米中没有检出有毒物质。唯一的可能就是，在加工、存储和烹饪过程中，细菌或细菌毒素污染了大米，导致食用者发生脚气病。

荷兰海军军医范莱恩特（Van Leent）观察到，当地士兵如果接受西方饮食就不会患脚气病。他据此认为，大米中蛋白质和脂肪含量低，若仅以大米为食就会导致营养不良，最后引发脚气病。今天回过头来看，范莱恩特的理论已非常接近事情的真相，但一些不利证据让他的理论并未被当时的学术界认可。调查委员会观察到，身体健壮、皮下脂肪厚的人易患脚气病，身体羸弱、饭量小的人反而不易患脚气病。欧洲来的士兵膳食中含有足量蛋白质和脂肪，他们很少吃米饭，但仍有个别人会发病。

当时，巴斯德（Louis Pasteur）、科克（Robert Koch）等人在微生物领域取得了突破性进展，整个医学迈入细菌学时代。结核病、破伤风、狂犬病、白喉、鼠疫、霍乱、炭疽、痢疾等的致病菌先后被发现，病原菌的确定催生了疫苗和消毒法，进而大幅降低了感染性疾病的发病率和死亡率。在这种学术氛围中，委员会在分析脚气病病因时，自然而然地想到了细菌感染。

当时的部分调查结果也支持细菌理论。脚气病的发生与季节、气候、居住环境等因素有关，而且发病具有明确的地域性，这些现象完全符合感染性疾病的流行特征。死者大多都有心悸和下肢水肿，当地医生甚至将脚气病称为"热带毒血症"。更重要的是，委员会在部分脚气病患者血液中检测到了多形球菌，尽管带菌患者比例不高，但反复给动物注射球菌培养物可诱发神经炎。委员会还成功地从脚气病高发的军营空气中分离出了多形球菌。因此，在给荷兰政府的最终报告中，委员会将脚气病归因于多形球菌感染。

1886年秋天，调查委员会离开爪哇岛返回荷兰，艾克曼被要求留下来继续开展相关研究。根据委员会的建议，他的研究重点是评估各种消毒措施对脚气病的防治效果。经过半年的辛苦工作，艾克曼没有取得丝毫进展，就在失望和迷茫之际，一个偶然事件给研究带来了转机。

1887年夏，巴达维亚实验室的鸡舍中暴发了脚气病！

艾克曼观察到，病鸡与脚气病患者症状类似，最初表现为步态不稳，腿部关节屈伸障碍，行走时经常跌倒，无法自行上架，其后翅膀也不能活动，进食会逐渐变得困难，最终只能卧着等死。显微镜观测发现，病鸡的病理改变与多发性神经炎相符。艾克曼由此确认，鸡舍中发生了脚气病流行。

沿着委员会指引的方向，艾克曼起初认为，细菌感染是鸡脚气病的原因。但让他困惑的是，病鸡体内根本找不到致病细菌，即使给健康鸡注射多形球菌也不会诱发脚气病，而隔离喂养的健康鸡还是会发生脚气病，这些结果让艾克曼开始怀疑细菌理论。

就在艾克曼准备对病鸡展开系统研究时，那些病得奄奄一息的鸡竟然在数天内神奇地痊愈了，这让他既震惊又遗憾。因为病鸡已全部康复，而且没有新发生的病鸡，艾克曼一时找不到实验动物，于是决定彻查病鸡痊愈的原因。

调查发现，实验室的鸡舍临时安置在一家陆军医院中，由民政部门派出饲养员负责管理。为了省钱，饲养员用陆军医院厨房中的剩米饭喂鸡。1887 年 6 月 17 日，陆军医院更换厨师，新来的厨师做事严谨，认为剩米饭（糙米）属于军需物资，不应用于饲养民政部门管理的鸡。当天开始，饲养员不得不采购精米作为鸡饲料。7 月 10 日，脚气病在鸡舍爆发。11 月 27 日，陆军医院再次更换厨师，饲养员又被允许从厨房中收集剩米饭（糙米），病鸡在数天内全部康复。

艾克曼从这一插曲中意识到，脚气病可能与精米有关。为了证实这一想法，他设计了对照研究，将健康鸡分为四组，分别用精米、糙米、棕榈西米、木薯喂养。结果发现，用精米饲养的鸡在 3 周后开始出现脚气病（多发性神经炎），而用糙米、棕榈西米、木薯饲养的鸡完全保持健康。

为了进一步确定精米与脚气病之间的关联，艾克曼和沃德曼

（Adolphe Vorderman）对爪哇岛上 101 所监狱关押的 30 万囚犯展开调查。结果发现，吃精米的囚犯比吃糙米的囚犯脚气病患病率高 300 倍。这一调查结果发布后，监狱管理部门和军队对粮食供应进行调整，脚气病很快就从爪哇岛上消失了。

经粗加工制取的糙米含有米糠、胚芽和糊精层，经细加工制取的精米则去除了这些成分。艾克曼认为，精米中含有大量淀粉，在体内可产生毒性，而糙米中的化合物会抵消这种毒性，因此吃糙米不会患脚气病。艾克曼的同事格林斯（Gerrit Grijns）认为，米糠和糊精层中含有人体必需的营养素，精米中这些营养素被去除，因此长期以精米为食就会患脚气病。

1911 年，波兰生化学家冯克进一步提出，米糠中存在"抗脚气病因子"（当时西方学者并不知道铃木梅太郎的工作）。由于这种物质具有重要的生理功能，而且是胺类物质（硫胺素），冯克将其命名为 vitamine（vital amine，生命必需的胺类物质），这就是维生素的最初概念。1913 年，美国生物化学家麦科勒姆将米糠中的营养素称为"水溶性 B 物质"。

1926 年，荷兰化学家詹森（Barend Jansen）从米糠中提取出抗脚气病因子。用鸽子开展的实验发现，每 1 千克精米添加 2 毫克（2 ppm）抗脚气病因子就足以预防脚气病。1934 年，美国化学家威廉姆斯（Robert Williams）确定了"抗脚气病因子"的化学成分为硫胺素（aneurin）。1936 年，威廉姆斯团队成功合成硫胺素。B 族维生素的概念确立后，硫胺素被重新命名为维生素 B_1。

20 世纪初，英国治下的印度已广泛引入稻米加工技术，居民普遍以精米为食，但印度鲜有脚气病患者，少数病例全部集中在安得拉邦（Andhra Pradesh）。英国医生麦卡里森（Robert

McCarrison）调查后发现，印度居民普遍食用蒸谷米（parboiled rice），在大米脱壳和抛光前先将其浸泡蒸熟，这一特殊处理能让大量硫胺素进入米粒。安得拉邦居民好发生脚气病就是因为他们不吃蒸谷米。

　　硫胺素是第一个被发现和分离的维生素，其发现让一度危害巨大的脚气病得到控制。更为重要的是，硫胺素的发现推动了维生素理论和现代营养学的建立。人类从此不仅注重饮食的美味感，也开始注重饮食的营养性。

中国古代曾有脚气病流行吗？

中国先秦典籍中就有足疾和脚病的相关描述。《诗经·小雅·巧言》有语："既微且尰，尔勇伊何。"《毛诗故训传》解释："骭疡为微，肿足为尰。"《黄帝内经·灵枢》记载："厥气生足悗。"《黄帝内经·素问》记载："皮焦筋屈，痿躄为挛。"《左传》有言："郇瑕氏土薄水浅，其恶易觏。易觏则民愁，民愁则垫隘，于是乎有沉溺重膇之疾。"有学者认为，这些论述是中国古人对脚气病的最初认识。但对当时的饮食环境稍加考证就不难发现，"尰""足悗""痿躄""沉溺重膇"都与脚气病无干。

"尰"是指脚部浮肿。尽管脚部浮肿是湿性脚气病的重要表现，但并非其特征性表现，其他疾病也可出现脚部浮肿。《诗经》描述的场景发生于西周时期的黄河流域，当时居民以粟、黍、麦、菽为主食，谷物加工方法相当原始，基本以蒸煮粮食颗粒为主，根本不存在脚气病流行的饮食条件。从当时普通人的食物构成推断，下肢浮肿更可能是蛋白质缺乏所致。在周代，只有贵族统治者才有资格吃肉，《左传》因此称他们为"肉食者"。平民和奴隶很少有机会吃肉，加之劳动强度大，很容易发生低蛋白血症。"既微且尰"中的"尰"指脚部浮肿，而"微"指皮肤破溃，这些都是蛋白质缺乏的典型症状。

"脚气"一词最早见于东汉张仲景所著《金匮要略》："乌头汤方，治脚气疼痛，不可屈伸。"这里提到脚部疼痛和（关节）屈伸障碍，仅凭这两样症状无法断定张仲景所谓"脚气"就是现代医学中的脚气病。乌头汤组方包括麻黄、芍药、黄芪、甘草、乌头五味药材，根据所用药物的功效判断，张仲景提到的"脚气"更可能是风湿性关节炎。

东晋葛洪《肘后备急方》记载："脚气之病，先起岭南，稍来江东，得之无渐。或微觉疼痹，或两胫小满，或行起忽弱，或小腹不仁，或时冷时热，皆其候也。不即治，转上入腹，便发气，则杀人。"葛洪不仅描述了脚气病的症状，还论述了脚气病的流行特征。对比现代医学中的诊断标准，葛洪所论当属湿性脚气病无疑。这种病最先在岭南（广东大部和广西东部）出现，然后在江东（长江下游江南一带）流行。岭南和江东都是传统稻米产区。葛洪之后，这种病就与米食联系起来。

梁武帝萧衍在写给大臣的信中说："数朝脚气转动不得，多有忧悬情也。"萧衍书法造诣深厚，这封信的真迹被收入宋代拓本《淳化阁帖》，以起头两字命名为《数朝帖》。《梁书·武帝纪》记载："（梁武帝）日止一食，膳无鲜腴，惟豆羹粝食而已。"梁武帝每天只吃一顿饭，膳食没有鱼和肉，只有豆羹汤和糙米饭。如果所记属实，萧衍的饮食不会缺乏维生素 B_1，他所患的"脚气"可能也是骨关节病。

隋代巢元方在《诸病源候论》中对脚气病进行了详细描述："凡脚气病，皆由感风毒所致。得此病，多不即觉，或先无他疾，而忽得之；或因众病后得之。初甚微，饮食嬉戏，气力如故，当熟察之。其状：自膝至脚有不仁，或若痹，淫淫如虫所缘，或脚指及膝胫洒洒尔，或脚屈弱不能行，或微肿，或酷冷，或痛疼，或缓纵不随，或挛急；或至困能饮食者，或有不能者，或见饮食而呕吐，恶闻食臭；或有物如指，发于腨肠，迳上冲心，气上者；或举体转筋，或壮热、头痛；或胸头冲悸，寝处不欲见明，或腹内苦痛而兼下者；或语言错乱，有善忘误者；或眼浊，精神惛愦者。此皆病之证也。若疗之缓，便上入腹。入腹或肿，或不肿，胸胁满，气上便杀人。急者不全日，缓者或一、二、三日。初得此病，便宜速治之，不同常病。"

根据所列症状，巢元方所说的"脚气病"不仅包括干性脚气病和湿性脚气病，还包括韦尼克脑病。巢元方首次对脚气病的原因进行了分析，他认为脚气病系外感湿邪风毒所致。风毒外感与湿冷有关，可见中医最初并不认为脚气病是一种饮食相关疾病，而是一种环境相关疾病。巢元方有风毒之论后，脚气病被称为"风毒脚气病"。

唐代孙思邈在《千金要方》中论述："考诸经方往往有脚弱之论，而古人少有此疾。自永嘉南渡，衣缨士人，多有遭者。岭表江东，有支法存、仰道人等，并留意经方，偏善斯术；晋朝仕望，多获全济，莫不由此二公。又宋齐之间，有释门深师师道人述法存等诸家旧方为三十卷，其脚弱一方近百余首。魏周之代，盖无此病，所以姚公《集验》殊不殷勤，徐王撰录未以为意。特以三方鼎峙，风教未一，霜露不均，寒暑不等，是以关西、河北不识此疾。自圣唐开辟，六合无外。南极之地，襟带是重，爪牙之寄，作镇于彼，不习水土，往者皆遭。近来，中国士大夫虽不涉江表，亦有居然而患之者，良由今代天下风气混同，物类齐等所致之耳。"

晋代之前脚气病很少见，永嘉南渡（307—311 年）后，脚气病开始在江南士大夫中流行，但在北魏和北周境内并无此病。在孙思邈看来，南北朝时三国鼎立，各地风俗教化因隔离各不相同，加之气候迥异，关西（关中）和河北居民基本不患脚气病。唐代统一后，北方人到南方旅行就会因水土不服罹患脚气病。由于全国风俗教化趋于一致，各地所产食物和用品都可获得，所以即使没有到过江南的人也会罹患脚气病。

孙思邈认为，脚气病的发生除了与水土和气候有关，还与物类（食物和用品）有关。《备急千金要方》记载了脚气病的食疗方法："凡脚气之病，极须慎房室，羊肉牛肉，鱼蒜蕺菜菘菜蔓菁瓠子，酒面酥油乳糜，猪鸡鹅鸭。有方用鲤鱼头，此等并切禁，不得犯之。并忌大怒。惟得食粳粱粟米，酱豉葱韭薤椒姜橘皮。又不得食诸生果子酸酢之食，犯者皆不可瘥。又大宜生牛乳生栗子矣。"孙思邈强调，脚气病患者不宜食用各种肉类，而应以粳米、粱米、粟米为主食。用现代营养学理论分析，这些建议基本符合脚气病的防治原则。粳米、粱米、粟米中含有丰富的维生素 B_1，以粗粮为主食有利于防治脚气病。牛奶和坚果中含有较高水平维生素 B_1，孙思邈推荐脚气病患者多饮牛乳、多吃栗子。酒精会阻碍胃肠道对维生素 B_1 的吸收，干扰维生素 B_1 的活化，孙思邈建议脚气病患者应当禁酒。古人并不知道维生素 B_1，这些疗法应当源自长期的临床观察。

尽管古代中医摸索出了脚气病的防治方法，但没能认识到脚气病是一种营养缺乏性疾病，其主流观点也始终没能摆脱外感风毒这一错误理论。根据风毒理论，唐代王焘在《外台秘要》中提出："（脚气病患者）第一忌嗔，嗔即心腹烦，烦即脚气发。第二忌大语，大语则损肺，肺损亦发动。又不得露脚当风入水，以冷水洗脚。脚胫尤不宜冷，虽暑月常须着绵袴。"按照王焘的说法，脚气病患者不能生气，也不能大声说话，更不能打赤脚，即使炎热的夏天也不能用凉水洗脚，因为这样会使风毒侵入人体。

北宋朱肱在《活人书》中论述："伤寒只传足经，不传手经。地之寒暑风湿皆作蒸气，足常履之，遂成脚气，所以病证与伤寒相近。"朱肱认为，人之所以患脚气病，是因为地里有寒湿风毒，当脚接触地面时，风毒蒸气就会侵入人体，所以脚气病从脚开始，从不影响手臂。脚气和伤寒都是风毒所致，所以症状类似。若以这样的理论指导脚气病防治，其效果可想而知。

现代流行病学发现，脚气病多发于男性，这与男性酗酒比例高有关，也与男性能量消耗大有关（维生素 B_1 在体内主要参与能量代谢）。那么，古代女性有没有脚气病呢？南宋严用和曾在《济生方》中阐述："观夫脚气皆由肾虚而生，然妇人亦有病脚气者，必因血海虚乘宿块，嗔恚哀感悲伤，遂成斯疾。兼今妇人病此者众，则知妇人以血海虚而得之，与男子肾虚类矣。治妇人之法，与男子用药固无异，但兼以治忧恚药，无不效也。"严用和认为，男性脚气病是肾虚所致，女性脚气病是血虚所致。女性发生脚气病与情绪不稳有关，愤怒、忧伤、悲痛都会引起脚气病。

针对南北方脚气病的差异，历代医家见解不同。《东垣十书》（部分章节为元代李东垣所撰）提出："南方之疾，自外而感者也。

北方之疾，自内而致者也。何以言之？北方之人，常食潼乳，又饮酒无节，过伤而不厌，且潼乳之为物，其气味则潼乳，其形质则水也，酒醴亦然。"李东垣（李杲）认为，南方人患脚气是因外感风毒；北方人患脚气是因饮食不节，尤其是饮酒过度。酗酒导致脚气病已被现代医学证实。李东垣提到的"潼乳"很可能是马奶酒。

金代张从正在《儒门事亲》中提出："今观北方爽垲而无卑湿之地，况腠理致密，外邪难侵，而有此疾者，何也？盖多饮乳酪醇酒，水湿之属也。"北方气候干爽，并无潮湿阴冷之处，况且北方人皮肤肌肉紧密，外邪风毒难以入侵，但仍会罹患脚气病，这是为什么呢？原因是北方人喜欢饮酒，酒是湿性的，容易引发风毒入侵。

明代楼英在《医学纲目》中对李东垣的观点进行了修正："按东垣论南方脚气，外感清湿，作寒治。北方脚气，内伤酒醴，作湿热治。此实发前人之未发者。以余论之，不必以南北分寒热，凡外感寒湿者，皆为寒湿，不必南方为然；凡内伤酒醴者，皆属湿热，不必北方为然；但随脉证及询其病之由来而施治可也。"楼英认为，脚气病不应分为南方型和北方型，而应分为外感型和内伤型。外感型是风毒所致，内伤型是酗酒所致。相对于李东垣的分类，楼英的方法似乎更为合理。

富人和穷人所患脚气病也有所不同。明代李梴在《医学入门》解释："内因好食乳酪醇酒，湿热下流肝肾，加之房劳，故富贵之人亦有脚疾。外因久坐久立湿地，或贫苦跋涉山溪瘴毒。"按照李梴的观点，富人所患脚气病为内伤型，多因酒后房事无度所致；穷人所患脚气病为外感型，多因坐立湿地或长途跋涉后身染湿毒所致。

回顾历史不难看出，中国古代脚气病大规模流行始于南北朝时的江南和岭南。起初，脚气病患者多为富贵之人（衣缨士人）。唐代早期，贫苦之人也开始罹患脚气病。宋元期间，脚气病没有大规模流行，但仍有散发病例。明清之际，脚气病发病人数进一步减少，患者多为长期酗酒之人。

中国古代为什么会流行脚气病？

在《维生素发现以前的脚气历史》（脚気の歴史ビタミン発見以前）一书中，日本学者山下政三对中国古代脚气病流行状况进行了总结。山下认为，晋初或稍早，岭南开始出现脚气病，之后该病逐渐蔓延到江南地区，但患者不多。永嘉南渡后，脚气病患者明显增加，但江北仍未见此病。隋唐之际，脚气病越过长江，后流行于中国大部分地区，流行区与稻米产区高度一致。北宋时脚气病趋于减少，南宋和元代基本没有脚气病。当时被诊断为脚气者，大多是关节炎之类的患者。明代各地虽有散发脚气病，但仍将关节炎与脚气病混为一谈。清代已基本没有脚气病，相关医学记载近乎空白。

中国台湾医学史家廖温仁先生也认为，晋代脚气病在南方盛行，原因是永嘉南渡后，衣缨之士以米易面。唐代脚气病在南北方均盛行，原因是南米北运。宋、元、明、清时，脚气病已相当少见，医学著作中的脚气病实为概念错误。

医学史家廖育群先生不赞同米食说，他以亲身经历论证了脚气病与米食无关。1969 年，上万"知识青年"到云南西双版纳的密林中修建水库，当时主食仅有大米，副食极度匮乏，劳动强度很大，但并未见到脚气病。廖先生认为，如果米食是脚气病的根源，在这种情况下应该能见到此病流行，但实际上所见只有浮肿和肝硬化，始终没有见到脚气病的踪影。廖先生还质疑，作为水稻的主要栽培国，中国南方种植稻米已有几千年的历史，何以会在晋代突然出现脚气病？江南与岭南稻作史并无明显先后之分，葛洪为何会说"先起岭南，稍来江东"？宋代之后，水稻种植发展空前，何以此病鲜见，以致概念混淆？廖先生据此认为，古人所言脚气病多数并非维生素 B₁ 缺乏所致，而是长期服食仙丹导致的汞中毒，其表现为多发性神经炎。

现代营养学已完全阐明了脚气病的发病机制。因食物中缺乏维生素 B₁ 导致能量代谢障碍，以致患者出现下肢水肿和全身乏力。维生素 B₁ 缺乏还会影响神经髓鞘的完整性，患者因此出现多发性神经炎的表现。在农业社会，居民膳食中的维生素 B₁ 主要源于粮食。汉代以前，中国居民以粟、黍、麦、菽为主食，这些粮食中含有丰富的维生素 B₁，在这种饮食环境中不可能发生脚气病。

汉初，在董仲舒的建议下，北方地区（尤其是关中）开始大范围种植小麦。小麦中含有丰富的维生素 B₁，但其中的维生素 B₁ 主要存在于麦皮（麦麸）和胚芽中。小麦最初的食用方法是直接蒸煮麦粒（麦饭）。东汉后开始用石磨制粉，但因筛孔较大，面粉中掺杂有大量麦麸。北宋时期出现了重箩面粉（粗制面粉经两次过筛），即使这样其中依然含有较多麦麸。以这样的小麦粉为主食，根本就不可能出现维生素 B_1 缺乏。现代加工面粉时，使用脱皮机可将小麦皮（麦麸）完全脱去，过滤面粉的箩筛孔径更小，这样生产的面粉称为精粉。相对于粗制面粉，用精粉制作的面食更为筋道，口感更佳，但其中的维生素 B_1 含量却大幅降低。这是世界各国普遍给面粉添加维生素 B_1 的原因。

中国多地在新石器早期就开始种植水稻，河姆渡地区水稻种植的历史尤为久远。水稻中同样含有丰富的维生素 B_1，但其中的维生素 B_1 主要存在于稻壳（米糠）、糊精层和胚芽中。铃木梅太郎和詹森提取维生素 B_1 时，都是以米糠为原料，可见米糠中富含维生素 B_1。早期水稻的吃法同样是粒食。新石器后期，石臼和石磨能让大米和稻壳分开，这样就产生了大米。用这些原始工具生产的糙米掺杂有大量米糠，米粒外面的糊精层和胚芽也大部保存。现代粮食加工过程中，脱壳机可将稻壳整体剥离，抛光机可将米粒糊精层彻底去除，这样制成的大米称为精米。用精米烹制的米饭色泽亮白，口感细腻，但其中的维生素 B_1 大量流失。这是世界各国普遍给精米中添加维生素 B_1 的原因。

东晋衣冠南渡后，从中原迁徙来的世家大族财力雄厚，他们整日追求醇酒美食，精白米就是这个时期的产物。古代没有脱壳机和抛光机，古人如何制作精白米呢？《齐民要术·飧饭》告诉了我们答案："治旱稻赤米令饭白法：莫问冬夏，常以热汤浸米，一食久，然后以手挼之。汤冷，泻去，即以冷水淘汰，挼取白乃止。"首先将大米在热水中浸泡一顿饭的工夫，然后用手反复揉搓洗淘，直到水凉后将水淋掉。再于冷水中反复揉搓洗淘，直到米色完全发白。反复揉搓和淘洗就是要清除米糠和米粒表面的糊精层。做米饭时，先将米在锅中煮一下，等到半熟时再捞出来，放进蒸锅（甑）中的箅子上蒸熟。经过这一复杂流程蒸制的米饭色泽洁白、口感细腻，但大米中的维生素 B_1 已流失殆尽。

贾思勰没有记载精白米的起源时间和地域，但通过他的描述不难看出，精白米选料讲究（需要旱地出产的红菱米），制作费工费时，普通百姓温饱都成问题，哪有可能享受这种高档食物！

南朝时期的世家大族喜欢吃鱼脍（鲙）。鱼脍就是现在的生鱼片或鱼生，将新鲜鱼肉或贝类生切成片，蘸着调料食用，其味鲜美无比。现代医学研究发现，生鱼肉中含有高水平硫胺素酶，这种酶会破坏维生素 B_1，经常吃鱼脍无疑会加重维生素 B_1 缺乏的症状。硫胺素酶不耐热，烹饪后的鱼不会影响维生素 B_1 的活性。

从中原来的衣缨之士本就崇尚享乐，富庶而安逸的"鱼米之乡"让他们能够日日醉饮、夜夜笙歌。酒精会阻碍维生素 B_1 的吸收和利用，进一步加重维生素 B_1 缺乏。在精米、鱼脍、醇酒的联合作用下，脚气病开始在江南富人阶层中暴发。

隋开皇九年（公元 589 年），韩擒虎和贺若弼率部攻克陈朝都城建康（今江苏省南京市）。隋文帝杨坚下令将被俘的陈后主、文武百官、衣冠世族、百工杂技、车辆衣物、绘画书籍、各类用具等人员财物全部押送首都大兴（今陕西省西安市），运输队伍延绵五百里，随衣缨士人迁来关中的还有他们喜欢精白米的饮食习惯。隋代大运河开凿之后，南方大米大量运抵北方，普通北方人也能以米为食。杜甫《忆昔》中说："忆昔开元全盛日，小邑犹藏万家室。稻米流脂粟米白，公私仓廪俱丰实。"因此，迁居关中的士族完全有条件以精白米为食，加之唐人喜欢饮酒，其人多患脚气病也就不足为奇。

北宋大中祥符年间，真宗赵恒将占城稻引入中国。占城稻耐旱、早熟、产量高，可缓解人口激增引发的粮食危机。但占城稻的缺点是米质粗糙，口感稍差，用这种水稻制作精白米已毫无意义。随着占城稻的推广，精白米逐渐消失，随之消失的还有广泛流行的脚气病。但在酗酒者中，脚气病仍时有发生。

明清之际，中国广泛引入美洲作物。其中玉米和红薯种植面积急剧扩大，玉米和红薯中都含有维生素 B_1。随着交通运输的发达，活跃的跨区农产品贸易增加了食物多样性。如此一来，脚气病流行的饮食条件已不复存在。

从全球和中国脚气病流行史来看，脚气病流行并非与米食有关，而是与大米加工技术有关，也就是与精米有关，这一机制早在 1887 年就被荷兰军医艾克曼在鸡舍中开展的实验所证实。"文革"期间，廖育群先生和万千"知识青年"上山下乡，参加了繁重的体力劳动，但他们所吃的大米不仅加工粗糙，烹煮前连简单的淘洗可能都会省掉。以这样的糙米饭为食，如果患上脚气病那才奇怪呢！

第四章　维生素 B_2

维生素 B_2 也称核黄素（riboflavin），是一种水溶性维生素。维生素 B_2 在体内的主要作用是参与能量代谢。

1. 能量代谢

呼吸链（respiratory chain）是完成能量代谢的链式反应体系，其作用是将碳水化合物脱下的成对氢原子传递给氧生成水，同时生成三磷酸腺苷（ATP）。ATP 是细胞内的直接供能物质，人体的各种生理活动都离不开 ATP。B 族维生素以辅酶、辅基和辅助因子的形式广泛参与呼吸链。其中，维生素 B_2 是黄素单核苷酸（FMN）和黄素腺嘌呤二核苷酸（FAD）的核心组分，FMN 和 FAD 是呼吸链中的两种重要辅基，含有 FMN 或 FAD 的酶统称黄素酶（flavoenzyme）或黄素蛋白（flavoproteins）。除了能量代谢，FMN 和 FAD 还参与类固醇代谢。维生素 B_2 缺乏可引起细胞能量代谢障碍。

2. 维生素活化

以色氨酸为原料合成烟酸（维生素 B_3）需要 FAD，维生素 B_6 活化则需要 FMN。

3. 同型半胱氨酸代谢

作为四氢叶酸还原酶（MTHFR）的辅酶，维生素 B_2 参与同型半胱氨酸代谢。

4. 铁吸收和利用

最近的研究发现，维生素 B_2 还参与铁的吸收和利用。维生素 B_2 缺乏会加重缺铁性贫血的症状，缺铁性贫血患者补充维生素 B_2 会增加血红蛋白含量。

5. 肠道和骨骼发育

胃肠道在发育过程中需要维生素 B_2 参与，孕妇和乳母缺乏维生素 B_2 会导致宝宝胃肠道微结构异常。孕妇缺乏维生素 B_2，还会影响宝宝的骨骼和软组织发育。

食物中的维生素 B_2 大多在小肠吸收。肠道对维生素 B_2 的吸收具有饱和效应，当摄入少量维生素 B_2 时，其吸收率接近100％；

当摄入大量维生素 B_2 时，其吸收率就会明显下降。即使吸收总量有所增加，体内过多的维生素 B_2 也会经尿液排出，体内只储存少量维生素 B_2。维生素 B_2 主要储存于肝脏、肾脏和心脏中。

肠道中有些细菌可合成维生素 B_2，合成量与食物结构有关。摄入植物源性食物（素食）后，肠道细菌容易合成维生素 B_2；摄入动物源性食物（肉、蛋、奶）后，肠道细菌不易合成维生素 B_2。肠道细菌合成的维生素 B_2 可部分被大肠吸收。胆汁中的胆盐有助于维生素 B_2 的消化吸收。

维生素 B_2 的化学成分是核黄素，是一种橙黄色固体化合物。维生素 B_2 微溶于水，与其他 B 族维生素相比，B_2 在水中的溶解度较低。维生素 B_2 药物片剂一般呈黄色，正在服用维生素 B_2 的人尿液会呈现亮黄色。

人体每天需要多少维生素 B_2？

维生素 B_2 是一种水溶性维生素，在体内储存量很少，须经膳食持续补充。人体对维生素 B_2 的需求量受多种因素影响。

1. 成人

研究发现，成人维生素 B_2 摄入量少于每日 0.5 毫克就可能出现缺乏症状；维生素 B_2 摄入量超过每日 1 毫克时，就会有核黄素自尿液排出，提示体内维生素 B_2 充足。美国医学研究所推荐，成年男性每日应摄入 1.3 毫克维生素 B_2，成年女性每日应摄入 1.1 毫克维生素 B_2。中国营养学会推荐，成年男性每日应摄入 1.4 毫克维生素 B_2，成年女性每日应摄入 1.2 毫克维生素 B_2（表1）。

2012 年中国居民营养与健康调查显示，城市居民平均每天摄入 0.8 毫克维生素 B_2，农村居民平均每天摄入 0.7 毫克维生素 B_2。可见，中国居民维生素 B_2 摄入水平普遍较低。2018 年美国全民健康与营养调查显示，成年男性平均每天摄入 2.46 毫克维生素 B_2，成年女性平均每天摄入 1.80 毫克维生素 B_2。美国居民维生素 B_2 摄入水平较高的原因在于，美国对面粉和大米普遍实施了维生素 B_2 强化。

表 1　维生素 B_2 的推荐摄入量（毫克/天）

美国医学研究所			中国营养学会[#]		
年龄段	男性	女性	年龄段	男性	女性
0—6 个月	0.3*	0.3*	0—6 个月	0.4*	0.4*
7—12 个月	0.4*	0.4*	7—12 个月	0.5*	0.5*
1—3 岁	0.5	0.5	1—3 岁	0.6	0.6
4—8 岁	0.6	0.6	4—6 岁	0.7	0.7
9—13 岁	0.9	0.9	7—10 岁	1.0	1.0
14—18 岁	1.3	1.0	11—13 岁	1.3	1.1
19—50 岁	1.3	1.1	14—17 岁	1.5	1.2
≥51 岁	1.3	1.1	18—49 岁	1.4	1.2
			≥50 岁	1.4	1.2
孕妇≤18 岁		1.4	孕妇，早		+0
孕妇≥19 岁		1.4	孕妇，中		+0.2
乳母≤18 岁		1.6	孕妇，晚		+0.3
乳母≥19 岁		1.6	乳母		+0.3

　*为适宜摄入量（AI），其余为推荐摄入量（RDA）。+：在同年龄段摄入量基础上的增加量。#：中华人民共和国卫生行业标准《中国居民膳食营养素参考摄入量第 5 部分：水溶性维生素》WS/T 578.5—2018。

2. 孕妇

孕妇通过胎盘向胎儿输送维生素 B_2，因此应经膳食补充更多维生素 B_2。当孕妇体内维生素 B_2 缺乏时，机体会将核黄素优先输送给胎儿，尤其是在妊娠晚期。因此，孕妇缺乏维生素 B_2 更容易出现口角炎等疾病。另外，发生早孕反应的妇女，由于剧烈呕吐会影响进食，这样会增加维生素 B_2 缺乏的风险。

孕妇缺乏维生素 B_2 会影响宝宝在宫内的发育，诱发先兆子痫，导致宝宝出生体重下降，增加先天性心脏病的风险。孕妇缺乏维生素 B_2，宝宝出生时体内也会缺乏维生素 B_2，进一步影响后天发育。

美国医学研究所推荐，18 岁及以下孕妇每日应摄入 1.4 毫克维生素 B_2（在同年龄段普通女性的基础上增加 0.4 毫克），19 岁及以上孕妇每日应摄入 1.4 毫克维生素 B_2（在同年龄段普通女性的基础上增加 0.3 毫克）。中国营养学会推荐，妊娠早期（1—3 个月）妇女每日应摄入 1.2 毫克维生素 B_2（与同年龄段普通女性相同），妊娠中期（4—6 个月）妇女每日应摄入 1.4 毫克维生素 B_2（在同年龄段普通女性的基础上增加 0.2 毫克），妊娠晚期（7—9 个月）妇女每日应摄入 1.5 毫克维生素 B_2（在同年龄段普通女性的基础上增加 0.3 毫克）。

3. 乳母

乳母通过乳汁向宝宝输送维生素 B_2，因此应经膳食补充更多

维生素 B_2。缺乏维生素 B_2 的妈妈乳汁中维生素 B_2 含量偏低。乳母缺乏维生素 B_2 会影响宝宝生长发育，尤其是消化系统的发育。乳母发生维生素 B_2 缺乏的常见原因有二：其一是采取全素饮食，也就是主动不吃肉、蛋、奶；其二是因经济困难吃不起较贵的食物，也就是被动不吃肉、蛋、奶。调查发现，贫困地区母乳维生素 B_2 含量（160 微克—220 微克/升）低于发达地区（180 微克—800 微克/升）。

美国医学研究所推荐，18 岁及以下乳母每日应摄入 1.6 毫克维生素 B_2（在同年龄人群的基础上增加 0.6 毫克），19 岁及以上乳母每日应摄入 1.6 毫克维生素 B_2（在同年龄段普通女性的基础上增加 0.5 毫克）。中国营养学会推荐，乳母每日应摄入 1.5 毫克维生素 B_2（在同年龄段普通女性的基础上增加 0.3 毫克）。

4. 婴儿

由于缺乏研究数据，目前尚不能制定婴儿维生素 B_2 的推荐摄入量（RDA），只能用适宜摄入量（AI）替代。根据美国医学研究所制定的标准，0—6 个月婴儿维生素 B_2 适宜摄入量为每日 0.3 毫克，7—12 个月婴儿维生素 B_2 适宜摄入量为每日 0.4 毫克。根据中国营养学会制定的标准，0—6 个月婴儿维生素 B_2 适宜摄入量为每日 0.4 毫克，7—12 个月婴儿维生素 B_2 适宜摄入量为每日 0.5 毫克。

5. 儿童

儿童处于快速生长发育阶段，其维生素 B_2 需求量随年龄增长变化较大。不同年龄段儿童维生素 B_2 推荐摄入量主要依据代谢体重法推算而来（表1）。

6. 老年人

老年人胃肠吸收能力下降，能量消耗水平也有所降低。美国医学研究所推荐，51 岁及以上人群与 19—50 岁人群维生素 B_2 摄入量相同。中国营养学会推荐，50 岁及以上人群与 18—49 岁人群维生素 B_2 摄入量相同。

哪些食物富含维生素 B₂？

维生素 B_2（核黄素）广泛存在于动植物细胞中。肉、蛋、奶、绿色蔬菜、蘑菇、坚果等天然食物中含有丰富的维生素 B_2（表 2）。

表 2　富含维生素 B_2 的日常食物（毫克/100 克食物）

食物	维生素 B_2 含量	食物	维生素 B_2 含量
猪肝	2.08	桂圆肉	1.03
羊肝	1.75	紫菜	1.02
牛肝	1.30	苜蓿	0.73
鳝鱼	0.98	杏仁	0.56
鸡肝	0.58	扁豆	0.45
鹌鹑蛋	0.49	木耳	0.44
河蟹	0.28	鲜菇	0.35
鸡蛋	0.27	葵花子	0.26

食物	维生素 B₂ 含量	食物	维生素 B₂ 含量
鸭肉	0.22	松子仁	0.25
鲜贝	0.21	大豆	0.20
牛肉	0.18	金针菇	0.19
鲈鱼	0.17	水芹菜	0.19
猪肉	0.16	板栗	0.17
鲍鱼	0.16	核桃	0.14
三文鱼	0.15	腰果	0.13
酸奶	0.15	黑米	0.13
牛奶	0.14	鲜玉米	0.11
羊肉	0.14	玉米粉	0.09
鸡肉	0.09	小麦粉	0.08

食物重量均以可食部分计算。数据来源：杨月欣，王光亚，潘兴昌主编：《中国食物成分表》，第二版，北京大学出版社，2009。

天然食物中的维生素 B₂ 大约有 90％是以黄素蛋白（FAD 或 FMN）的形式存在，其余 10％以游离核黄素、核黄素糖苷或核黄素酯的形式存在。鸡蛋和牛奶中的维生素 B₂ 主要以游离核黄素的形式存在。天然食物中维生素 B₂ 的吸收率高达 95％。

为了预防群体性营养不良，很多国家都实行了维生素 B₂ 强化计划，也就是给市售面粉和大米添加维生素 B₂。美国自 1939 年起给面粉添加维生素 B₁、B₂、烟酸和铁。因此，面食是美国居民维生素 B₂ 摄入的重要来源。

维生素 B₂ 遇热容易降解，烹饪会部分破坏食物中的维生素 B₂，尤其是长时间高温烹制。维生素 B₂ 为水溶性，烹饪时大量维

生素 B_2 溶解到汤汁中，若非连汤食用，这部分维生素 B_2 也会流失。

维生素 B_2 在碱性环境中易降解，煮粥时加入苏打（碳酸钠）或小苏打（碳酸氢钠）会提高黏稠度、增强香味，但这些碱性物质会破坏维生素 B_2。维生素 B_2 类药物或膳食补充剂（保健食品）应避免与碳酸氢钠、氢氧化铝、氢氧化镁等碱性药物同时服用。维生素 B_2 在弱酸环境中相对稳定，烹饪时加入少量食醋，有利于保护其中的维生素 B_2。

维生素 B_2 受紫外线照射会降解，颜色会变为浅黄，同时发出荧光。为了消毒或增加维生素 D 的含量，加工企业有时会用紫外线照射食品，这样会降低其中维生素 B_2 的活性。

维生素 B_2 受可见光照射也会降解。装在透明玻璃瓶中的牛奶，在阳光下放置两小时，其中的维生素 B_2 会丢失 50%。发现这一机制前，牛奶一般都装在透明玻璃瓶中；发现这一机制后，牛奶一般都装在可遮光的纸盒中。

市场销售的多种维生素保健食品（膳食补充剂）往往含有维生素 B_2，其每片含量一般为 1.7 毫克。维生素 B_2 类药物每片剂量一般为 5 毫克。保健食品和药物中的维生素 B_2 大多为游离核黄素，少数为磷酸核黄素。

美国农业部开发的食物营养成分数据库可查询到常见食物的营养素含量，其中包括维生素 B_2（核黄素）含量。中国营养学会编制的《中国食物成分表》也可查询到部分食物中维生素 B_2 的含量。

维生素 B₂ 缺乏会有哪些危害?

维生素 B₂ 在体内参与黄素酶的构成,黄素酶在呼吸链中发挥递氢作用。维生素 B₂ 缺乏会导致多种病症,其中比较有特征性的就是口角炎。

1. 口、眼、生殖器炎症

维生素 B₂ 缺乏会引起脂溢性皮炎、脱发、口角炎、唇炎、舌炎、口腔溃疡、咽喉炎、眼结膜炎、阴道干涩、阴道炎、阴囊炎等病症,维生素 B₂ 缺乏还会引起周围神经炎。这些病症统称维生素 B₂ 缺乏症,或核黄素缺乏症(ariboflavinosis)。

2. 生长发育异常

维生素 B₂ 参与多种生物酶的构成,孕妇或婴幼儿缺乏维生素

B_2，会影响神经、骨骼、消化等系统的发育。宝宝哺乳期缺乏维生素 B_2，会引起肠道微结构异常，肠道微绒毛数量减少，肠道吸收面积降低。

3. 其他维生素缺乏症

严重的维生素 B_2 缺乏会影响黄素酶的功能，从而导致其他维生素缺乏，尤其是 B 族维生素。维生素 B_6 在体内活化需要维生素 B_2 参与，叶酸在体内活化需要维生素 B_2 参与，色氨酸在体内转化为烟酸需要维生素 B_2 参与。因此，维生素 B_2 缺乏会间接导致维生素 B_6、烟酸（维生素 B_3）和叶酸（维生素 B_9）缺乏。

4. 缺铁性贫血

维生素 B_2 缺乏会降低铁的吸收率和利用率，进而加重缺铁性贫血的症状。在东南亚国家开展的研究发现，贫血孕妇同时补铁和维生素 B_2 比单独补铁效果更好。

5. 先兆子痫

先兆子痫是指怀孕期间发生血压升高、尿蛋白和水肿。患有先兆子痫的孕妇约有 5％进展为子痫，其特征是癫痫发作、血压升高和内出血。子痫是孕产妇和新生儿死亡的重要原因。维生素 B_2 缺乏时细胞内黄素酶水平降低，导致线粒体功能障碍、氧化应激反应增强、一氧化氮释放减少、小血管收缩，这些改变会引发先兆子痫。研究发现，维生素 B_2 缺乏可将先兆子痫的发生风险增加 3.7 倍。

6. 偏头痛

偏头痛一般表现为反复发作的一侧头部疼痛，有些患者在头痛前会有先兆。有学者认为，偏头痛与线粒体功能障碍有关，线粒体在参与细胞能量代谢时需要维生素 B_2。临床研究发现，维生素 B_2 可降低偏头痛的发作频率，缩短发作持续时间。美国神经病学学会（AAN）建议，偏头痛患者可服用维生素 B_2。

目前尚未发现大剂量维生素 B_2 的毒副作用，原因是其吸收存在饱和效应。当维生素 B_2 摄入量较低时，其吸收率接近 100%；当维生素 B_2 摄入量较高时，其吸收率就会显著降低。服用大剂量维生素 B_2 后，尿液会变为亮黄色，这种改变对人体无害。美国医学研究所没有设立维生素 B_2 可耐受最高摄入量（UL）。

哪些人容易缺乏维生素 B_2？

很多天然食物都含有维生素 B_2，膳食均衡的人很少发生维生素 B_2 缺乏，特殊人群和某些疾病患者可能发生维生素 B_2 缺乏。补充维生素 B_2 的最佳方法是优化膳食结构，只有极少部分人需要通过补充剂或药物增加维生素 B_2 的摄入。

1. 贫困人口

肉、蛋、奶是人体维生素 B_2 的重要来源。贫困人口、流浪者、乞丐、难民可因经济原因无法摄入足量肉、蛋、奶，进而出现维生素 B_2 缺乏。在边远贫困地区，乳母维生素 B_2 缺乏导致乳汁中核黄素含量下降，吃母乳的宝宝也容易发生维生素 B_2 缺乏。

2. 素食者和偏食者

素食者不吃肉、蛋、奶，偏食者食物构成单一，减肥者或厌食症患者食量减少，这些人容易出现维生素 B_2 缺乏。

3. 重体力劳动者和运动员

维生素 B_2 在体内主要参与能量代谢，其生理需求量与能量消耗有关。重体力劳动者、职业运动员、军人等能量消耗大的人维生素 B_2 需求量高，这些人若采用全素饮食则容易发生维生素 B_2 缺乏。

4. 酗酒者

酒精会破坏肠黏膜上的转运蛋白，阻碍维生素 B_2 吸收；酒精会破坏肾小管上的转运蛋白，加速维生素 B_2 的排出；长期酗酒的人膳食结构不均衡，维生素 B_2 摄入偏低。酗酒者容易发生维生素 B_2 缺乏。

5. 接受蓝光照射的婴儿

蓝光照射常用于治疗新生儿核黄疸（kernicterus）。用波长 460 nm—490 nm 的蓝光照射宝宝皮肤，其中的脂溶性反式胆红素会转变为水溶性顺式胆红素，水溶性胆红素会经血液运送到胆道后排出体外。治疗用的蓝光并非紫外线，对宝宝皮肤几乎没有伤害，但会破坏体内的维生素 B_2。因此，接受蓝光治疗的宝宝应注意补充维生素 B_2。如果宝宝吃母乳，给妈妈服用维生素 B_2 制剂，可增加母乳中维生素 B_2 的含量，从而达到间接给宝宝补充维生素 B_2 的目的。

6. 特殊疾病患者

体内的维生素 B_2（核黄素）必须转化为 FAD 或 FMN 才能发挥生理作用，这一转化过程受甲状腺素和皮质醇调控。因此，甲状腺功能低下和肾上腺皮质功能减退症（Addison 病）患者，容易发生维生素 B_2 缺乏。范莱尔综合征（Brown-Vialetto-Van Laere syndrome）是一种罕见的神经系统疾病，主要表现为耳聋、延髓麻痹和呼吸困难。由于 SLC52A3 基因发生突变，范莱尔综合征患者不能合成转运蛋白，导致维生素 B_2 吸收障碍。补充维生素 B_2 有时能挽救这类患者的生命。

7. 使用特殊药物的人

抗精神病药氯丙嗪、三环类抗抑郁药、肿瘤化疗药阿霉素等会阻碍维生素 B_2 在体内的活化和利用。抗癫痫药物苯巴比妥会加速维生素 B_2 的降解。长期使用这些药物的患者容易发生维生素 B_2 缺乏。

8. 间接吃母乳的婴儿

因各种原因无法给宝宝哺乳的妈妈，有时用吸奶器或手工挤奶采集母乳，然后给宝宝喂食。在采集、储存、加热、消毒和喂食过程中，母乳中的维生素 B_2 会大量破坏，间接吃母乳的宝宝容易发生维生素 B_2 缺乏。早产宝宝也容易发生维生素 B_2 缺乏，但进食母乳后很快就会恢复。

对于存在缺乏风险的人，在补充前应评估维生素 B_2 的营养状况。红细胞谷胱甘肽还原酶活性（EGRAC）可反映体内维生素 B_2 的丰缺程度。EGRAC 小于 1.2，提示体内维生素 B_2 充足；EGRAC 在 1.2—1.4 之间，提示体内维生素 B_2 处于临界状态；EGRAC 大于 1.4，提示体内维生素 B_2 缺乏。EGRAC 测定有赖于葡萄糖-6-磷酸脱氢酶（G-6-PD），蚕豆病（葡萄糖-6-磷酸脱氢酶缺乏症）患者不适合用这种方法。

24 小时尿液核黄素（包括其代谢产物肌酸酐）含量也可反映体内维生素 B_2 的丰缺程度。成人 24 小时尿液核黄素含量一般大于 120 微克，若小于 40 微克，提示体内维生素 B_2 缺乏。24 小时尿液核黄素含量可反映维生素 B_2 的短期营养状况，EGRAC 则反映维生素 B_2 的长期营养状况。

19世纪中叶，法国微生物学家巴斯德揭示了细菌致病的机制。细菌学的创立为产褥热（产后感染）、霍乱等感染性疾病提供了革命性治疗方法，为发明狂犬疫苗和炭疽疫苗奠定了基础。这些成就拯救了千万患者的生命。

在细菌学理论影响下，学术界曾尝试将坏血病、脚气病、糙皮病、贫血等归因于细菌感染。但经过40多年探索，始终没能找到致病菌。20世纪初，有学者开始意识到营养素缺乏是这类疾病的根源，这一转变揭开了维生素发现的大幕。

1913年，在美国威斯康星大学工作的麦科勒姆发现，鱼油中存在一种脂溶性营养素，他将其称为脂溶性A物质，而将冯克从米糠中获取的营养素称为水溶性B物质。进一步分析发现，水溶性B物质至少有两种成分：一种不耐高热高压，可防治脚气病；另一种耐高热高压，可防治癞皮病。

1923年，德国生化学家哲尔吉（Paul Gyorgy）在大鼠实验中发现，耐高热高压的水溶性 B 物质可治疗因生物素缺乏所致的皮炎，这一结果进一步提示，耐高热高压的水溶性 B 物质含有多种成分。

1933 年，德国生物化学家库恩和哲尔吉从蛋清中提取出可防治皮炎的营养素。此后，他们又从 5 400 升牛奶中提取出 1 克这种营养素。1934 年，库恩带领的研究小组发现，这种新营养素的分子上有一个核糖醇和一个黄素环，因此将其命名为核黄素。

回顾历史发现，早在 1879 年，英国化学家布莱思（Alexander Blyth）就观察到，牛奶的上层乳清中存在一种黄绿色荧光色素，他多次尝试提取这种物质并确定其化学成分，但没能成功。在此后的几十年间，多位学者曾尝试提取这种荧光物质，也都以失败告终。1934 年，库恩解开了这一谜团，存在于牛奶上清中的黄色荧光物质就是核黄素。

1936 年，库恩开展的研究表明，核黄素以辅酶形式参与乳酸、丙酮酸和琥珀酸的加氢反应，这些反应是细胞呼吸链的重要组成部分。这个研究结果揭示了核黄素在体内的重要作用。

1939 年，美国营养学家西布雷尔（William Sebrell，戈德伯格的学生）通过诱发试验证实，核黄素是人体必需的营养素。西布雷尔募集到 18 位女性志愿者，让她们坚持无核黄素饮食，结果有 13 人出现了口角炎和皮炎。这些病症在服用核黄素制剂后很快消失，但停用核黄素制剂后再次出现。

核黄素发现后，英国食物辅助因子委员会（British Accessory Food Factors Committee）建议用字母加数字命名维生素，将硫胺素命名为维生素 B_1，将核黄素命名为维生素 B_2。美国生物化学家学会（American Society of Biological Chemists）则建议单纯用字母命名维生素，将视黄醇命名为维生素 A，将硫胺素命名为维生素B，将核黄素命名为维生素 G。当更多维生素被发现后，人们认识到体内存在一组水溶性营养素共同参与能量代谢，其作用具有高度协同效应，因此将之统称为 B 族维生素，而维生素采用字母加数字的方式也被固定下来。

第五章 烟酸（维生素B₃）

　　烟酸也称尼克酸（niacin）或维生素 B₃，是一组水溶性维生素。维生素 B₃ 包括烟酸（nicotinic acid，3-吡啶甲酸）、烟酰胺（nicotinamide，3-吡啶甲酰胺）和烟酰胺核糖苷（nicotinamide riboside）三种形式。在西文里，niacin（烟酸）和 nicotinic acid（烟酸）是两个不同概念，niacin 是三种形式维生素 B₃ 的统称，nicotinic acid 则特指 3-吡啶甲酸，但中文将两者均译为烟酸，这样就无法从字面上将二者加以区别。

　　作为 B 族维生素的一员，烟酸在体内主要参与能量代谢。人体不能合成烟酸，必须经膳食补充烟酸或烟酸前体。

1. 参与能量代谢

　　三种形式的烟酸（niacin）在体内都会转变为烟酰胺腺嘌呤二核苷酸（NAD）。NAD 是能量代谢必需的辅酶，参与 400 多种生化反应，是人体中参与反应最多的辅酶。NAD 在体内还可转化为烟酰胺腺嘌呤二核苷酸磷酸（NADP），NAD 和 NADP 可看作烟酸在体内的活性形式，主要发挥电子载体或递氢体的作用。

2. 调控基因

NAD 在细胞内参与基因修复、表达和调控，在细胞间则发挥信号转导作用。

3. 调节脂代谢

烟酸可与脂肪细胞上的烟酸受体结合，抑制脂肪酶的活性，从而限制甘油三酯分解为脂肪酸。烟酸可升高血高密度脂蛋白（HDL，好胆固醇）水平，降低血低密度脂蛋白（LDL，坏胆固醇）水平。但临床研究表明，长期口服烟酸制剂并不能降低心脑血管病的风险，反而有可能引发糖尿病、消化性溃疡和脑出血。

4. 抗炎

烟酰胺具有抗炎作用，烟酰胺霜常用于治疗皮炎和痤疮。研究发现，皮肤局部涂抹 2％的烟酰胺霜剂 2 周，可有效降低皮脂分泌量，而皮脂分泌过多是痤疮发生的重要原因。

5. 促进神经酰胺合成

烟酰胺可促进表皮细胞合成神经酰胺，神经酰胺可增强保湿能力，增加表皮通透性，这些作用有利于皮肤健康。最近的研究发现，涂搽烟酰胺可降低皮肤癌的发生风险。

动物源性食物中的烟酸多以 NAD 和 NADP 的形式存在。NAD 和 NADP 会在肠道转化为烟酰胺后被吸收。人体能利用色氨酸合成烟酸，因此色氨酸可看作烟酸的前体。

食物中的烟酸主要在小肠吸收。烟酸吸收没有明显饱和效应，成人一次摄入 4 000 毫克烟酸也会大部分被吸收。体内多余的烟酸一部分会进入红细胞，成为循环中的烟酸储备；另一部分会在肝脏代谢为吡啶酮类氧化物，经尿液排出。烟酸摄入量过大时，还会以原形经尿液排出。

人体每天需要多少烟酸?

体内烟酸的来源包括膳食中的烟酸和色氨酸。在体内每 60 毫克色氨酸可转变为 1 毫克烟酸。为了全面衡量膳食中烟酸的含量,美国医学研究所提出了烟酸当量(niacin equivalents,NE)这一概念。1 毫克烟酸当量等于 1 毫克烟酸或 60 毫克色氨酸。人体对烟酸的需求量受多种因素影响。

1. 成人

美国医学研究所推荐,成年男性每日应摄入 16 毫克烟酸当量,成年女性每日应摄入 14 毫克烟酸当量。中国营养学会推荐,18—50 岁的成年男性每日应摄入 15 毫克烟酸当量,18—50 岁的成年女性每日应摄入 12 毫克烟酸当量(表 1)。

表 1　烟酸（维生素 B₃）的推荐摄入量（毫克烟酸当量/天）

美国医学研究所			中国营养学会#		
年龄段	男性	女性	年龄段	男性	女性
0—6 个月	2*	2*	0—6 个月	2*	2*
7—12 个月	4*	4*	7—12 个月	3*	3*
1—3 岁	6	6	1—3 岁	6	6
4—8 岁	8	8	4—6 岁	8	8
9—13 岁	12	12	7—10 岁	11	10
14—18 岁	16	14	11—13 岁	14	12
19—50 岁	16	14	14—17 岁	16	13
≥51 岁	16	14	18—49 岁	15	12
			50—64 岁	14	12
			65—79 岁	14	11
			≥80 岁	13	10
孕妇≤18 岁		18	孕妇，早		+ 0
孕妇≥19 岁		18	孕妇，中		+ 0
乳母≤18 岁		17	孕妇，晚		+ 0
乳母≥19 岁		17	乳母		+ 3

　　* 为适宜摄入量（AI），其余为推荐摄入量（RDA）。+：在同年龄段人群基础上的增加值。#：中华人民共和国卫生行业标准《中国居民膳食营养素参考摄入量第 5 部分：水溶性维生素》WS/T 578.5—2018。

　　2002 年中国居民营养与健康调查显示，城乡居民每天平均摄入 14.7 毫克烟酸，其中城市居民 15.9 毫克，农村居民 14.2 毫克。2016 年美国全民健康与营养调查（NHANES）显示，成年男性每天平均摄入 31.6 毫克烟酸，成年女性每天平均摄入 21.2 毫克烟酸。大约 1% 美国成人烟酸摄入量低于推荐量。美国居民烟酸摄入量较高的原因在于，美国对谷类食物普遍实施了烟酸强化。

2. 孕妇

孕妇通过胎盘向胎儿输送烟酸，应经膳食补充更多烟酸。发生早孕反应的妇女，因剧烈呕吐影响进食，会进一步增加烟酸缺乏的风险。美国医学研究所推荐，孕妇每日应摄入 18 毫克烟酸（在同年龄段普通女性的基础上增加 4 毫克）。

尽管孕妇对烟酸的生理需求量有所增加，但根据日本学者福渡努（Tsutomu Fukuwatari）等人开展的研究，妊娠中晚期妇女将色氨酸转变为烟酸的能力明显增强。中国营养学会据此推荐，孕妇每日应摄入 12 毫克烟酸（与同年龄段普通女性相同）。

3. 乳母

乳母通过乳汁向宝宝输送烟酸，应经膳食补充更多烟酸。缺乏烟酸的妈妈乳汁中烟酸含量偏低。美国医学研究所推荐，乳母每日应摄入 17 毫克烟酸（在同年龄段普通女性的基础上增加 3 毫克）。中国营养学会推荐，乳母每日应摄入 15 毫克烟酸（在同年龄段普通女性的基础上增加 3 毫克）。

4. 婴儿

由于缺乏研究数据，目前尚不能制定婴儿烟酸的推荐摄入量（RDA），只能用适宜摄入量（AI）替代。根据美国医学研究所制定的标准，0—6个月婴儿烟酸适宜摄入量为每日2毫克，7—12个月婴儿烟酸适宜摄入量为每日4毫克。根据中国营养学会制定的标准，0—6个月婴儿烟酸适宜摄入量为每日2毫克，7—12个月婴儿烟酸适宜摄入量为每日3毫克。

5. 儿童

儿童处于快速生长发育阶段，其烟酸需求量随年龄增长变化较大。不同年龄段儿童烟酸推荐摄入量主要依据代谢体重法推算而来（表1）。

6. 老年人

烟酸在体内主要参与能量代谢，老年人能量摄入和消耗都偏低，烟酸生理需求量也偏低。根据能量摄入水平，中国营养学会推荐，50—79岁男性每日应摄入14毫克烟酸（比18—45岁男性少1毫克），80岁及以上男性每日应摄入15毫克烟酸（比18—45岁男性少2毫克）；50—45岁女性每日应摄入12毫克烟酸（与18—45岁女性相同），65—79岁女性每日应摄入11毫克烟酸（比18—45岁女性少1毫克），80岁及以上女性每日应摄入10毫克烟酸（比18—45岁女性少2毫克）。

美国医学研究所认为，尽管老年人能量摄入和消耗偏低，其烟酸需求量偏低，但老年人烟酸利用率和转换率均降低，因此推荐老年人烟酸摄入量与青壮年人相同。

哪些食物富含烟酸?

　　畜禽肉和鱼肉都含有丰富的烟酸，每餐量可提供 5 毫克—10 毫克烟酸（表 2）。肉食中的烟酸主要以 NAD 和 NADP 形式存在，其生物利用度接近 100％。

表 2　富含烟酸（维生素 B_3）的日常食物（毫克/100 克食物）

食物	烟酸含量	食物	烟酸含量
羊肝	22.1	黑米	7.9
猪肝	15.0	蘑菇	4.0
牛肝	11.9	玉米粉	2.3
鸡肝	11.9	黄豆	2.1
鸭肝	6.9	籼米	2.1
鳜鱼	5.9	小麦粉	2.0
牛肉	5.6	鲜玉米	1.8
鸡肉	5.6	小米	1.5

食物	烟酸含量	食物	烟酸含量
羊肉	4.5	豇豆	1.4
龙虾	4.3	粳米	1.3
鸭肉	4.2	土豆	1.1
鳝鱼	3.7	青椒	0.9
猪肉	3.5	红薯	0.6
带鱼	2.8	茄子	0.6
羊奶	2.1	西红柿	0.6
人奶	0.2	萝卜	0.4
酸奶	0.2	冬瓜	0.3
鸡蛋	0.2	橙子	0.3
牛奶	0.1	苹果	0.2

食物重量均以可食部分计算。数据来源：杨月欣、王光亚、潘兴昌主编：《中国食物成分表》，第二版，北京大学医学出版社，2009。

坚果、豆类和粮食中也含有烟酸，每餐量可提供 2 毫克—5 毫克烟酸。素食中的烟酸（niacin）主要以烟酸（nicotinic acid）形式存在，大部分与多糖结合，其生物利用度只有 30% 左右。粮食中的烟酸有 80% 存在于种皮中，加工时往往会被去除。

欧美国家普遍对谷类食品实施烟酸强化，强化食品成为居民烟酸摄入的主要来源。食品中添加的烟酸多为游离烟酸，其生物利用度接近 100%。

玉米玛莎粉（corn masa flour）是中南美洲居民的传统主食。其制作方法是，将干燥玉米在稀释的石灰溶液（氢氧化钙）或草木灰溶液中煮熟，然后浸泡数小时，再用清水反复漂洗后除去石灰味。这一过程称为碱化烹制法。采用碱化烹制法生产的初级食品称为玉米糁（hominy，与中国居民食用的玉米糁不同，其颗粒较大且易碎）。将玉米糁加水研磨可制成玉米粉糊，也可干燥后制成玉米玛莎粉。玉米粉糊和玉米玛莎粉都可制成多种特色食品。石 灰 和 草 木 灰 均 为 强 碱 性，可 促 进 玉 米 粒 中 半 纤 维 素（hemicellulose）降解。半纤维素是植物细胞壁的主要胶状成分，其降解后玉米粒会脱皮软化。碱性物质还会促进玉米油降解为乳化的甘油一酯和甘油二酯，使玉米中的蛋白质发生交联反应，这些化学反应有利于营养成分的吸收，尤其有利于烟酸吸收。在烟酸发现之前，世界上以玉米为主食的地区，大都发生过糙皮病，唯独以玉米玛莎粉为主食的中南美洲地区很少发生糙皮病，其原因就在于这种传统食品可促进烟酸吸收。

膳食中的色氨酸是体内烟酸的另一重要来源。氨基酸的主要作用是合成蛋白质，当人体中色氨酸超过蛋白质合成需求时，多余的色氨酸就会在肝脏转化为 NAD（烟酸活性形式）。禽肉中含有丰富的色氨酸。100 克（2 两）鸡脯肉大约含有 150 毫克色氨酸，可在体内转化为 2.5 毫克烟酸。

烟酸在常温下为白色结晶，略溶于水，在热水或碱性水溶液（碳酸钠或氢氧化钠溶液）中溶解度明显增加。烟酸具有良好的热稳定性，日常烹饪可保留食物中大部分的烟酸。

烟酸可作为药物、保健食品（膳食补充剂）和食品添加剂。烟酸缓释片（Niaspan，诺之平）每片含烟酸 500 毫克，常用于治疗高胆固醇血症。在美国，烟酸是处方最多的 277 种药物之一，每年处方量超过一百万次。作为药物的烟酸其用量远高于推荐摄入量，因此应在医生指导下服用。欧盟允许将烟酸添加到食品中，食品添加剂编号为 E375。保健食品（膳食补充剂）中维生素 B₃ 主要以烟酸（nicotinic acid）和烟酰胺的形式存在。

　　美国农业部开发的食物成分数据库可查询到常见食物的烟酸含量。中国营养学会编制的《中国食物成分表》也可查询到部分食物的烟酸含量。

哪些人容易缺乏烟酸？

天然食物大多都含有烟酸和色氨酸，色氨酸在体内可转化为烟酸，膳食均衡的人一般不会缺乏烟酸。特殊人群和某些疾病患者则可能缺乏烟酸，这些人应在评估后考虑补充烟酸。

1. 贫困人口

贫困人口和流浪者可因食物来源受限，长期食用单一食物，导致烟酸摄入不足。历史经验表明，长期以玉米或玉米制品为主食的人，如果不添加辅食，容易出现烟酸缺乏，甚至发生糙皮病。

2. 素食者和偏食者

肉食中烟酸含量丰富，素食者不吃肉、蛋、奶，容易导致烟酸摄入不足。食物在精加工过程中，其中的烟酸会大量流失，长期以加工食品为食的人容易缺乏烟酸。节食者和厌食症患者食量减少，烟酸摄入也会随之减少。

3. 酗酒者

酒精会阻碍烟酸的吸收、利用和转化。酗酒者膳食不均衡，烟酸摄入量偏低，因此容易发生烟酸缺乏。

4. 慢性病患者

消化性溃疡、慢性肠炎、克罗恩病等会影响烟酸吸收，艾滋病、肝硬化等会影响烟酸代谢，这些患者容易发生烟酸缺乏。

5. 营养不良者

色氨酸在体内转化为烟酸需要核黄素（维生素 B_2）、吡哆醇（维生素 B_6）、铁等营养素参与。当体内缺乏维生素 B_2、维生素 B_6 或铁时，色氨酸转化为烟酸受阻，这时容易出现烟酸缺乏。

6. 类癌综合征患者

类癌综合征一般由发展缓慢的胃肠肿瘤引起，这类肿瘤可释放血清素和其他代谢物质，进而引起一系列症状。患者往往有面色潮红、腹泻、低热等症状。类癌综合征患者体内的色氨酸会被优先转化为 5-羟色胺，而不是烟酸，因此容易出现烟酸缺乏。

7. 服用抗结核药的患者

治疗结核病的异烟肼和吡嗪酰胺在结构上与烟酸类似，能够竞争抑制转化烟酸的酶。另外，异烟肼会干扰烟酸活化为 NAD。长期服用抗结核药的患者容易出现烟酸缺乏，甚至发生糙皮病。

对于存在缺乏风险的人，在补充前应评估体内烟酸的营养状况。尿 N1-甲基烟酰胺和 2-吡啶酮含量可反映体内烟酸的丰缺程度，这两种指标均为烟酸的代谢产物。成人 24 小时尿 N1-甲基烟酰胺和 2-吡啶酮含量超过 17.5 微摩尔，提示体内烟酸充足；含量在 5.8 微摩尔—17.5 微摩尔之间，提示烟酸不足；含量低于 5.8 微摩尔，提示烟酸缺乏。体内 NAD 水平常随烟酸缺乏而下降，而 NADP 水平保持相对恒定，因此将红细胞中 NAD 与 NADP 浓度之比定义为烟酸指数。烟酸指数低于 1.0 提示烟酸缺乏。

烟酸在体内主要参与能量代谢，膳食中烟酸缺乏可引发糙皮病，服用过量烟酸制剂可引发胃肠道反应和面部潮红等毒副反应。

1. 烟酸缺乏的危害

烟酸严重缺乏可引发糙皮病。糙皮病又称糟皮病或癞皮病，其典型表现是皮肤受阳光照射后出现色素斑和褐色斑，严重时有开裂和水疱，反复破损和修复后皮肤变得异常粗糙，常有鳞屑形成，同时伴有烧灼感和瘙痒感。糙皮病还会出现口角炎、口腔炎、舌炎，患者常有食欲不振、恶心、呕吐和腹泻等症状。当糙皮病累及神经系统时，患者会出现抑郁、淡漠、头痛、疲劳、记忆力下降、幻觉等症状，甚至出现攻击、偏执和自杀等异常行为。糙皮病患者可因极度厌食而死亡。

在经济发达地区，糙皮病现在已非常罕见。在经济落后地区，尤其是以玉米为主食的地区，有时仍可见到糙皮病。世界卫生组织（WHO）建议，糙皮病患者每天可服用 300 毫克烟酰胺，治疗 3 到 4 周即可见效。

2. 烟酸过量的危害

目前尚未发现天然食物中烟酸的毒副作用，服用大量烟酸制剂则可能引起毒副反应。一次服用 30 毫克以上烟酸会引起面部潮红，这是由于烟酸扩张了皮肤小血管，敏感的人还会伴有面部烧热、刺痛、瘙痒等感觉。面部潮红多发生在首次服用烟酸 30 分钟后，也可发生在多次服用数天后。面部潮红会引起不适感，但对身体没有多大害处。如果同时伴有头痛、皮疹、头晕、低血压等症状，说明副反应严重。食物可延长烟酸的吸收时间，将烟酸制剂与食物一起吞服可明显减轻副反应。对烟酸反应敏感的人，从小剂量开始缓慢加量也能减轻副反应。

每日服用 1 000 毫克以上烟酸可引发严重不良反应，其中包括低血压、晕厥、四肢乏力、糖耐量异常、胰岛素抵抗、黄斑水肿、视物模糊、胃肠道反应等。服用大剂量烟酸（每日超过 3 000 毫克）有可能产生肝脏毒性，使血转氨酶水平升高，甚至引发药物性肝炎和急性肝衰竭。为了防止肝脏损伤，美国心脏病学会（ACC）和美国心脏协会（AHA）建议，服用烟酸制剂的人每 6 个月应检测血转氨酶、血尿酸、空腹血糖和糖化血红蛋白水平。如果转氨酶水平超过正常参考值上限 2 倍，应停止使用烟酸制剂。如果出现血糖升高、痛风、腹痛、房颤、皮疹、体重明显下降等症状，就应考虑停用烟酸制剂。

烟酰胺一般不引起面部潮红，其不良反应也比烟酸少见，但每天服用超过3000毫克烟酰胺可引起恶心、呕吐，引发肝功能损害。个别患者在服用烟酰胺后会出现血小板减少。

美国医学研究所根据面部潮红的发生情况，将成人烟酸可耐受最高摄入量（UL）设定为每日35毫克（表3）。尽管每天服用超过35毫克烟酰胺不会引起面部潮红，但这一上限可防止烟酰胺的潜在不良反应。因此，烟酸和烟酰胺的可耐受最高摄入量都是每日35毫克。

表3 烟酸（维生素 B₃）可耐受最高摄入量（毫克/天）

美国医学研究所			中国营养学会#		
年龄段	男性	女性	年龄段	男性	女性
0—6个月	—	—	0—6个月	—	—
7—12个月	—	—	7—12个月	—	—
1—3岁	10	10	1—3岁	10	10
4—8岁	15	15	4—6岁	15	15
9—13岁	20	20	7—10岁	20	20
14—18岁	30	30	11—13岁	25	25
19—50岁	35	35	14—17岁	30	30
≥51岁	35	35	18—49岁	35	35
			50—64岁	35	35
			65—79岁	35	35
			≥80岁	30	30
孕妇≤18岁		30	孕妇，早		+0
孕妇≥19岁		35	孕妇，中		+0

美国医学研究所			中国营养学会[#]		
年龄段	男性	女性	年龄段	男性	女性
乳母≤18 岁		30	孕妇，晚		＋0
乳母≥19 岁		35	乳母		＋0

＋：在同年龄段基础上的增加值。—：该值尚未建立。♯：中华人民共和国卫生行业标准《中国居民膳食营养素参考摄入量第 5 部分：水溶性维生素》WS/T 578.5—2018。

　　缓释片可延长烟酸的吸收时间，降低血液中药物的峰浓度，减少毒副反应的发生率。用肌醇六烟酸酯作为补充剂可防止面部潮红，但其吸收率比普通烟酸低 30％。

　　大剂量烟酸可引起胰岛素抵抗，增加肝脏葡萄糖生成量，从而升高血糖水平。研究发现，每天服用 1 500 毫克以上烟酸会明显升高血糖浓度。同时服用降糖药物和烟酸的人，应定期检测血糖水平。

烟酸是如何发现的?

　　1735 年，西班牙医生卡萨尔（Gaspar Casal）报道了一种奇怪
的皮肤病，患者手脚和面部出现圈状皮疹。由于皮疹呈现粉红色，
卡萨尔将这种病称为玫瑰病（mal de la rose）。在阿斯图里亚斯
（Asturias）地区开展的调查发现，玫瑰病好发于以玉米为主食的
农民中间。由于患者皮肤粗糙变形，这种病常被误诊为麻风病
（leprosy）。

　　18 世纪后期，欧洲大范围引种玉米，玫瑰病变得愈加普遍。
意大利医生弗拉波利（Francesco Frapolli）将这种病重新命名为糙
皮病，意思是"粗糙的皮肤"。1784 年，意大利北部出现大批糙
皮病患者，当地成立了专门收治糙皮病的医院（Legano）。

　　回顾历史发现，糙皮病在全球的流行几乎与玉米引种同步。
从西班牙蔓延到意大利、法国、罗马尼亚、土耳其、希腊和俄罗
斯南部。随后，糙皮病跟随玉米进入埃及、中部非洲和南部非洲。
在引种玉米之前，非洲居民以高粱为主食，历史上从未有过糙皮

病的记载。但奇怪的是，美洲已有数千年玉米种植史，但印第安人中从未出现糙皮病流行。

1862 年，在意大利伦巴第（Lombardia）地区开展的调查表明，250 万居民中有 39 000 例糙皮病患者，患病率高达 1.56%。1932 年，罗马尼亚记录的糙皮病患者超过 55 000 例，死亡 1 654 例。有些以黄玉米为主食的地区，糙皮病患病率甚至超过 10%。

1900 年，电力磨粉机取代水力磨粉机后，美国开始出现糙皮病患者。1906 年开始，美国南方地区糙皮病患者急剧增加。1912 年，仅南卡罗来纳州就报告了 30 000 例糙皮病，病死率高达 40%。当时细菌学方兴未艾，加之糙皮病出现暴发流行，学术界普遍认为该病为细菌感染所致。

1914 年，美国公共卫生局（PHS）委派戈德伯格（Joseph Goldberger）对糙皮病进行调查。戈德伯格发现，糙皮病好发于贫苦农民和非裔美国人中，患者多以玉米粉为主食，很少吃其他食物，与患者密切接触的医务人员和管理人员并不发病。这些现象提示，糙皮病不是感染性疾病，而是营养不良性疾病。

当时，孤儿院和收容所里营养不良问题尤为突出，糙皮病也更为多见。戈德伯格在一家孤儿院发现，340 名孤儿中竟然有 172 名罹患糙皮病。给患病孩子提供新鲜肉、蛋、奶和蔬菜，数周间就能治愈糙皮病。

糙皮病的典型病程包括皮炎（dermatitis）、腹泻（diarrhea）、痴呆（dementia）和死亡（death），因此被称为 4D 疾病（four Ds）。糙皮病患者常因认知功能受损被送进收容所。在佐治亚州收容所，戈德伯格开展了营养干预试验，将糙皮病患者随机分为两组，一组维持原来的饮食，另一组补充新鲜肉、蛋、奶和蔬菜。

两年后，补充饮食的患者全部康复，而对照组患者超过一半病情严重。

为了找到糙皮病的病因，1915 年，戈德伯格开展了饮食诱发试验。在取得当局同意后，戈德伯格在密西西比州兰金（Rankin）监狱招募受试者，参加研究的囚犯可获得刑期减免。经过严格筛选，共有 11 名健康囚犯被纳入研究。试验开始后，这些囚犯只能吃玉米粉制作的食物，没有任何肉、蛋、奶和蔬菜。六个月后，5 名受试者被确诊为糙皮病，其他受试者也出现了糙皮病的部分症状。

随着病情不断加重，囚犯们忍无可忍，纷纷要求退出，戈德伯格则坚持要求他们完成试验。由于存在明显违背医学伦理的现象，人权组织对该研究提出强烈抗议。部分政客对戈德伯格发起人身攻击；大部分学者不认可他的营养素缺乏学说，提出糙皮病之所以在美国南方流行，是因为贫困更容易引发细菌感染。

为了反驳细菌感染说，戈德伯格设计了更为直接的人体试验。1916 年，他给 16 名志愿者注射了来自糙皮病患者的血液，这些志愿者包括他自己、他的妻子、他的学生和助手。经过 7 轮注射，受试者出现了腹泻、恶心等症状，但是无人染上糙皮病。

1929 年，戈德伯格因肾癌病逝，他的学生埃尔维杰姆（Conrad Elvehjem）继续这一研究工作。1935 年，埃尔维杰姆发现，采用单纯玉米饮食能让鸡患上糙皮病，而从动物肝脏提取的滤液可医治糙皮病。为了纪念戈德伯格，埃尔维杰姆将这种滤液命名为 G 因子（G 为戈德伯格名字的首字母）。1937 年，埃尔维杰姆从动物肝脏中分离出治疗糙皮病的活性因子，将其命名为"抗糙皮病因子"（pellagra preventive），也有学者称其为"维生素

PP"。进一步分析发现，维生素 PP 的化学成分是烟酸。B 族维生素的概念确立后，烟酸被重新命名为维生素 B₃。

早在 1873 年，奥地利化学家魏德尔（Hugo Weidel）就发现，烟草中的尼古丁氧化后可生成一种新物质。在确定这种物质的化学结构后，魏德尔将其命名为 nicotinic acid（烟酸），字面意思是"尼古丁酸"。1912 年，在寻找脚气病的治疗方法时，波兰生化学家冯克曾从米糠中分离出烟酸。冯克评估后发现，烟酸对脚气病没有治疗作用，他因此放弃了对烟酸的研究。

1938 年，美国医生斯皮斯（Tom Spies）开始将烟酸用于糙皮病治疗，大批患者由此得以治愈。为了在人群中预防糙皮病，从 1942 年开始，美国开始对面粉实施烟酸强化。当时新闻媒体报道的标题是"Tobacco in Your Bread（面包中的烟草）"。这一用词不当在民众间造成很大误解，认为烟酸或富含烟酸的食物中含有尼古丁，或者烟草中含有烟酸。为了避免歧义，将 nicotinic acid（烟酸）和 vitamin（维生素）两词融合，美国医学会创造了 niacin（烟酸）这一新词。

1951 年，美国生化学家卡彭特（Kenneth Carpenter）发现，相对于其他粮食，玉米中的烟酸很难直接被人体吸收。用强碱处理玉米，能让其中结合的烟酸游离出来并被人体吸收。卡彭特的发现揭开了糙皮病仅在玉米产区流行的秘密。美洲原始玉米很硬，阿兹特克人和玛雅人习惯用碱性石灰水将玉米煮软后磨粉，这一传统加工方法使印第安人免患糙皮病。

实施面粉烟酸强化政策后，欧美国家糙皮病很快就消失了。但直到 20 世纪 70 年代，糙皮病在广大发展中国家依然是一个巨大的公共卫生问题，尤其在每年 10 月到次年 2 月的食物短缺季节。1971 年，莱索托和马拉维等南部非洲国家暴发糙皮病，有些地区患病率高达 15％。在南非班图人（Bantu）中，超过 50％的受访者有糙皮病的部分症状。近年来，随着生活水平的提高和食物多样化，糙皮病的流行规模在不断缩小，但糙皮病在酗酒者、流浪者、贫困人口和难民中仍时有发生。

第六章 胆碱（维生素B₄）

人体为什么需要胆碱？

胆碱（choline）也称维生素 B_4，是一种生物碱。人体可从头合成胆碱，但有时合成量无法满足生理需求，还须经膳食中补充。胆碱在体内主要用于合成磷脂酰胆碱和乙酰胆碱，磷脂酰胆碱是构成细胞膜的重要成分，乙酰胆碱是重要的神经递质。

1. 参与细胞膜的构成

磷脂酰胆碱（卵磷脂）是细胞膜和线粒体膜的主要构成成分。磷脂酰胆碱还是良好的表面活性物质。肺泡表面的液体就含有高水平磷脂酰胆碱，这种表面活性物质可增强肺泡的伸缩性并使其富于弹性。如果肺组织中缺乏磷脂酰胆碱，就可能引发急性呼吸窘迫综合征（ARDS）。

2. 合成神经递质

神经细胞以胆碱为原料合成乙酰胆碱，乙酰胆碱被包裹成小囊泡，在接受神经刺激后释放到突触间隙，从而在细胞间发挥信号传导作用。通过细胞间信号传导，乙酰胆碱参与学习、记忆、肌肉收缩、腺体分泌等过程。

3. 参与甲基化反应

胆碱在体内可氧化为甜菜碱，并进一步转变为 S-腺苷甲硫氨酸（SAM），SAM 参与体内多种甲基化反应，包括表观遗传中的基因调控。作为体内重要的甲基供体，SAM 参与同型半胱氨酸转变为蛋氨酸这一过程，充足的胆碱摄入有利于降低体内同型半胱氨酸水平。

4. 参与脂代谢

磷脂酰胆碱参与由甘油三酯合成极低密度脂蛋白（VLDL）这一过程。当胆碱缺乏时，大量甘油三酯堆积在肝细胞中，导致肝脏脂肪变性（脂肪肝）。研究发现，长期接受全肠外营养的患者，如果不补充胆碱就会发生脂肪肝。这一现象再次证实，尽管人体可合成胆碱，但合成量并不能满足体内需求。

5. 参与神经髓鞘形成

人体合成鞘磷脂（sphingomyelin）也需要胆碱。鞘磷脂是神经髓鞘的主要成分，神经髓鞘的作用恰如电线外面的绝缘层。如果神经纤维外面的髓鞘遭到破坏，就会出现多发性硬化（MS）和神经炎等疾病。

6. 促进生长发育

在胎儿发育过程中，需要大量卵磷脂和鞘磷脂以支持细胞的快速分裂和生长，促进神经纤维髓鞘化。在脑发育过程中，乙酰胆碱可影响祖细胞分化、神经发生、细胞迁移、突触形成等过程。乙酰胆碱对促进大脑海马的正常发育尤为重要，而海马在学习、记忆和注意力维持等方面发挥着关键作用。作为甲基供体，胆碱可促进胎盘和胎儿基因组启动子上的胞嘧啶残基完成甲基化，这种表观遗传修饰可影响基因表达，进而对机体产生持久影响。

食物中的游离胆碱主要在肠道吸收。肠道吸收胆碱需要载体蛋白SLC44A1（胆碱转运体蛋白1，CTL1）辅助完成。SLC44A1对胆碱的转运能力具有饱和效应，当胆碱摄入量超过肠黏膜载体蛋白的转运能力时，多余部分就不会被吸收。吸收的胆碱经门静脉转运到肝脏，然后经血液循环输送到全身各组织器官。未被吸收的胆碱会被肠道细菌转变为三甲胺（TMA）和甜菜碱。三甲胺经肠道吸收后在肝脏进一步转变为氧化三甲胺（TMAO）。

食物中的结合胆碱可降解为游离胆碱，然后被肠道吸收。磷酸胆碱和甘油磷酸胆碱可经磷脂酶水解为游离胆碱。小部分脂溶性胆碱化合物（磷脂酰胆碱和鞘磷脂）也会被磷脂酶水解为游离胆碱，大部分脂溶性结合胆碱会以乳糜微粒的形式经淋巴液吸收。进入人体的胆碱主要储存于肝、肾、脑等组织。肝脏是胆碱合成和代谢的主要场所。

胎盘可从母体中吸收并富集胆碱，这一机制能保证胎儿优先获得胆碱。哺乳期的乳腺可合成并富集胆碱，因此母乳中含有高水平胆碱，这一机制能保证吃母乳的宝宝获得充足胆碱。乳腺和胎盘的富集机制提示，胆碱在生长发育过程中具有非同寻常的作用。

人体可从头合成胆碱，但合成量往往无法满足生理需求。1998 年，美国医学研究所将胆碱列为人体必需的营养素，同时制定了适宜摄入量（AI）。2016 年，欧洲食品安全局（EFSA）也将胆碱列为人体必需的营养素。虽然胆碱缺乏会引起脂肪肝，但这种损害缺乏特征性，很难依据这种损害制定胆碱推荐摄入量（RDA）。目前，世界各国都用胆碱适宜摄入量替代推荐摄入量。

1. 成人

根据美国医学研究所制定的标准，成年男性胆碱适宜摄入量为每日 550 毫克，成年女性胆碱适宜摄入量为每日 425 毫克。根据中国营养学会制定的标准，成年男性胆碱适宜摄入量为每日 500 毫克，成年女性胆碱适宜摄入量为每日 400 毫克（表 1）。

表 1　胆碱（维生素 B₄）的适宜摄入量（毫克/天）

美国医学研究所			中国营养学会#		
年龄段	男性	女性	年龄段	男性	女性
0—6 月	125	125	0—6 月	120	120
7—12 月	150	150	7—12 月	150	150
1—3 岁	200	200	1—3 岁	200	200
4—8 岁	250	250	4—6 岁	250	250
9—13 岁	375	375	7—10 岁	300	300
14—18 岁	550	400	11—13 岁	400	400
19—30 岁	550	425	14—17 岁	500	400
31—50 岁	550	425	18—49 岁	500	400
51—70 岁	550	425	50—64 岁	500	400
≥71 岁	550	425	65—79 岁	500	400
			≥80 岁	500	400
孕妇≤18 岁		450	孕妇，早		+ 20
孕妇≥19 岁		450	孕妇，中		+ 20
乳母≤18 岁		550	孕妇，晚		+ 20
乳母≥19 岁		550	乳母		+ 120

　　表中所列均为适宜摄入量（AI）。＋：表示在同年龄段基础上的增加值。♯：中华人民共和国卫生行业标准《中国居民膳食营养素参考摄入量第 5 部分：水溶性维生素》WS/T 578.5—2018。

　　人体合成胆碱主要以 3 - 磷酸甘油酸（3PG）为原料，由磷脂酰乙醇胺 N - 甲基转移酶（PEMT）催化。雌激素可激活 PEMT 酶，育龄妇女体内雌激素水平较高，能够合成更多胆碱，体内胆碱需求量明显低于同龄男性。绝经后妇女体内雌激素水平骤降，胆碱合成量减少，胆碱需求量与同龄男性趋于一致。

2014 年，在上海开展的调查显示，成年男性平均每天摄入 318 毫克胆碱，成年女性平均每天摄入 289 毫克胆碱，这一水平显著低于适宜摄入量。2018 年，美国全民健康与营养调查显示，成年男性平均每天摄入 388 毫克胆碱，成年女性平均每天摄入 281 毫克胆碱。美国男性胆碱摄入水平较高的主要原因是，肉食和奶制品消费量较大。

2. 孕妇

快速生长发育的胎儿需要更多胆碱，胎盘具有富集胆碱的能力，这一机制可保证母体优先向胎儿输送胆碱，但也容易导致孕妇胆碱缺乏。根据美国医学研究所制定的标准，孕妇胆碱适宜摄入量为每日 450 毫克（在同年龄段普通女性的基础上增加 25 毫克）。根据中国营养学会制定的标准，孕妇胆碱适宜摄入量为每日 420 毫克（在同年龄段普通女性的基础上增加 20 毫克）。

3. 乳母

乳母通过乳汁向宝宝输送胆碱。妈妈体内胆碱缺乏时，乳汁中胆碱含量降低，宝宝就可能出现胆碱缺乏。根据美国医学研究所制定的标准，乳母胆碱适宜摄入量为每日 550 毫克（在同年龄段普通女性的基础上增加 125 毫克）。根据中国营养学会制定的标准，乳母胆碱适宜摄入量为每日 520 毫克（在同年龄段普通女性的基础上增加 120 毫克）。

4. 婴儿

母乳中胆碱平均含量为 160 毫克/升，1—6 个月宝宝平均每天吃奶 750 毫升，从中可获取 120 毫克胆碱。采用代谢体重法计算，7—12 个月宝宝每天摄取约 150 毫克胆碱。根据美国医学研究所制定的标准，1—6 个月宝宝胆碱适宜摄入量为每日 125 毫克，7—12 个月宝宝每日胆碱适宜摄入量为 150 毫克。根据中国营养学会制定的标准，1—6 个月宝宝胆碱适宜摄入量为每日 120 毫克，7—12 个月宝宝胆碱适宜摄入量为每日 150 毫克。

5. 儿童

儿童处于快速生长发育阶段，其胆碱需求量随年龄增长变化较大。不同年龄段儿童胆碱适宜摄入量主要依据代谢体重法推算而来（表 1）。

6. 老年人

女性绝经后，体内雌激素水平显著降低，PEMT 酶活性也降低，自身合成胆碱的能力明显下降。但老年人代谢水平有所降低，体内胆碱需求量也可能降低。根据美国医学研究所和中国营养学会制定的标准，老年人与青壮年胆碱适宜摄入量相同。

哪些食物富含胆碱？

膳食中的胆碱有脂溶性和水溶性两种形式。水溶性胆碱包括游离胆碱、磷酸胆碱、甘油磷酸胆碱等，脂溶性胆碱包括卵磷脂（磷脂酰胆碱）、鞘磷脂等。

鸡蛋、动物内脏（尤其是肝脏）、瘦肉、豆类等食物富含胆碱，其中的胆碱以磷酸胆碱为主。花椰菜和深色绿叶蔬菜也富含胆碱，其中的胆碱以游离胆碱为主（表2）。甜菜中还含有胆碱衍生物甜菜碱。在食品加工过程中，卵磷脂（磷脂酰胆碱）常用作乳化剂，这类添加剂会显著增加食品的胆碱含量。

表2　富含胆碱（维生素 B₄）的日常食物（毫克/100 克食物）

食物	胆碱含量	食物	胆碱含量
牛肝	418	大豆	116
鸡肝	290	花生	52
鸡蛋	251	西蓝花	41

食物	胆碱含量	食物	胆碱含量
培根	125	菜花	39
猪肉	103	菠菜	22
鲑鱼	95	甜玉米	22
鳕鱼	84	红薯	13
鸡肉	79	香蕉	10
牛肉	78	莴苣	10
河虾	71	南瓜	9
鲱鱼	65	胡萝卜	9
鲳鱼	65	葡萄	8
鲭鱼	50	哈密瓜	8
罗非鱼	49	生菜	7
鲈鱼	39	西红柿	7
奶酪	24	黄瓜	6
黄油	19	西瓜	4
牛奶	15	苹果	3
酸奶	15	大米	2

食物重量均以可食部分计算。数据来源：USDA National Nutrient Database。

　　哺乳女性的乳腺可合成并富集胆碱，母乳中因此含有高水平胆碱，这一机制可保证吃母乳的宝宝获得足量胆碱。母乳中的胆碱与日常食物中的不一样，日常食物（尤其是肉食）中的胆碱主要为脂溶性，母乳中的胆碱主要为水溶性，水溶性胆碱更易被宝宝吸收利用。母乳中胆碱含量在 125 毫克/升—166 毫克/升之间，其中水溶性胆碱约占乳汁总胆碱的 84%。在宝宝出生后两周内，母乳中胆碱浓度会增加一倍，之后维持相对稳定。

妈妈的饮食会影响母乳中胆碱的含量，进食富含胆碱的食物或直接补充胆碱可将母乳胆碱含量增加 20%—38%。经济发达地区母乳胆碱含量往往高于经济落后地区母乳胆碱含量，原因就是发达地区居民肉、蛋、奶消费量更大。根据中国人的传统习惯，孕妇和产妇都要喝鱼汤和鸡汤，这类食物会增加母乳中胆碱含量，有利于宝宝生长发育，尤其是神经系统的发育。

因各种原因不能吃母乳的宝宝，一般会采用配方奶粉喂养。配方奶粉中胆碱含量在 7 毫克/100 千卡—50 毫克/100 千卡之间。宝宝每天吃奶量约 780 毫升，每毫升奶热量值约为 68 千卡，宝宝每天经配方奶粉可摄入 37 毫克—265 毫克胆碱。由于参考标准不同，各品牌配方奶粉胆碱含量有些差异。市场销售的配方奶粉添加的胆碱以氯化胆碱为主，有的还添加了大豆卵磷脂。配方奶粉与母乳胆碱总含量基本相同，不同的是配方奶粉磷酸胆碱和鞘磷脂含量稍低。土耳其学者开展的研究发现，吃母乳的宝宝血游离胆碱浓度高于吃配方奶粉的宝宝，说明母乳中的胆碱更易被宝宝吸收利用。

牛奶和羊奶中也含有丰富的胆碱。就像人奶一样，动物奶中的胆碱很大一部分为水溶性，也容易被人体吸收。

作为一种季铵碱，胆碱在常温下为无色结晶，吸湿性很强，易溶于水和乙醇，不溶于氯仿、乙醚等非极性溶剂。胆碱易与酸反应生成更稳定的化合物（如氯化胆碱），遇碱后容易降解。胆碱具有热稳定性，家庭烹制的食物胆碱会大部分保存。

美国农业部开发的食物成分数据库可查询到常见食物的营养素含量，其中包括游离胆碱、磷酸胆碱、甘油磷酸胆碱、磷脂酰胆碱（卵磷脂）和鞘磷脂的含量。人体可将胆碱转变为甜菜碱，不能将甜菜碱转变为胆碱，因此甜菜碱不计入膳食胆碱含量，但甜菜碱在体内可发挥胆碱的部分作用，进而减少胆碱消耗量。美国农业部的数据库中也列出了常见食物甜菜碱的含量。

　　很多天然食物中都含有丰富的胆碱，人体也可部分合成胆碱，膳食均衡的人一般不会缺乏胆碱，但特殊人群或患者可能需要额外补充胆碱。

1. 素食者和偏食者

　　动物源性食物（肉、蛋、奶）是人体胆碱的主要来源，素食者和偏食者容易缺乏胆碱。完全素食者（vegan）因为不吃肉、蛋、奶和任何动物性食物，更容易发生胆碱缺乏。

2. 维生素 B₁₂ 或叶酸缺乏的人

　　维生素 B_{12}、叶酸和胆碱共同参与甲基化过程。人体合成胆碱时，需要维生素 B_{12} 和叶酸作为辅助因子。维生素 B_{12} 和叶酸缺乏会阻碍胆碱合成，间接导致胆碱缺乏。

3. 基因变异者

体内胆碱合成量主要由 PEMT 酶活性决定，而 PEMT 酶活性又受基因型决定。基因变异会导致 PEMT 酶活性降低或缺失，这些人更容易发生胆碱缺乏。磷脂酰胆碱参与由甘油三酯合成极低密度脂蛋白（VLDL）这一过程，PEMT 基因变异还会影响脂代谢。日本冈山大学的中塚敦子（Atsuko Nakatsuka）等学者发现，PEMT 基因变异的小鼠容易发生脂肪肝。亚甲基四氢叶酸还原酶（MTHFR）基因变异的人，甲基化过程受限，体内胆碱需求量加大，也容易发生胆碱缺乏。

4. 采用全肠外营养的人

因各种原因不能进食的人，有时会采用全肠外营养（TPN）。传统上，肠外营养一般不添加胆碱。长期接受全肠外营养的人容易因胆碱缺乏而导致脂肪肝。2012 年，美国肠外肠内营养学会（ASPEN）建议，肠外营养剂中应常规添加胆碱。

补充胆碱最佳的方法是食补。动物源性食物（肉、蛋、奶）含有丰富的胆碱，十字花科类蔬菜和豆类也含有胆碱。市场销售的胆碱补充剂有的只含胆碱，有的还含有其他维生素和微量元素。膳食补充剂每日量一般含有 10 毫克—250 毫克胆碱，其形式包括胆碱酒石酸氢盐、磷脂酰胆碱和卵磷脂等，各种形式的胆碱生物利用度相差无几。

目前，还没有合适方法用以评估体内胆碱的营养状况。胆碱缺乏的人血液胆碱、甜菜碱和磷脂酰胆碱浓度都会下降。但下降30％后，即使胆碱缺乏程度持续加重，这些指标也不会进一步改变，这与人体能部分合成胆碱有关。因此，血液胆碱水平不能代表体内胆碱的丰缺程度。

2018年，美国北卡罗来纳大学营养研究所获得国立卫生研究院（NIH）260万美元资助，该资助用于研发人体胆碱营养状况的评估方法。NIH认为，胆碱缺乏在美国人中比想象的要多很多，但目前尚缺乏可靠的检测方法。

胆碱缺乏会有哪些危害？

人类因胆碱缺乏导致疾病的情况非常罕见，原因是多数人都能从膳食中获得足量胆碱，同时人体可部分合成胆碱，只是在个别极端情况下，胆碱缺乏才会引起明显症状。

1. 脂肪肝

如果人体维持无胆碱饮食，三周后就会发生肝功能损害和肌肉损伤，分别表现为血清肝酶谱和肌酶谱升高。产生这些损伤的原因是，胆碱缺乏会减少组织中磷脂酰胆碱与磷脂酰乙醇胺的含量，从而增加细胞膜的渗透性，最终导致肌肉细胞和肝细胞破坏。如果长时间维持无胆碱饮食，就会发生肝脏脂肪变性（脂肪肝）。磷脂酰胆碱缺乏时，人体不能合成极低密度脂蛋白（VLDL），而 VLDL 的作用是将肝脏合成的脂质转运到其他组织。胆碱缺乏会导致大量脂质堆积在肝细胞中，最终引发脂肪肝。

猫和狗体内完全不能合成胆碱，这些动物对胆碱缺乏更加敏感。用无胆碱饲料喂养小狗，肝脏内会迅速蓄积大量脂肪，小狗往往会在三周内死亡。用无胆碱饲料喂养大狗，可导致低胆固醇血症、血清肝酶谱升高、脂肪肝等现象。用无胆碱饲料喂养小猫，会出现生长迟缓、发育不良和脂肪肝等现象。

2. 先天畸形

胎儿对胆碱的需求量较大，缺乏后会引起严重后果。研究发现，孕妇胆碱摄入不足会影响胎盘和脐带血中 DNA 的甲基化水平，孕妇胆碱缺乏会增加子代患神经管缺陷的风险，胆碱缺乏对胎儿的影响类似于叶酸缺乏。此外，孕妇胆碱缺乏还会增加子代患尿道下裂和先天性心脏病的风险。

3. 认知功能下降

用小鼠开展的研究发现，孕鼠胆碱摄入量会影响子代脑发育和认知功能，而且这种不良影响会维持终生。胆碱摄入不足的孕鼠，其子鼠成年后记忆力会随年龄增长下降得更明显；但在人类尚未观察到类似现象。

4. 胎盘发育不良

胎盘负责为胎儿提供营养和氧气。胎盘中复杂的脉管系统是其发挥生理作用的结构基础。最新的研究发现，胆碱营养状况可影响胎盘脉管系统的发育和物质转运模式。胆碱缺乏的孕妇，胎儿容易发生宫内生长受限（IUGR）和先兆子痫（preeclampsia）。

胆碱过量会有哪些危害？

通过天然食物一般不会摄入过量胆碱。胆碱摄入过量常见于服用含胆碱的保健食品（膳食补充剂）或药物。短期内摄入大量胆碱会引发毒副作用。

1. 臭鱼症

胆碱的代谢产物三甲胺（trimethylamine，TMA）具有臭鱼味。胆碱吸收存在饱和效应，一次摄入大量胆碱后，肠道细菌将未吸收的胆碱转化为三甲胺，而三甲胺可被肠道大量吸收。血液中三甲胺浓度大幅上升后，呼出的气、尿液、汗液和腺体分泌物会散发出臭鱼味，这种症状称为臭鱼症（fish malodor syndrome）。发生臭鱼症时，尿液中排出大量三甲胺，这种症状也称三甲胺尿症（trimethylaminuria）。

雌激素会增强体内 PEMT 酶的活性，PEMT 酶可催化胆碱合成，胆碱代谢后形成三甲胺。处于月经期的年轻女性体内雌激素水平升高，容易发生臭鱼症。服用避孕药（含有雌激素）的女性也容易发生臭鱼症。人体吸收的三甲胺（TMA）在肝脏经黄素单氧化酶3（FMO3）催化转变为氧化三甲胺（TMAO），氧化三甲胺没有臭鱼味。基因变异导致 FMO3 酶活性降低或缺失的人更容易发生臭鱼症。青年女性大量食用蛋黄、动物内脏、鱼肉、豆类等富含胆碱的食物则会诱发臭鱼症。

臭鱼症对人体健康没有危害，但发自肌肤的臭鱼味会让女性感到自卑和尴尬，从而影响她们的心理健康、人际交往和社会活动。服用小剂量抗生素（甲硝唑）杀灭部分肠道细菌，进而减少三甲胺的合成量，可有效防治臭鱼症。维生素 B_2（核黄素）可增强 FMO3 酶的活性，也有利于防治臭鱼症。

2. 低血压

胆碱可增强迷走神经张力、舒张小动脉，因此服用大剂量胆碱（超过 7.5 克）会引起轻度低血压。服用降压药物的患者，这种反应更加明显。成人每天服用 8 克以上胆碱还会导致恶心、呕吐、腹泻等症状。

3. 心血管损害

胆碱在体内可转化为三甲胺和氧化三甲胺。动物研究发现，不论三甲胺还是氧化三甲胺都可促进动脉粥样硬化的发生和发展，因此，有学者担心胆碱摄入过量会增加心脑血管病的风险。但另一方面，胆碱代谢产物甜菜碱可促进同型半胱氨酸转化为蛋氨酸，进而降低血同型半胱氨酸水平，因此胆碱可能有降低心脑血管病的风险。

目前尚无法判定膳食胆碱会增加还是降低心脑血管病的风险。根据现有证据，胆碱即使能影响心脑血管病，其作用也微乎其微。瘦肉和海鲜会升高体内氧化三甲胺的水平，有人据此提出瘦肉和海鲜会引发心脑血管病，这种观点相当片面，因为瘦肉和海鲜中还含有多种有利于心血管健康的营养成分。

过量胆碱会产生毒副作用，其摄入量不应超过可耐受最高摄入量（UL）。根据美国医学研究所制定的标准，成人胆碱可耐受最高摄入量为每日 3 500 毫克。根据中国营养学会制定的标准，成人胆碱可耐受最高摄入量为每日 3 000 毫克（表3）。

表3　维生素 B₄（胆碱）可耐受最高摄入量（毫克/天）

美国医学研究所			中国营养学会#		
年龄段	男性	女性	年龄段	男性	女性
0—6 个月	—	—	0—6 个月	—	—
7—12 个月	—	—	7—12 个月	—	—
1—3 岁	1 000	1 000	1—3 岁	1 000	1 000
4—8 岁	1 000	1 000	4—6 岁	1 000	1 000
9—13 岁	2 000	2 000	7—10 岁	1 500	1 500
14—18 岁	3 000	3 000	11—13 岁	2 000	2 000
19—50 岁	3 500	3 500	14—17 岁	2 500	2 500
≥51 岁	3 500	3 500	18—49 岁	3 000	3 000
			50—64 岁	3 000	3 000

美国医学研究所			中国营养学会#		
年龄段	男性	女性	年龄段	男性	女性
			65—79 岁	3 000	3 000
			≥80 岁	3 000	3 000
孕 妇 ≤ 18 岁		3 000	孕妇，早		+ 0
孕 妇 ≥ 19 岁		3 500	孕妇，中		+ 0
乳 母 ≤ 18 岁		3 000	孕妇，晚		+ 0
乳 母 ≥ 19 岁		3 500	乳母		+ 0

　　+：在同年龄段基础上的增加值。—：该值尚未建立。#：中华人民共和国卫生行业标准《中国居民膳食营养素参考摄入量第 5 部分：水溶性维生素》WS/T 578. 5—2018。

胆碱是如何发现的？

19 世纪的科学家热衷于发现生物体内的各种化学成分。1845年，法国药剂师哥布利（Theodore Gobley）从蛋黄中分离出一种物质，并将其命名为"lecithine"（英文 lecithin），这一词源于希腊语"lekithos"（卵），中文直译为"卵磷脂"。

1862 年，德国图宾根大学教授斯特雷克（Adolph Strecker）从猪胆汁中提取出一种生物碱。根据来源，斯特雷克将其命名为"choline"，希腊语意思是"胆汁中的生物碱"，中文直译为"胆碱"。此后的分析发现，卵磷脂的化学成分就是磷脂酰胆碱。

1865 年，德国药理学家利布雷克（Oscar Liebreich）在人脑中发现一种新分子，并将其命名为"神经胺"（neurine）。但进一步分析发现，神经胺其实就是胆碱。尽管利布雷克没有发现新物质，但他的研究提示胆碱可能参与脑内的神经活动。

1921 年之前，科学家尚不知道神经细胞之间是如何传导信息的。奥地利格拉茨大学洛伊（Otto Loewi）教授发现，当迷走神经受到刺激时会分泌一种物质，他称之为"迷走神经素"（vagusstoff）。英国威康研究所（Wellcome Research Laboratories）的戴尔（Henry Dale）教授则发现，从真菌中分离出一种化合物可产生类似神经刺激的作用。这种化合物含有一个胆碱分子，戴尔将其命名为乙酰胆碱。听说洛伊的研究结果后，戴尔马上意识到"迷走神经素"可能就是乙酰胆碱。1936年，洛伊和戴尔因发现神经递质获得诺贝尔生理学或医学奖。

卵磷脂（磷脂酰胆碱）是细胞膜的重要构成成分，乙酰胆碱是重要的神经递质，但胆碱究竟是不是维生素却迟迟没有定论。1934年，加拿大多伦多大学贝斯特（Charles Best，胰岛素的发现者之一）教授发现，切除胰腺的狗会发生脂肪肝（肝脏脂肪变性），而卵磷脂和胆碱都可治愈脂肪肝。其他学者用狗、鸡、大鼠开展的实验证实，胆碱缺乏会导致骨发育异常和内出血等疾病。这些研究结果表明，部分动物体内不能合成胆碱，须经膳食持续补充，此后胆碱被命名为维生素 B_4。

但进一步的研究发现，人体可从头合成胆碱，只是合成量无法满足生理需求，胆碱最多是类维生素或准维生素。猫和狗完全不能合成胆碱，对这些动物而言，胆碱才是真正的维生素。

1977年，美国北卡罗来纳大学儿科医生蔡塞尔（Steven Zeisel）偶然发现，新生儿血胆碱浓度显著高于成人。蔡塞尔提出，乳腺可合成并富集胆碱，然后通过乳汁将胆碱输送给宝宝。后来的研究证实了他的观点，而母乳中确实含有高水平胆碱。早期的配方奶粉中胆碱含量很低，蔡塞尔的发现改变了生产标准，此后婴儿配方奶粉中胆碱含量都与母乳持平。

进一步的研究发现，胎盘也可富集胆碱，进而将其输送给胎儿。乳母通过胎盘和乳腺向宝宝输送大量胆碱，这在生理学上究竟会有什么意义？哥伦比亚大学的一对夫妻学者——威廉姆斯（Christina Williams）和梅克（Warren Meck）对此展开了深入研究。他们用幼鼠开展的实验表明，出生前后补充胆碱会促进记忆力，而这种作用会维持终生。作为一种表观遗传修饰剂，胆碱可调节脑内某些基因的表达，进而增强海马神经元的新生能力，而海马是参与学习和记忆的重要脑区。

1991 年，蔡塞尔发现，成年男性长时间采用低胆碱饮食会引发脂肪肝和肌肉损伤，恢复均衡饮食后这种损伤会很快恢复。雌激素可诱导 PEMT 基因表达，增强 PEMT 酶的活性。育龄妇女膳食中缺乏胆碱一般不会发生脂肪肝和肌肉损伤。绝经后妇女体内雌激素大幅下降，膳食中缺乏胆碱就会出现脂肪肝和肌肉损伤。男性和绝经后妇女更需要通过膳食补充胆碱。

　　卵磷脂是由甘油磷脂类有机物组成的混合物，其成分包括磷脂酰胆碱（phosphatidylcholine, PC）、磷脂酰乙醇胺（phosphatidyleth-anolamine, PE）、磷脂酰肌醇（phosphatidylinositol, PI）、磷脂酰丝氨酸（phosphatidylserine, PS）、磷脂酸（phosphatidic acid, PA）等。卵磷脂中的成分可为人体提供胆碱来源。

　　1845 年，法国药剂师哥布利首次从蛋黄中分离出卵磷脂。1874 年，哥布利确立了卵磷脂的化学成分为磷脂酰胆碱。哥布利还发现，卵磷脂存在于动物血液、胆汁、精液、肺、脑等组织中。

　　蛋黄、牛奶、菜籽、棉籽、葵花子中含有丰富的卵磷脂。卵磷脂易溶于酒精（乙醇）、丙酮等有机溶剂，难溶于水。卵磷脂是一种优良的乳化剂。在水溶液中，卵磷脂可形成水包油型（O/W）微粒体，这种微粒体具有亲水性质，进而形成稳定的混悬液（乳液）。因此，食品中常加入卵磷脂作为乳化剂，化妆品中常加入卵磷脂作为保湿剂。

很多家庭主妇做饭时会因食物粘锅而苦恼，防粘喷剂（nonstick cooking spray）有效地解决了这一难题。防粘喷剂的有效成分就是卵磷脂。1957 年，美国厨师迈耶霍夫（Arthur Meyerhoff）偶然发现卵磷脂能防止食物粘锅。1959 年，迈耶霍夫与鲁宾（Leon Rubin）成立了 PAM 公司，专门生产防粘喷剂。PAM 代表 Products of Arthur Meyerhoff，也就是迈耶霍夫的产品。

采用水化脱胶技术可从植物油中提取卵磷脂，提取卵磷脂的原料主要是大豆油，这种卵磷脂也称大豆卵磷脂。2000 年，欧盟要求在食品外包上标示转基因食品的溯源代码；2011 年，欧盟又要求在食品标签上标示过敏源。目前全球所产大豆约 80％为转基因大豆，而且大豆中有三种过敏源（均为大豆 S3 球蛋白）。这些限制促使生产商用葵花子油提取卵磷脂。检测发现，大豆卵磷脂和葵花子卵磷脂成分基本一样。

市场销售的大豆卵磷脂主要成分包括 33％—35％豆油、20％—21％磷脂酰肌醇、19％—21％磷脂酰胆碱、8％—20％磷脂酰乙醇胺、5％—11％其他磷脂、5％碳水化合物、2％—5％甾醇、1％水。除了用于食品添加和化妆品，卵磷脂还用于动物饲料和制药。

口服或皮肤外用卵磷脂的安全性很高。口服卵磷脂没有生殖毒性和致畸性。导致过敏的大豆 S3 球蛋白会在提取卵磷脂时被去除，皮肤外用卵磷脂没有刺激性，一般也不会引发过敏反应。卵磷脂会促进亚硝胺形成，亚硝胺是一种致癌物。口红或唇膏使用后有部分被吞食，这类化妆品会增加亚硝胺的摄入。

在国际上，卵磷脂是一种明星，其销量长期位居保健类食品前列。商家声称卵磷脂的功效多达几十种，其中包括抗衰老、抗疲劳、增强记忆力、增强智力、增强免疫力、降低血胆固醇水平、防治动脉粥样硬化、防治老年性痴呆等，但这些宣称的功效并未被循证医学证实。

有学者认为，卵磷脂是一种乳化剂，有助于溶解乳腺导管中的脂肪颗粒，因此可用于治疗乳腺导管阻塞引起的乳腺炎。国际母乳会（La Leche League, LLL）曾建议用卵磷脂防治阻塞性乳腺炎，但这一疗法同样缺乏循证依据。

大豆卵磷脂可降低血清胆固醇和甘油三酯水平，提升高密度脂蛋白（HDL，"好胆固醇"）水平。从这一作用机制分析，大豆卵磷脂有助于预防动脉粥样硬化。但是，卵磷脂可被肠道细菌转化为三甲胺（TMA）和氧化三甲胺（TMAO）。这一作用机制反而会促进动脉粥样硬化发展。最近还有研究提示，摄入大量卵磷脂可能会引发抑郁症。

动物源性食物（肉、蛋、奶）含有丰富的卵磷脂，蛋黄中卵磷脂含量可达干重的10%。可见，通过日常食物可轻易获得大量卵磷脂，完全没有必要购买昂贵的保健食品（膳食补充剂）。

美国《食品、药品和化妆品法》规定，保健食品（膳食补充剂）无须经食品药品监督管理局评估即可上市。这就是说，在保健食品上市前，生产商无须证明其安全性和有效性。正是利用这一法律条款，商家往往依据遥不可及的科学证据甚至理论推测，无限夸大保健食品的功效，刻意隐瞒保健食品的潜在危害，这种商业风气也在其他国家盛行。几十年来，被吹捧的保健食品此起彼落，其创造的销售额每年高达4 000亿美元，卵磷脂就是保健神话中的一个。

第七章 泛酸（维生素 B_5）

人体为什么需要泛酸？

泛酸（pantothenic acid）也称遍多酸或维生素 B₅，是一种水溶性维生素。泛酸的化学成分是 3 - 吡啶羧酸酰胺，在体内主要参与辅酶 A 和酰基载体蛋白（ACP）的构成。人体不能合成泛酸，须经膳食持续补充。

1. 参与能量代谢

泛酸参与辅酶 A 的构成，而辅酶 A 是人体中 70 多种酶的辅助因子，其主要作用是参与能量代谢。

2. 影响蛋白质构象

蛋白质分子的立体结构会影响其生物活性。蛋白质二级结构是指其分子中某段肽链的局部空间构象，其形式包括 α 螺旋、β折叠、β转角、无规卷曲等。蛋白质三级结构是指其分子中多肽链在二级结构的基础上相互配置而形成特定构象。辅酶 A 可修饰蛋白质的二级和三级结构，进而增强其稳定性和生物活性。

3. 参与脂代谢

泛酸参与酰基载体蛋白的构成，酰基载体蛋白参与脂肪酸合成酶的构成，脂肪酸合成酶催化脂肪酸和类固醇合成反应。从理论上分析，泛酸具有调节血脂的作用。2005 年开展的荟萃分析表明，高脂血症患者每天服用 900 毫克泛酸，持续 13 周后，血甘油三酯水平下降 32.9%，血总胆固醇水平下降 15.1%，血低密度脂蛋白（LDL）水平下降 20.1%，而高密度脂蛋白（HDL）水平升高 8.4%。

4. 皮肤保湿

泛醇是泛酸的醇类似物，泛醇外用可进入皮肤和黏膜，然后迅速氧化为泛酸，而泛酸与水结合后可发挥皮肤保湿作用。在化妆品和制药行业，泛醇常被添加到软膏、乳液、洗发剂、洗鼻剂、鼻喷雾剂、滴眼剂、隐形眼镜清洗液中。含有泛醇和尿素霜的外用软膏可治疗晒伤、烧伤、皮肤外伤和皮肤病。研究发现，泛醇能减轻皮肤瘙痒，抑制皮肤炎症反应，增强皮肤弹性，加快表皮伤口愈合。

5. 润发

泛醇（维生素原 B₅）可覆盖在头发表面并发挥封闭作用，在润发的同时使头发光泽鲜亮。洗发液往往会加入泛醇，其浓度一般在 0.1%—1% 之间。

食物中的泛酸多以辅酶 A 和酰基载体蛋白的形式存在。辅酶 A 和酰基载体蛋白均须转化为游离泛酸才能被肠道吸收。泛酸在肠道的吸收具有饱和效应，这就是说，肠道中泛酸浓度越高，其吸收率就越低。日常食物中的泛酸大约有 50% 会被吸收。当泛酸摄入量增加到日常摄入量 10 倍时，只有约 10% 会被吸收。大肠中的细菌可合成泛酸，但大肠吸收能力有限，细菌合成并非人体泛酸的主要来源。

人体中的泛酸主要参与辅酶 A 和酰基载体蛋白的构成。在代谢过程中，泛酸可从辅酶 A 和酰基载体蛋白中游离出来，体内多余的泛酸会经尿液排出。成人每天经尿液排出约 2.6 毫克泛酸。尿液泛酸排出量与膳食泛酸摄入量密切相关。如果刻意去除食物中的泛酸，尿液泛酸含量会降低到零。

人体每天需要多少泛酸？

泛酸是一种水溶性维生素，体内泛酸存储量很少，必须经膳食持续补充。由于缺乏研究数据，目前世界各国都没有制定泛酸的推荐摄入量（RDA），而用适宜摄入量（AI）替代。

1. 成人

根据美国医学研究所制定的标准，成人泛酸适宜摄入量为每日5毫克。根据中国营养学会制定的标准，成人泛酸的适宜摄入量为每日5毫克（表1）。

表1　泛酸的适宜摄入量（毫克/天）

美国医学研究所			中国营养学会[#]		
年龄段	男性	女性	年龄段	男性	女性
0—6个月	1.7	1.7	0—6个月	1.7	1.7

美国医学研究所			中国营养学会#		
年龄段	男性	女性	年龄段	男性	女性
7—12 个月	1.8	1.8	7—12 个月	1.9	1.9
1—3 岁	2.0	2.0	1—3 岁	2.1	2.1
4—8 岁	3.0	3.0	4—6 岁	2.5	2.5
9—13 岁	4.0	4.0	7—10 岁	3.5	3.5
14—18 岁	5.0	5.0	11—13 岁	4.5	4.5
19—50 岁	5.0	5.0	14—17 岁	5.0	5.0
≥51 岁	5.0	5.0	18—49 岁	5.0	5.0
			≥50 岁	5.0	5.0
孕妇≤18 岁		6.0	孕妇，早		6.0
孕妇≥19 岁		6.0	孕妇，中		6.0
乳母≤18 岁		7.0	孕妇，晚		6.0
乳母≥19 岁		7.0	乳母		7.0

表中所列均为适宜摄入量（AI）。#：中华人民共和国卫生行业标准《中国居民膳食营养素参考摄入量第 5 部分：水溶性维生素》WS/T 578.5—2018。

　　2000 年美国全民健康与营养调查表明，成人平均每天摄入 6.0 毫克泛酸。2010 年日本全民健康与营养调查（NHNS）表明，成人平均每天摄入 4.5 毫克泛酸。2009 年，在甘肃兰州开展的调查表明，孕早期妇女平均每天摄入 8.0 毫克泛酸。

2. 孕妇

　　孕妇通过胎盘向胎儿输送泛酸，孕妇应经膳食适当增加泛酸摄入。泛酸缺乏时，母体会优先将泛酸输送给胎儿，这样会导致母体血泛酸水平下降。根据美国医学研究所制定的标准，孕妇泛酸适宜摄入量为每日6.0毫克（在同年龄段普通女性的基础上增加1.0毫克）。根据中国营养学会制定的标准，孕妇泛酸适宜摄入量为每日6.0毫克（在同年龄段普通女性的基础上增加1.0毫克）。

3. 乳母

乳母通过乳汁向宝宝输送泛酸，乳母应经膳食适当增加泛酸摄入。乳母体内泛酸缺乏时，乳汁中泛酸含量降低，宝宝就可能出现泛酸缺乏。根据美国医学研究所制定的标准，乳母泛酸适宜摄入量为每日7.0毫克（在同年龄段普通女性的基础上增加2.0毫克）。根据中国营养学会制定的标准，乳母泛酸适宜摄入量为每日7.0毫克（在同年龄段普通女性的基础上增加2.0毫克）。

4. 婴儿

母乳中泛酸平均含量为2.2毫克/升，1—6个月宝宝平均每天吃奶750毫升，从中可获取1.7毫克泛酸。采用代谢体重法计算，7—12个月宝宝每天摄取泛酸约1.9毫克。根据美国医学研究所制定的标准，1—6个月宝宝泛酸适宜摄入量为每日1.7毫克，7—12个月宝宝泛酸适宜摄入量为每日1.8毫克。根据中国营养学会制定的标准，1—6个月宝宝泛酸适宜摄入量为每日1.7毫克，7—12个月宝宝泛酸适宜摄入量为每日1.9毫克。

5. 儿童

儿童处于快速生长发育阶段，其体内泛酸需求量随年龄增长变化较大。不同年龄段儿童泛酸适宜摄入量主要依据代谢体重法计算而来（表1）。

6. 老年人

根据美国医学研究所和中国营养学会制定的标准，老年人泛酸适宜摄入量与青壮年人相同。

哪些食物富含泛酸?

泛酸广泛存在于动物、植物和微生物体内，因此称泛酸
（pantothenic acid），pantothenic 的字面意思是到处都有。在动物源
性食物中，海鲜、畜禽肉、禽蛋、乳制品都含有丰富的泛酸，动物
肝脏泛酸含量尤其丰富。在植物源性食物中，蔬菜、豆类、坚果含
有丰富的泛酸。发酵食品和食用菌（蘑菇）也含有高水平泛酸（表
2）。天然食物中的泛酸约有一半（40％—61％）可被人体吸收。

表 2　富含泛酸的日常食物（毫克/100 克食物）

食物	泛酸含量	食物	泛酸含量
牛肝	9.8	蘑菇	1.2
鸡肉	1.5	花生	1.1
金枪鱼	1.4	甜玉米	1.1
猪肉	1.4	土豆	0.7
鸡蛋	1.4	板栗	0.6

食物	泛酸含量	食物	泛酸含量
鲑鱼	1.4	西葫芦	0.6
青鱼	1.1	核桃	0.6
鲱鱼	1.0	红薯	0.5
羊肉	1.0	黄豆	0.5
石斑鱼	0.9	山药	0.5
三文鱼	0.9	四季豆	0.5
鳕鱼	0.9	面粉	0.5
牛肉	0.7	橙子	0.3
罗非鱼	0.6	大米	0.3
酸奶	0.4	竹笋	0.2
生蚝	0.3	樱桃	0.2
鲳鱼	0.3	胡萝卜	0.2
鲈鱼	0.2	西红柿	0.1

食物重量均以可食部分计算。数据来源：USDA National Nutrient Database。

　　稻谷中含有丰富的泛酸，但泛酸主要存在于稻壳（米糠）、胚芽和糊精层中。在稻米精加工过程中，米糠、胚芽和糊精层被去除，精米泛酸含量很低，而糙米泛酸含量较高。小麦中也含有丰富的泛酸，但泛酸主要存在于麸皮和胚芽中，在面粉精加工过程中，麸皮和胚芽被去除，精粉泛酸含量很低，粗制面粉泛酸含量较高。同样，在加工玉米粉的过程中，玉米中的泛酸也会大量流失。世界卫生组织（WHO）建议，为补偿制粉过程中的流失，建议每千克玉米粉添加 4.2 毫克泛酸，泛酸强化一般采用泛酸钙。

　　给畜禽饲料添加泛酸可提高肉、蛋、奶的泛酸含量。欧洲食品安全局（EFSA）批准将泛酸钙加入动物饲料中。其中，猪饲料中泛酸的许可添加量为 8 毫克/千克—20 毫克/千克，鸡饲料中泛酸的许可添加量为 10 毫克/千克—15 毫克/千克，鱼饲料中泛酸的许可添加量为 30 毫克/千克—50 毫克/千克。

泛酸有弱酸性，易溶于水和乙醇，不溶于苯和氯仿。泛酸在酸性和碱性环境中都不稳定，遇热和遇光则容易降解。日常烹饪的食物泛酸可大部保存，但高温烹煮的食物泛酸会被大量破坏。食物中加入大量食醋（pH 值低于 5）或碱性调味品（pH 值高于 7）也会大量破坏泛酸。

在食品加工过程中，泛酸的损失率可高达 80%，但有些加工食品会刻意加入泛酸。中华人民共和国《食品安全国家标准：食品营养强化剂使用标准》（GB14880—2012）规定，泛酸可添加到即食谷物（包括碾轧燕麦片）、碳酸饮料、风味饮料、茶饮料、固体饮料、果冻中。其中，燕麦片中添加泛酸的许可量为 30 毫克/千克—50 毫克/千克。

多种维生素补充剂、复合维生素 B 制剂一般都含有泛酸。保健食品（膳食补充剂）和药物中的泛酸大部分为泛酸钙，少部分为泛硫乙胺（pantethine），泛硫乙胺在体内可转化为泛酸。选择泛酸钙或泛硫乙胺的原因在于，其化学稳定性和热稳定性显著高于泛酸。保健食品（膳食补充剂）的泛酸每片含量在 10 毫克—1 000 毫克之间。泛酸的吸收存在饱和效应，补充大量泛酸并不能被肠道全部吸收。

美国农业部开发的食物成分数据库列出了常见食物的营养素含量，其中包括泛酸含量。

天然食物中含有丰富的泛酸，膳食均衡的人极少出现泛酸缺乏。泛酸和生物素（维生素 B₇）是人类最不容易缺乏的水溶性维生素，但基因突变或特殊饮食环境会导致泛酸缺乏。

1. PANK2 基因突变者

泛酸激酶（PANK）是合成辅酶 A 和磷酸泛酸的关键酶。泛酸激酶 2（PANK2）基因突变会降低泛酸激酶的活性，使泛酸难以转化为辅酶 A，导致体内辅酶 A 缺乏，进而出现泛酸缺乏的相关症状。

2. 服用特殊药物的人

高泛酸钙（calcium homopantothenate）是一种泛酸拮抗剂，在

神经系统可发挥乙酰胆碱样作用。作为药物，高泛酸钙曾在日本用于治疗阿尔茨海默病（老年性痴呆）。临床观察发现，长期服用高泛酸钙会导致体内泛酸缺乏。

3. 营养不良的人

第二次世界大战期间，日军将盟军战俘关押在东南亚、中国东北和台湾等地。由于极度营养不良，很多战俘出现了脚部麻木和疼痛等症状。根据当时的报道，患者食用发酵食品，如马麦酱（marmite）可有效缓解症状，这些发酵食品中含有丰富的泛酸。二战结束后，印度医生葛帕兰（Colothur Gopalan）研究后认为，战俘中出现的症状是因泛酸、核黄素、烟酸、硫胺素缺乏所致。

4. 长期以加工食品为食的人

深加工食品中泛酸含量低，长期以这类食品为食的人，可能导致泛酸摄入不足。

对于存在缺乏风险的人，在补充前应评估体内泛酸的营养状况。24 小时尿泛酸含量可反映体内泛酸的丰缺程度。成人 24 小时尿泛酸含量约为 2.6 毫克，含量低于 1 毫克提示短期内泛酸摄入不足。

全血泛酸浓度也可反映体内泛酸的丰缺程度，但测量前须用酶消化血液样本，这样才能使泛酸从辅酶 A 中解离出来。全血泛酸浓度的正常值范围在 1.6 微摩尔/升—2.7 微摩尔/升之间，低于 1 微摩尔/升提示体内泛酸缺乏。血浆中的泛酸会进入红细胞内，仅测量血浆水平不能反映体内泛酸的丰缺程度。

泛酸缺乏会有哪些危害？

泛酸存在于几乎所有天然食物中，膳食均衡的人一般不会出现泛酸缺乏，因此单纯泛酸缺乏症极其罕见。严重营养不良者可伴有泛酸缺乏，这时其他营养素缺乏导致的症状会掩盖泛酸缺乏的表现。文献报道的泛酸缺乏症，多由无泛酸饮食或服用泛酸拮抗剂诱发。

1. 灼热足综合征

第二次世界大战期间，被日军关押的战俘中流行灼热足综合征（burning feet syndrome）。患者出现脚部麻木和灼热感，往往伴有多种营养素缺乏，但只有补充泛酸才能治愈这种特殊病症，这种现象提示灼热足综合征与泛酸缺乏有关。

2. 抑郁和精神不振

20 世纪 50 年代，美国爱荷华大学医生比恩（William Bean）和同事采用低泛酸饮食同时服用泛酸抑制剂的方法，在志愿者中成功诱发出了泛酸缺乏症。这些志愿者表现为抑郁、精神不振、乏力、恶心、食欲下降、肢体远端感觉异常、心律不齐、体位性低血压、反复呼吸道感染等。

3. 肝性脑病

长期服用高泛酸钙可诱发肝性脑病，其机制是肝脏无法清除体内毒素而导致脑功能异常。补充泛酸可逆转这种肝性脑病，这一疗效提示，高泛酸钙引发的这种副作用很可能与体内泛酸缺乏有关。

4. 多组织损伤

大鼠缺乏泛酸会损害肾上腺，小鼠缺乏泛酸会出现皮毛灰变和运动耐力下降，猴子缺乏泛酸会出现贫血，狗缺乏泛酸会出现低血糖和肢体抽搐，鸡缺乏泛酸会出现皮炎、羽毛异常和神经损伤。补充泛酸完全可逆转这些症状。

5. 神经变性病

PANK2 基因突变的人，体内泛酸激酶活性降低，泛酸难以转化为辅酶 A，进而导致遗传性泛酸激酶相关的神经变性病（PKAN）。PKAN 的病理特点是脑组织中有大量铁沉积，导致神经细胞变性坏死。PKAN 患者的主要症状包括视觉异常、智力下降、言语困难、行为异常和人格障碍等，有些患者还会出现肌张力障碍和肌肉痉挛。这种疾病进展迅速，患者最后会出现严重残疾。PKAN 是因为体内泛酸不能转化为辅酶 A，而不是因为泛酸缺乏，补充泛酸不能改善症状。

天然食物中的泛酸相当安全，目前尚没有因服用过量泛酸而中毒的报道。美国医学研究所没有建立泛酸的可耐受最高摄入量（UL）。有研究发现，服用超大剂量泛酸（每天 10 克以上）会出现轻度腹泻和胃肠不适。

泛酸是如何发现的?

1931 年，美国生物化学家威廉姆斯（Roger Williams）发现，酵母菌生长离不开一种酸性营养素，这种物质普遍存在于动植物体内。1933 年，威廉姆斯将这种物质命名为泛酸（pantothenic acid），在希腊语中"pantothen"是"无处不在"的意思。中文将"pantothenic acid"直译为"泛酸"，有时也译为"遍多酸"。

1936 年，在美国加利福尼亚大学系统工作的英国生物化学家朱克斯（Thomas Jukes）发现，动物肝脏和米糠中存在一种酸性营养素。这种物质不会被富勒土（Fuller' earth）吸附，朱克斯将其命名为"过滤因子"（filtrate factor）。小鸡缺乏"过滤因子"会引起皮炎，大鼠缺乏"过滤因子"会影响生长发育。进一步的分析证实，"过滤因子"就是泛酸。

1939 年，威廉姆斯和同事从 250 千克羊肝中提取出 3 克泛酸（纯度约 40％）。1940 年，在默克公司（Merck and Company）工作的生物化学家福克斯（Karl Folkers）通过降解法确定了泛酸的化学结构。

1946 年，任职于美国麻省总医院（Massachusetts General Hospital）的德国犹太裔生物化学家李普曼（Fritz Lipmann）发现辅酶 A（CoA）。辅酶 A 是泛酸在体内的活性形式，肝细胞中磺酰基类物质乙酰化、神经元中胆碱乙酰化都离不开辅酶 A。辅酶 A 中的 A 就是指乙酰化（acetylation）。

早在 1937 年，德国生物化学家克雷布斯（Hans Krebs）发现了细胞内能量代谢的三羧酸循环（也称柠檬酸循环或克雷布斯循环），从而揭示了生命体中最重要的化学反应序列。辅酶 A 的发现完善了三羧酸循环理论。1953 年，李普曼与克雷布斯共同获得诺贝尔医学或生理学奖。

1964 年，伊拉克裔美国生化学家瓦基勒（Salih Wakil）发现了泛酸的第二种活性形式酰基载体蛋白（ACP），这种蛋白是脂肪酸合成酶的重要构成部分。

在泛酸的发现过程中，曾有研究者将其命名为维生素 B₃，原因是命名者不知道烟酸已被命名为维生素 B₃。此后，美国营养学会（American Society for Nutrition）根据发现次序，将烟酸确定为维生素 B₃，将泛酸确定为维生素 B₅。但早前发表的大量研究论文无法逐一更正，维生素 B₃ 和 B₅ 经常在引用者中引起混乱。为了避免误解，目前学术界更多使用烟酸和泛酸这些化学名称，而不使用 B₃ 和 B₅ 这些维生素名称。

第八章 维生素 B_6

人体为什么需要维生素 B_6？

维生素 B_6 又称吡哆素，包括吡哆醇（pyridoxine）、吡哆醛（pyridoxal）及吡哆胺（pyridoxamine）。三种吡哆素在体内多以磷酸酯的形式存在，其重要作用就是参与能力代谢。其中，磷酸吡哆醛（PLP）和磷酸吡哆胺（PMP）是维生素 B_6 的活性形式。人体不能合成维生素 B_6，须经膳食持续补充。

1. 参与能量代谢

作为150多种酶的辅酶或辅助因子，维生素 B_6 在体内广泛参与糖和脂肪代谢，为各种生理活动提供能量。

2. 参与氨基酸代谢

维生素 B_6 在体内参与丙氨酸、天门冬氨酸、精氨酸、半胱氨酸、赖氨酸、异亮氨酸等氨基酸的转氨基过程，参与酪氨酸、组氨酸、色氨酸、多巴等氨基酸的脱羧基过程。

3. 参与神经递质合成

在神经系统中，维生素 B_6 参与 5 - 羟色胺（5 - HT）、多巴胺、肾上腺素、去甲肾上腺素和 γ - 氨基丁酸（GABA）五种神经递质的合成。胎儿和婴幼儿缺乏维生素 B_6 会影响脑发育。

4. 参与神经髓鞘形成

维生素 B_6 还参与神经鞘磷脂合成，神经鞘磷脂是神经髓鞘的主要成分，神经髓鞘充当神经纤维外面的电绝缘体，其结构破坏后就会引发神经炎、多发性硬化、癫痫等疾病。

5. 参与同型半胱氨酸代谢

维生素 B_6 是胱硫醚合成酶和胱硫醚酶的辅酶，这些酶参与催化由蛋氨酸生成半胱氨酸的反应，维生素 B_6 的营养状态会影响血同型半胱氨酸水平。

6. 参与硒代谢

硒蛋氨酸是硒在体内发挥作用的主要形式，硒蛋氨酸的吸收、分解、合成、利用都需要维生素 B_6 作为辅助因子。

7. 参与烟酸合成

人体可将色氨酸转化为烟酸，这一过程需要维生素 B_6 参与。

8. 增强免疫功能

维生素 B_6 可促进淋巴细胞和白介素 2 的生成，进而影响免疫功能。维生素 B_6 还参与组胺合成。

9. 参与血红蛋白合成

琥珀酰辅酶 A（ALA）是体内血红蛋白合成过程中的第一种酶，维生素 B_6 以 ALA 辅酶的形式参与血红蛋白合成。

人体每天需要多少维生素 B₆？

维生素 B₆ 是一种水溶性维生素，在体内的存储量很少，须经膳食持续补充。人体对维生素 B₆ 的需求量受多种因素影响。

1. 成人

美国医学研究所推荐，19—50 岁成人，每日应摄入 1.3 毫克维生素 B₆。中国营养学会推荐，18—49 岁成人，每日应摄入 1.4 毫克维生素 B₆（表 1）。

表 1　维生素 B₆ 的推荐摄入量（毫克/天）

美国医学研究所			中国营养学会[#]		
年龄段	男性	女性	年龄段	男性	女性
0—6 个月	0.1*	0.1*	0—6 个月	0.2*	0.2*
7—12 个月	0.3*	0.3*	7—12 个月	0.4*	0.4*

美国医学研究所			中国营养学会#		
年龄段	男性	女性	年龄段	男性	女性
1—3 岁	0.5	0.5	1—3 岁	0.6	0.6
4—8 岁	0.6	0.6	4—6 岁	0.7	0.7
9—13 岁	1.0	1.0	7—10 岁	1.0	1.0
14—18 岁	1.3	1.2	11—13 岁	1.3	1.3
19—50 岁	1.3	1.3	14—17 岁	1.4	1.4
≥51 岁	1.7	1.5	18—49 岁	1.4	1.4
			≥50 岁	1.6	1.6
孕妇≤18 岁		1.9	孕妇，早		2.2
孕妇≥19 岁		1.9	孕妇，中		2.2
乳母≤18 岁		2.0	孕妇，晚		2.2
乳母≥19 岁		2.0	乳母		1.7

* 为适宜摄入量（AI），其余为推荐摄入量（RDA）。#：中华人民共和国卫生行业标准《中国居民膳食营养素参考摄入量第 5 部分：水溶性维生素》WS/T 578.5—2018。

2018 年美国全民健康与营养调查显示，成年男性平均每天摄入 2.67 毫克维生素 B_6，成年女性平均每天摄入 1.74 毫克维生素 B_6。2009 年，在广东省开展的调查发现，成人平均每天摄入 1.14 毫克维生素 B_6。有限的数据提示，中国居民维生素 B_6 摄入水平较低。

2. 孕妇

孕妇通过胎盘向胎儿输送维生素 B_6。当摄入不足时，母体会

优先将维生素 B_6 输送给胎儿，这样会导致母体血液中磷酸吡哆醛浓度降低。因此，孕妇应经膳食适当增加维生素 B_6 摄入，充足的维生素 B_6 摄入又能减轻早孕反应。美国医学研究所推荐，18 岁及以下孕妇每日应摄入 1.9 毫克维生素 B_6（在同年龄段普通女性的基础上增加 0.7 毫克），19 岁及以上孕妇每日应摄入 1.9 毫克维生素 B_6（在同年龄段普通女性的基础上增加 0.6 毫克）。中国营养学会推荐，孕妇每日应摄入 2.2 毫克维生素 B_6（在同年龄段普通女性的基础上增加 0.8 毫克）。

3. 乳母

乳母通过乳汁向宝宝输送维生素 B_6。乳母体内维生素 B_6 缺乏时，乳汁中维生素 B_6 含量降低，宝宝就可能发生维生素 B_6 缺乏。美国医学研究所推荐，18 岁及以下乳母每日应摄入 2.0 毫克维生素 B_6（在同年龄段普通女性的基础上增加 0.8 毫克），19 岁及以上乳母每日应摄入 2.0 毫克维生素 B_6（在同年龄段普通女性的基础上增加 0.7 毫克）。中国营养学会推荐，乳母每日应摄入 1.7 毫克维生素 B_6（在同年龄段普通女性的基础上增加 0.3 毫克）。

4. 婴儿

母乳中维生素 B_6 平均含量为 0.24 毫克/升，1—6 个月宝宝平均每天吃奶 750 毫升，从中可获取 0.18 毫克维生素 B_6。采用代谢体重法计算，7—12 个月宝宝每天摄取维生素 B_6 约 0.35 毫克。根据美国医学研究所制定的标准，1—6 个月宝宝维生素 B_6 适宜摄入量为每日 0.1 毫克，7—12 个月宝宝维生素 B_6 适宜摄入量为每日 0.3 毫克。根据中国营养学会制定的标准，1—6 个月宝宝维生素 B_6 适宜摄入量为每日 0.2 毫克，7—12 个月宝宝维生素 B_6 适宜摄入量为每日 0.4 毫克。

5. 儿童

儿童处于快速生长发育阶段，其体内维生素 B_6 需求量随年龄增长变化较大。不同年龄段儿童维生素 B_6 推荐摄入量主要依据代谢体重法计算而来（表1）。

6. 老年人

很多老年人血同型半胱氨酸水平升高，进而增加了心脑血管病的风险。维生素 B_6 在体内参与同型半胱氨酸代谢，增加维生素 B_6 有利于降低血同型半胱氨酸水平。美国医学研究所推荐，51 岁及以上男性每日应摄入 1.7 毫克维生素 B_6（比 19—50 岁男性增加 0.4 毫克），51 岁及以上女性每日应摄入 1.5 毫克维生素 B_6（比 19—50 岁女性增加 0.2 毫克）。中国营养学会推荐，50 岁及以上成人每日应摄入 1.6 毫克维生素 B_6（比 18—49 岁成人增加 0.2 毫克）。

哪些食物富含维生素 B_6？

天然食物中的维生素 B_6 有六种形式：吡哆醇、吡哆醛、吡哆胺、磷酸吡哆醇、磷酸吡哆醛和磷酸吡哆胺。在肠道中，磷酸吡哆醇、磷酸吡哆醛和磷酸吡哆胺经去磷酸化反应，分别转变为游离吡哆醇、吡哆醛、吡哆胺后被吸收。人体对维生素 B_6 的吸收能力很强，从日常食物中吸收的维生素 B_6 远超生理需求。

大多数天然食物中都含有维生素 B_6，其中鱼肉、瘦肉、动物内脏、鸡蛋、豆类、坚果、根茎类蔬菜、水果（柑橘类除外）含有丰富的维生素 B_6（表 2）。食物中的维生素 B_6 大约有 75％ 可被人体吸收利用。水果、蔬菜和谷物中的吡哆醇大部分以糖基化形式存在，其吸收率较低。

表 2　富含维生素 B₆ 的日常食物（毫克/100 克食物）

食物	维生素 B₆ 含量	食物	维生素 B₆ 含量
牛肝	1.1	开心果	1.6
金枪鱼	1.1	大蒜	1.2
鹅肉	1.0	葵花子仁	0.8
羊肉	1.0	板栗	0.7
鸡肝	0.9	花生	0.5
猪肉	0.8	核桃	0.5
三文鱼	0.8	榛子	0.5
鹅肝	0.8	扁豆	0.5
鹿肉	0.7	大豆	0.4
鲑鱼	0.5	杏仁	0.4
乳鸽	0.5	南瓜	0.3
牛肉	0.5	土豆	0.3
鲱鱼	0.5	香蕉	0.3
鸡肉	0.4	大米	0.2
青鱼	0.4	洋葱	0.2
鸭蛋	0.3	红薯	0.2
鸡蛋	0.2	豆腐	0.2
牛奶	0.1	葡萄干	0.2
酸奶	0.1	西红柿	0.1

食物重量均以可食部分计算。数据来源：USDA National Nutrient Database。

维生素 B₆ 是一组水溶性维生素，易溶于水及乙醇，在酸性溶液中相对稳定。维生素 B₆ 遇光、遇碱都易破坏。吡哆醇、吡哆醛和吡哆胺在高温时均易分解。因此，食物中的部分维生素 B₆ 经高温烹饪后会被破坏。烹饪时加入少量食醋有利于保存食物中的维

生素 B_6，加入苏打（碳酸钠）等碱性物质则会破坏维生素 B_6。

植物体内的维生素 B_6 大多以吡哆醇的形式存在，动物体内的维生素 B_6 大多以吡哆醛和吡哆胺的形式存在。吡哆醇的化学稳定性远高于吡哆醛和吡哆胺，植物源性食物中的维生素 B_6 在烹饪时损失较少，动物源性食物中的维生素 B_6 在烹饪时损失较多。

在食品加工和存储过程中，其中的维生素 B_6 丢失率超过 50％。采用脱水干燥法生产奶粉，其中的维生素 B_6 丢失率高达 70％。冷冻和罐装食品经复温处理，其中的维生素 B_6 已丢失殆尽。

保健食品（膳食补充剂）和药物中的维生素 B_6 大多以吡哆醇的形式存在，少部分以磷酸吡哆醛的形式存在。维生素 B_6 补充剂有胶囊、片剂和口服液等形式。作为药物的维生素 B_6 每片剂量一般为 10 毫克，保健食品（膳食补充剂）每片维生素 B_6 含量一般在 1 毫克—10 毫克之间。补充大剂量维生素 B_6 后，尽管大部分可被吸收，但体内多余的维生素 B_6 很快会经尿液排出。

美国农业部开发的食物成分数据库可查询到常见食物的营养素含量，其中包括维生素 B_6 含量。

哪些人容易缺乏维生素 B_6？

很多天然食物都含有维生素 B_6，膳食均衡的人一般不会缺乏维生素 B_6。部分慢性病患者和酗酒者可能会缺乏维生素 B_6，须经膳食或补充剂增加维生素 B_6 摄入。

1. 慢性病患者

慢性消化道疾病，如乳糜泻、克罗恩病、溃疡性结肠炎等可引起维生素 B_6 吸收不良，进而导致维生素 B_6 缺乏。慢性肾病会加快体内维生素 B_6 的排出，进而导致维生素 B_6 缺乏。类风湿关节炎、系统性红斑狼疮等自身免疫性疾病会增加体内维生素 B_6 的消耗，进而导致维生素 B_6 缺乏。慢性感染和炎症会加重维生素 B_6 缺乏，维生素 B_6 缺乏反过来又会加重感染和炎症反应。遗传性胱氨酸尿症患者体内维生素 B_6 代谢障碍，也会出现维生素 B_6 缺乏。

2. 酗酒者

酒精（乙醇）在体内会转化为乙醛，乙醛会促进磷酸吡哆醛（维生素 B_6 的活性形式）降解，因此酗酒者容易发生维生素 B_6 缺乏。

3. 服用特殊药物的人

丙戊酸钠、卡马西平、苯妥英钠等抗癫痫药会加速维生素 B_6 的分解代谢，降低血磷酸吡哆醛浓度，引起高同型半胱氨酸血症。高同型半胱氨酸血症反过来又会促进癫痫发作，增加心脑血管病的风险。因此，服用抗癫痫药物期间应适当补充维生素 B_6。有研究发现，每天服用 200 毫克以上维生素 B_6，可加速药物代谢，降低苯妥英和苯巴比妥等抗癫痫药物的血浓度。因此，癫痫患者补充维生素 B_6 后，应监测血药浓度，根据血药浓度及时调制药物用量。

维生素 B_6 可减轻某些药物的毒副作用。抗癫痫药左乙拉西坦会产生烦躁、情绪不稳定、抑郁等毒副反应。有研究发现，每天补充 50 毫克—100 毫克维生素 B_6 可显著减轻左乙拉西坦的毒副反应。

茶碱常用于治疗慢性肺病引起的呼吸困难。茶碱会降低血磷酸吡哆醛浓度，并产生神经毒性，诱发癫痫发作。长期服用茶碱的人应注意补充维生素 B_6。

4. 长期以加工食品为食的人

食品在加工过程中，其中的维生素 B_6 会丧失殆尽，长期以加工食品为食的人易发生维生素 B_6 缺乏。

对于存在缺乏风险的人，在补充前应评估体内维生素 B_6 的营养状况。血磷酸吡哆醛（PLP）水平可反映体内维生素 B_6 的丰缺程度，成人血磷酸吡哆醛浓度高于 30 毫摩尔/升，提示体内维生素 B_6 充足；血磷酸吡哆醛浓度低于 20 毫摩尔/升，提示体内维生素 B_6 不足。

维生素 B_6 在体内代谢为 4-吡啶氧酸后随尿液排出，经食物摄入的维生素 B_6 大约有 40%—60% 被氧化为 4-吡啶氧酸。维生素 B_6 严重缺乏的人，尿液中检测不到 4-吡啶氧酸。因此可测定 24 小时尿 4-吡啶氧酸含量以评估体内维生素 B_6 的丰缺程度。

单纯的维生素 B_6 缺乏症极为少见。维生素 B_6 缺乏往往与其他 B 族维生素缺乏同时发生，这时多种 B 族维生素缺乏的症状会叠加存在。

1. 皮炎、舌炎、口角炎

维生素 B_6 在体内主要参与能量代谢，严重维生素 B_6 缺乏者可出现皮炎、舌炎、口角炎等病症，轻度缺乏者可能数月甚至数年都没有症状。

2. 神经炎

维生素 B_6 参与神经鞘磷脂合成，缺乏时会出现周围神经炎，在儿童中则会引起癫痫发作和听力受损。

3. 抑郁症

维生素 B_6 参与 5 -羟色胺、多巴胺、肾上腺素、去甲肾上腺素和 γ -氨基丁酸等神经递质的合成。维生素 B_6 严重缺乏可引发抑郁症。临床研究发现，补充多种维生素（包括维生素 B_6）可降低抑郁症的发病率，减轻抑郁症的严重程度。

4. 经前期综合征

经前期综合征（PMS）是在月经前出现情绪低落、乳房胀痛、食欲下降、疲劳、易怒、健忘、腹胀、多汗、手脚冰凉、皮肤粉刺等症状。大约 20%—30% 的育龄妇女曾患经前期综合征。有研究发现，服用维生素 B_6 可有效缓解经前期综合征。

5. 高同型半胱氨酸血症

维生素 B_6、B_9（叶酸）、B_{12} 在体内参与同型半胱氨酸代谢，因此有学者认为这些 B 族维生素有利于预防心脑血管病。心脏结局预防评估研究 II（HOPE 2）发现，每天补充 50 毫克维生素 B_6、2.5 毫克叶酸、1 毫克维生素 B_{12}，5 年后可显著降低血同型半胱氨酸水平，并将脑卒中风险降低 25%。但这一研究结果尚未被其他临床试验所证实。

6. 硒缺乏

维生素 B_6 参与硒蛋氨酸代谢，维生素 B_6 缺乏会加重硒缺乏的症状。

7. 烟酸缺乏

维生素 B_6 参与烟酸代谢，维生素 B_6 缺乏会加重烟酸（维生素 B_3）缺乏的症状。

8. 血淋巴细胞减少症

维生素 B_6 参与淋巴细胞的生成和白介素-2合成。维生素 B_6 缺乏者血淋巴细胞计数会减少。

9. 贫血

维生素 B_6 是琥珀酰辅酶 A（ALA）的辅酶，琥珀酰辅酶 A 参与血红蛋白合成。维生素 B_6 缺乏会加重缺铁引起的小细胞低色素性贫血。

10. 早孕反应

维生素 B_6 缺乏会加重早孕反应。早孕反应主要表现为恶心、呕吐和食欲不振，大约有一半孕妇会出现明显早孕反应。临床研究证实，补充维生素 B_6 可缓解早孕反应。美国妇产科医师学会（ACOG）建议，早孕反应明显的孕妇可服用维生素 B_6（每天 10 毫克—25 毫克）以缓解恶心、呕吐等症状。孕妇在服用维生素 B_6 前应咨询医生，因为这一剂量已接近可耐受最高摄入量（UL）。

通过食物摄取大量维生素 B_6 一般不会引起不良反应。每天口服 1000 毫克以上吡哆醇，维持 12 个月以上，会引发共济失调（身体平衡能力下降）和感觉神经病，其症状的严重程度与剂量有关。当出现神经系统症状后停用吡哆醇，症状通常会很快消失。大剂量维生素 B_6 的其他毒副反应还包括肢体痛、皮肤光敏性损伤、恶心、胃烧灼感等。

美国医学研究所将成人维生素 B_6 可耐受最高剂量设定为每日 100 毫克。欧洲经济共同体食品科学委员会（SCF）将成人维生素 B_6 可耐受最高摄入量设定为每日 25 毫克。澳大利亚和新西兰将成人维生素 B_6 可耐受最高摄入量设定为每日 50 毫克。中国营养学会将成人维生素 B_6 可耐受最高摄入量设定为每日 60 毫克（表 3）。目前尚没有证据表明维生素 B_6 具有致畸性，世界各国设定的成人维生素 B_6 可耐受最高摄入量同样适用于孕妇和乳母。

表 3　维生素 B_6 可耐受最高摄入量（毫克/天）

美国医学研究所			中国营养学会[#]		
年龄段	男性	女性	年龄段	男性	女性
0—6 个月	—	—	0—6 个月	—	—
7—12 个月	—	—	7—12 个月	—	—
1—3 岁	30	30	1—3 岁	20	20

美国医学研究所			中国营养学会#		
年龄段	男性	女性	年龄段	男性	女性
4—8 岁	40	40	4—6 岁	25	25
9—13 岁	60	60	7—10 岁	35	35
14—18 岁	80	80	11—13 岁	45	45
19—50 岁	100	100	14—17 岁	55	55
≥51 岁			18—49 岁	60	60
			≥50 岁	60	60
孕妇≤18 岁		80	孕妇，早		+ 0
孕妇≥19 岁		100	孕妇，中		+ 0
乳母≤18 岁		80	孕妇，晚		+ 0
乳母≥19 岁		100	乳母		+ 0

　　+：在同年龄段基础上的增加值。—：该值尚未建立。#：中华人民共和国卫生行业标准《中国居民膳食营养素参考摄入量第 5 部分：水溶性维生素》WS/T 578.5—2018。

维生素 B₆ 是如何发现的?

20 世纪上半叶是维生素集中发现的年代。按照发现时间,用字母和数字依次进行命名。截至 1932 年,有两种 B 族维生素被发现,分别被命名为维生素 B_1(硫胺素)和维生素 B_2(核黄素)。

英国生化学家彼得斯(Rudolph Peters)用含维生素 B_1 和 B_2 的基础食物饲养大鼠,动物出现了明显的皮肤损伤,主要表现为爪子、口唇、鼻子和耳朵等处红肿、脱屑,这些表现与人类肢端疼痛症(acrodynia)类似。如果给饲料中加入酵母提取物,则能完全预防肢端疼痛症。彼得斯据此提出,酵母中含有可防治肢端疼痛症的营养素,他将这种营养素命名为维生素 B_4。

当时多数学者认为,彼得斯制作的大鼠模型不能代表人类肢端疼痛症,因此不认可他的研究结果。这种模型最初由戈德伯格建立,用于研究糙皮病。迫于外界压力,彼得斯撤回了发现维生素 B_4 的声明。

然而,德国生化学家哲尔吉继续就这一问题展开研究。哲尔吉证实，给肢端疼痛症大鼠补充酵母提取物可明显缓解其症状。如果去除酵母中的硫胺素和核黄素，再将其添加到基础饲料中，虽然大鼠肢体不再出现红肿和脱屑，但会出现抽搐和发育迟缓。哲尔吉据此提出，酵母中存在一种新的营养素，这种营养素缺乏可引起神经损伤。1934 年，哲尔吉将这种营养素命名为维生素 B_6。锲而不舍的科学精神让哲尔吉成为维生素 B_6 的发现者，彼得斯则在批评声浪中放弃了这一巨大荣誉。

1938 年，波兰裔美国生化学家列普科夫斯基（Samuel Lepkovsky）从米糠中分离出维生素 B_6。1939 年，美国生化学家哈里斯（Stanton Harris）和福克斯（Karl Folkers）确定了维生素 B_6 的化学结构为吡哆醇，同年合成吡哆醇。1945 年，美国生化学家斯内尔（Esmond Snell）发现了维生素 B_6 的另外两种化学形式，吡哆醛和吡哆胺。

在发现之初，吡哆醇曾被命名为抗皮炎因子（adermin）。1945 年，美国生物化学家学会（Society of Biological Chemists）将这种营养素的名称确定为维生素 B_6。

1954 年，出于预防细菌感染的目的，有些美国家庭用高压锅蒸煮母乳、牛奶和配方奶后喂养宝宝。很多宝宝随后出现了躁动和癫痫发作，甚至有宝宝因癫痫持续状态而死亡。调查发现，高温高压处理会破坏奶制品中的维生素 B_6，导致宝宝因维生素 B_6 严重缺乏而发病。这是第一次因食物处理不当，导致维生素 B_6 缺乏在人群中暴发的案例。

第九章 生物素（维生素 B_7）

生物素也称维生素 B₇，其化学成分是 6 氢-2-氧代-1H-噻吩并 [3，4-d] 咪唑-4-戊酸，这是一种双杂环含硫化合物。生物素在体内的主要作用是以辅酶形式参与能量代谢。人体不能合成生物素，须经膳食持续补充。

1. 参与糖和氨基酸代谢

在人体中，生物素是五种羧化酶（丙酰辅酶 A 羧化酶、丙酮酸羧化酶、甲基巴豆酰辅酶 A 羧化酶、乙酰辅酶 A 羧化酶Ⅰ和乙酰辅酶 A 羧化酶Ⅱ）的辅助因子。这些羧化酶主要参与催化葡萄糖和氨基酸的代谢反应。发根、皮肤和黏膜等组织代谢活跃，生物素摄入充足才能保证皮肤和毛发健康。

2. 参与脂代谢

生物素是乙酰辅酶 A 羧化酶的辅助因子，乙酰辅酶 A 羧化酶 I 参与脂肪酸合成，乙酰辅酶 A 羧化酶 II 参与脂肪酸分解。

3. 参与基因调控

生物素可与组蛋白上的赖氨酸残基结合，这一过程称为组蛋白生物素化。组蛋白是染色质中的主要蛋白质，组蛋白生物素化可影响人体 2 000 多个基因的表达，还参与 DNA 损伤后的修复。研究发现，膳食中生物素含量会影响体内组蛋白生物素化。

4. 参与血糖调控

用小鼠开展的实验发现，生物素缺乏会影响血糖调控能力，加重糖尿病症状。一项小型临床试验观察到，给糖尿病患者每天补充 9 毫克生物素，持续一个月后可使空腹血糖水平降低 45%。但生物素的降糖作用尚未被其他研究证实。

血液中的生物素有 80% 以游离形式存在，其他部分与蛋白质结合。生物素被吸收后广泛分布于全身组织，在肝、肾中含量最高。体内多余的生物素大部分以原形随尿液排出，少部分代谢为生物素硫氧化物或双降生物素后随尿液排出。

人体每天需要多少生物素？

成人肝脏中大约储存有 1 500 微克—4 500 微克生物素，但即使在生物素耗竭的情况下，人体也不轻易动用肝内储存，因此须经膳食持续补充。人体对生物素的需求受多种因素影响。

1. 成人

现有研究证据不足以制定生物素推荐摄入量（RDA），只能根据人群摄入水平制定适宜摄入量（AI）。根据美国医学研究所制定的标准，成人生物素适宜摄入量为每日 30 微克。根据中国营养学会制定的标准，成人生物素适宜摄入量为每日 40 微克（表 1）。

表1　生物素的适宜摄入量（微克/天）

美国医学研究所			中国营养学会#		
年龄段	男性	女性	年龄段	男性	女性
0—6个月	5	5	0—6个月	5	5
7—12个月	6	6	7—12个月	9	9
1—3岁	8	8	1—3岁	17	17
4—8岁	12	12	4—6岁	20	20
9—13岁	20	20	7—10岁	25	25
14—18岁	25	25	11—13岁	35	35
19—50岁	30	30	14—17岁	40	40
≥51岁	30	30	18—49岁	40	40
			≥50岁	40	40
孕妇≤18岁		30	孕妇，早		40
孕妇≥19岁		30	孕妇，中		40
乳母≤18岁		35	孕妇，晚		40
乳母≥19岁		35	乳母		50

　　#：中华人民共和国卫生行业标准《中国居民膳食营养素参考摄入量第5部分：水溶性维生素》WS/T 578.5—2018。

　　美国居民每天生物素摄入量约在35微克—70微克之间。2002年开展的中国居民膳食营养与健康状况调查表明，城乡居民每天生物素摄入量为40微克，其中女性为38.7微克，男性为43.8微克。

2. 孕妇

　　孕妇通过胎盘向胎儿输送生物素。有研究发现，妇女怀孕后尿液中生物素含量降低，提示体内生物素需求增加，但这一结果尚未被其他研究证实。根据美国医学研究所制定的标准，孕妇生物素适宜摄入量为每日 30 微克（与同年龄段普通女性相同）。根据中国营养学会制定的标准，孕妇生物素适宜摄入量为每日 40 微克（与同年龄段普通女性相同）。

3. 乳母

乳母通过乳汁向宝宝输送生物素。乳母体内生物素缺乏时，乳汁中生物素含量降低，宝宝就可能出现生物素缺乏。根据美国医学研究所制定的标准，乳母生物素适宜摄入量为每日 35 微克（在同年龄段普通女性的基础上增加 5 微克）。根据中国营养学会制定的标准，乳母生物素适宜摄入量为每日 50 微克（在同年龄段普通女性的基础上增加 10 微克）。

4. 婴儿

母乳中生物素平均含量为 6 微克/升，1—6 个月宝宝平均每天吃奶 750 毫升，从中可获取 4.5 微克生物素。采用代谢体重法计算，7—12 个月宝宝每天大约摄取 9 微克生物素。根据美国医学研究所制定的标准，1—6 个月宝宝生物素适宜摄入量为每日 5 微克，7—12 个月宝宝生物素适宜摄入量为每日 6 微克。根据中国营养学会的标准，1—6 个月宝宝生物素适宜摄入量为每日 5 微克，7—12 个月宝宝生物素适宜摄入量为每日 9 微克。

5. 儿童

儿童处于快速生长发育阶段，其体内生物素需求量随年龄增长变化较大。不同年龄段儿童生物素适宜摄入量主要依据代谢体重法计算而来（表1）。

6. 老年人

根据美国医学研究所和中国营养学会的标准，老年人生物素适宜摄入量与青壮年人相同。

哪些食物富含生物素？

许多天然食物都含有生物素，肉、蛋、坚果、甘薯等生物素含量尤其丰富（表 2）。同类食物生物素含量有时会有很大差异，原因是蔬菜、水果、谷物中的生物素含量会随季节改变。

表 2　富含维生素 B₇ 的日常食物（微克/100 克食物）

食物	生物素含量	食物	生物素含量
鸡肝	187.2	大豆	19.3
牛肝	41.6	花生	17.5
蛋黄	27.2	葵花子	7.8
鸡蛋	21.4	杏仁	4.4
酵母	20.0	蘑菇	2.2
奶酪	1.4	红薯	1.5
鸡肉	1.3	草莓	1.5
鲇鱼	0.7	鳄梨	1.0

食物	生物素含量	食物	生物素含量
火鸡	0.7	西蓝花	0.9
金枪鱼	0.7	芹菜	0.8
三文鱼	0.6	西红柿	0.7
鲑鱼	0.6	菠菜	0.4
猪肉	0.5	葡萄干	0.4
酸奶	0.2	香蕉	0.3
牛奶	0.1	玉米	0.1
葡萄酒	0.1	土豆	0.1
啤酒	0.1	苹果	0.02

食物重量均以可食部分计算。数据来源：Staggs CG, Sealey WM, McCabe BJ, Teague AM, Mock DM. Determination of the biotin content of select foods using accurate and sensitive HPLC/avidin binding. J Food Compost Anal. 2004;17(6):767-776。

　　生物素微溶于水和乙醇，不溶于其他常见的有机溶剂。生物素耐热和耐光，在酸性环境中比较稳定，但遇碱或氧化剂则易分解。煮粥时加入碳酸氢钠（小苏打）或碳酸钠（苏打）可增加香味和黏稠度，但会破坏其中的部分生物素。食品在加工过程中，其中的生物素会大量流失。

　　鸡蛋蛋清中存在一种碱性糖蛋白，可与生物素发生紧密结合并使其失活，这种糖蛋白因此被称为抗生物素蛋白（avidin），也被称为亲和素或卵白素。每个鸡蛋约含 180 微克抗生物素蛋白，可结合 3 微克生物素。生鸡蛋中的抗生物素蛋白会阻碍食物中生物素的吸收和利用，因此鸡蛋和其他禽蛋都不宜生吃。鸡蛋加热超过 85℃，其中的抗生物素蛋白会大部分变性破坏；鸡蛋煮沸 4 分钟，抗生物素蛋白就会完全灭活。

20 世纪前叶开展的研究发现，用生鸡蛋喂养的大鼠会出现脱毛、毛发断裂、皮肤损伤等症状，其原因是生鸡蛋中的卵白素阻碍了生物素的吸收。研究者据此推测，人体缺乏生物素会引起指甲变形、白发、脱发和皮肤损伤，此后生物素被用于防治脱发和白发。由此可以推知，那些希望通过生吃鸡蛋实现养颜美容的人，其结果可能适得其反。

最近，美国食品药品监督管理局更新了食品标签法。从 2021 年 1 月 1 日起，所有包装食品的营养标签上必须标注生物素含量。FDA 制定的 4 岁及以上人群每日生物素的参考摄入量（DV）为 30 微克。如果每份食物（per serve）所含生物素超过参考摄入量的 20%（6 微克），则认为这种食物富含生物素。

多种维生素、复合维生素 B 制剂一般都含有生物素。生物素也可单独作为保健食品（膳食补充剂）或药物。多种维生素每片一般含生物素 30 微克，这与成人适宜摄入量相当。

食物中的生物素大部分与蛋白质结合，少部分以游离形式存在。胃肠中的蛋白酶和生物素酶可使生物素与蛋白质分离，形成游离生物素并被小肠吸收。日常食物中的生物素吸收率较低，谷物中的生物素吸收率只有 20%，玉米中的生物素吸收率稍高。如果生物素和蛋白质之间的化学键不能被消化酶打开，这种结合生物素就无法被肠道吸收，这是粮食中生物素吸收率偏低的主要原因。口服生物素制剂的吸收率接近 100%，即使每天服用 20 毫克生物素也不影响其吸收率，这说明肠道对生物素的吸收没有饱和效应。肠道细菌可合成生物素，但对体内生物素的来源贡献不大。

哪些人容易缺乏生物素?

生物素广泛存在于动植物体内，膳食均衡的人一般不会出现生物素缺乏，特殊疾病患者和长期酗酒可能因生物素吸收障碍导致生物素缺乏。

1. 酗酒者

酒精可阻碍生物素的吸收，长期酗酒者血清生物素浓度明显偏低，因此应通过膳食或补充剂增加生物素的摄入量。

2. 经常生吃鸡蛋的人

鸡蛋清中含有抗生物素蛋白（卵白素），这种糖蛋白会使生物素失活。长期生吃鸡蛋的人容易出现生物素缺乏。

3. 生物素酶缺乏症

生物素酶缺乏症是一种罕见遗传病，由于消化液中缺乏生物素酶，食物中的结合生物素不能解离，进而无法被胃肠吸收，导致患者体内生物素缺乏。如果不进行治疗，生物素酶缺乏症患者会出现各种神经和皮肤损伤的症状，严重时会导致昏迷或死亡。生物素酶缺乏症患者自出生后就需要持续补充大剂量生物素。部分发达国家会对新生儿进行普查，以确定宝宝是否患有生物素酶缺乏症，以便及时展开治疗。

4. 生物素-硫胺素反应性基底节病

生物素-硫胺素反应性基底节病（BTRBGD），是由编码硫胺素转运蛋白2（THTR-2）的基因突变引起的遗传病。患儿常在三四岁时出现嗜睡、共济失调、肌张力障碍、构音障碍、癫痫发作、意识障碍、精神错乱等症状。研究发现，用生物素（每天5毫克/千克—10毫克/千克体重）可有效缓解患儿症状，早期诊断后立即使用生物素和硫胺素往往能拯救患儿生命。

5. 多发性硬化症患者

多发性硬化症（MS）是一种自身免疫性疾病，其病理特征是神经髓鞘破坏，进而发生神经元坏死。由于生物素参与髓鞘合成，有研究者认为，生物素可逆转多发性硬化症的神经损害。一项随机对照研究发现，相对于安慰剂，多发性硬化症患者每天口服 300 毫克生物素，持续 48 周后可明显缓解症状。

6. 服用特殊药物的人

卡马西平、去氧苯巴比妥（扑痫酮）、苯妥英钠、苯巴比妥（鲁米那）、丙戊酸钠等抗癫痫药物可明显降低血生物素水平，原因是这些药物可抑制生物素在肠道的吸收，加速生物素在体内的分解代谢。长期服用这些药的人体内容易缺乏生物素。

健康人血清生物素浓度在 133 pmol/L—329 pmol/L 之间。口服大量生物素可增加血清中生物素及其代谢产物的浓度。但生物素轻度缺乏时，血清生物素水平并不会降低。因此，血清浓度并不是衡量生物素丰缺程度的理想指标。成人 24 小时尿生物素含量在 18 nmol—127 nmol 之间，尿液生物素浓度可反映体内生物素的丰缺程度。评估生物素营养状况最可靠的指标是白细胞中生物素化的甲基巴豆酰辅酶 A 羧化酶（MCC）和丙酰辅酶 A 羧化酶的活性。

生物素缺乏会有哪些危害？

由于天然食物中普遍含有生物素，生物素缺乏导致的特殊疾病非常少见，主要累及皮肤、黏膜和神经系统。

1. 皮炎、结膜炎、结肠炎

生物素缺乏会导致皮肤黏膜营养不良，出现皮炎、结膜炎、结肠炎等疾病。生物素缺乏者口周、眼周、鼻周会出现脂肪沉积和鳞片状皮疹，这种现象称为"生物素缺乏面容"（biotin-deficient face）。有病例报道提示，服用生物素可治疗皮炎。

2. 毛发改变

生物素缺乏的人毛发变细并失去光泽、容易脱落，指甲会变得薄而脆。从理论上分析，补充生物素有利于头发、皮肤和指甲健康，但目前支持这一理论的研究证据有限。在一项小样本研究中，给22名指甲薄脆的女性每天服用2.5毫克生物素，持续15个月后发现，8例受试者指甲厚度增加了25％以上。另一项研究让45名指甲薄脆的女性每天服用2.5毫克生物素，持续5个月后，有41名受试者（91％）指甲变得厚而硬。有病例报道提示，患有不规则毛发综合征（一种罕见的干发病）的儿童每天服用3毫克—5毫克生物素，3个月后可改善头发质量。

3. 神经系统损害

生物素缺乏可导致神经系统损害，出现共济失调、癫痫发作、抑郁、嗜睡、幻觉和四肢感觉异常等。

4. 影响生长发育

胎儿或婴儿生物素缺乏，还可引起发育迟缓和骨骼畸形。

5. 肌肉痛

生物素缺乏可影响能量代谢，肌肉会因乳酸堆积出现酸痛感，尤其在剧烈运动之后。

目前还没有因服用大剂量生物素引发毒副反应的报道。有研究显示，健康人每天摄入高达50毫克生物素，未出现毒副反应。给生物素酶缺乏症患者一次注射200毫克生物素，也未出现毒副反应。美国医学研究所没有建立生物素可耐受最高摄入量（UL）。

服用大剂量生物素补充剂会改变血清心肌酶谱和甲状腺功能的检测结果。单次服用 10 毫克生物素，24 小时内心肌酶谱和甲状腺功能的检测结果就会发生异常改变。服用生物素后，甲状腺功能（T3、T4）检测结果会偏高（假阳性），而心肌酶谱检测结果会偏低（假阴性）。

2017 年，美国一名心绞痛患者在急诊室检测肌钙蛋白呈阴性，医生根据这一结果判断所患并非心肌梗死。患者被送回家后不久死亡，尸检确认该患者死于心肌梗死。追问病史发现，该患者长期服用大剂量生物素补充剂，导致肌钙蛋白检测结果呈假阴性。

2017 年 11 月 28 日，美国食品药品监督管理局发布警告，要求在开展心肌酶谱检测前应询问患者近期是否曾服用生物素制剂。之后，美国食品药品监督管理局还更新了食品标签法规。从 2021 年 1 月 1 日起，所有包装食品的营养标签上必须标注生物素含量。

2019 年，雅培公司（Abbott）开发出更为敏感的肌钙蛋白测试方法，可让医生更早地诊断心肌梗死。该公司宣称，这种新测试方法不受生物素干扰。

生物素是如何发现的?

1901 年，比利时青年学者怀尔德（Eugene Wildiers）发现了一种酵母生长必需的营养素，怀尔德将这种化合物命名为"生命活素"（bios）。在希腊语中，bios 的字面意思是"维持生命的物质"。

1933 年，美国生化学家艾利森（Franklin Allison）从豆科植物的根瘤菌中分离出"辅酶 R"。1936 年，德国化学家科戈（Fritz Kögl）从煮熟的蛋黄中分离出一种可促进酵母生长的结晶物，并将其命名为"生物素"（biotin）。1937 年，德国生化学家哲尔吉发现一种可防治皮炎的营养素，他依据德文"Haut"（皮肤）一词将这种营养素命名为"维生素 H"。

1940 年，哲尔吉检测后证实，生命活素、辅酶 R、生物素、维生素 H 其实是同一物质。1942 年，美国生化学家维格诺德（Vincent du Vigneaud）确定了生物素的化学结构。其后的研究表明，生物素在人体中广泛参与蛋白质、脂肪和碳水化合物的代谢，其生理作用更符合 B 族维生素的特征；根据发现顺序，生物素被重新命名为维生素 B$_7$。

早在 1850 年，德国化学家谢勒（Johann von Scherer）发现瘦肉中存在一种带甜味的物质，并将其命名为肌醇（inositol）。1887 年，法国学者马奎纳（Léon-Gervais-Marie Maquenne）从植物叶子中提取出高纯度肌醇，此后他又通过蒸发马尿制得大量肌醇。煮沸马尿会散发出浓烈臭味，在自己家里开展研究的马奎纳让邻居们陷入灾难之中，纷纷对他提出抗议。顶着巨大压力，马奎纳最终确定了肌醇的化学结构。

肌醇在人体中参与脂代谢，可防止脂肪在体内过度蓄积。20 世纪 40 年代，学术界一度认为肌醇是人体必需的营养素，因此将其命名为维生素 B$_7$。但进一步研究证实，人体可利用葡萄糖从头合成肌醇，糖尿病患者经尿液排出的肌醇甚至超过膳食摄入量。这些结果无可辩驳地说明，肌醇根本不符合维生素的标准（人体不能合成，必须经膳食持续补充），此后学术界不再将肌醇列为维生素。

肌醇的提纯和化学结构的确立均由法国学者完成，也许是舍不得放弃在该领域获取的巨大荣誉，法语国家依然用维生素 B$_7$ 指代肌醇。这样，学术界就出现了一个尴尬局面：英语中的维生素 B$_7$ 指代生物素；法语中的维生素 B$_7$ 指代肌醇，而法语中的维生素 B$_8$ 指代生物素。为了避免误解，学术界目前更倾向使用生物素和肌醇这类化学名称，而不使用 B$_7$ 和 B$_8$ 这类维生素名称。

第十章 叶酸（维生素 B₉）

人体为什么需要叶酸？

叶酸（folate）也称维生素 B₉。在人体中，叶酸作为辅酶参与一碳单位传递过程。人体不能合成叶酸，须经膳食持续补充。

1. 参与核酸合成

叶酸通过甲基化将脱氧尿嘧啶转变为胸腺嘧啶，胸腺嘧啶是合成 DNA 的重要原料。体内缺乏叶酸时，胸腺嘧啶合成受阻，脱氧尿嘧啶在细胞中蓄积，尿嘧啶取代胸腺嘧啶进入 DNA，进而引发基因突变和 DNA 链断裂。胸腺嘧啶不足还会限制 DNA 合成，影响细胞分裂，最终导致巨幼红细胞贫血。孕妇缺乏叶酸，胎儿体内 DNA 合成受限，本应高度分裂的细胞不能分裂，导致子代出现神经管缺陷。

2. 参与同型半胱氨酸代谢

四氢叶酸和 5 -甲基四氢叶酸是叶酸在体内的活性形式,其主要作用是转移一碳单位(甲基、亚甲基或甲酰基)。四氢叶酸接受甲基后转变为 5 -甲基四氢叶酸,5 -甲基四氢叶酸又可将甲基转给同型半胱氨酸,生成四氢叶酸和甲硫氨酸(蛋氨酸),这一过程由同型半胱氨酸甲基转移酶催化。叶酸缺乏因此可导致血同型半胱氨酸水平升高。

3. 参与维生素 B_{12} 代谢

5 -甲基四氢叶酸可将甲基转移给钴胺素(维生素 B_{12}),生成四氢叶酸和甲基钴胺素(甲钴胺)。在人体中,四氢叶酸、5 -甲基四氢叶酸、同型半胱氨酸、甲硫氨酸、钴胺素、甲钴胺形成一个叶酸循环。同型半胱氨酸甲基转移酶活性下降或维生素 B_{12} 缺乏会导致"甲基陷阱"。这时,四氢叶酸大量转化为 5 -甲基四氢叶酸,而 5 -甲基四氢叶酸不能变回四氢叶酸。体内因缺乏四氢叶酸导致 DNA 合成受限,进而出现叶酸缺乏的症状,尽管此时膳食中并不缺乏叶酸。

4. 参与 DNA 甲基化

四氢叶酸还参与 DNA 甲基化,甲基化可改变 DNA 的构象、稳定性和蛋白结合力,从而对基因表达起调控作用。

叶酸主要在小肠吸收，天然叶酸（folate）和合成叶酸（folic acid）的吸收方式并不相同。天然叶酸（folate）经主动转运进入肠黏膜上皮细胞内，在此经二氢叶酸还原酶（DHFR）催化转变为四氢叶酸，再经亚甲基四氢叶酸还原酶（MTHFR）催化转变为5-甲基四氢叶酸后转运入血。合成叶酸主要经被动扩散吸收，以氧化态叶酸进入血液。

体内叶酸活化有赖于二氢叶酸还原酶，不同人的二氢叶酸还原酶的活性差异很大。当叶酸摄入量超过二氢叶酸还原酶的催化能力时，叶酸就会以氧化态进入血液，氧化态叶酸无法直接发挥生理作用。

肠道细菌可合成叶酸，但由于人体吸收叶酸主要在小肠，而细菌合成叶酸主要在大肠，大肠在小肠下游，大肠吸收叶酸的能力有限，因此细菌合成并非人体叶酸的主要来源。

　　成人体内约有 15 000 微克—30 000 微克叶酸，其中一半储存在肝脏。叶酸代谢后可经胆汁和尿液排出体外，成人每天大约丢失 70 微克叶酸。如果膳食中没有叶酸，体内储存的叶酸会在 7 个月内消耗殆尽。人体对叶酸的需求量受多种因素影响。

　　不同形式的叶酸生物利用度差异很大。天然食物中的叶酸生物利用度约为 50%，合成叶酸在进餐时服用其生物利用度约为 85%，合成叶酸在空腹时服用其生物利用度接近 100%。美国医学研究所据此设置了膳食叶酸当量（DFE）这一指标，将各种形式叶酸按照生物利用度换算为天然食物叶酸当量。1 微克 DFE 相当于 1 微克天然食物中的叶酸，相当于 0.6 微克与食物同时服用的合成叶酸，相当于 0.5 微克空腹服用的合成叶酸（表 1）。5－甲基四氢叶酸与 DFE 的换算关系目前尚未确立。

表1　膳食叶酸当量（DFE)

1 微克食物中的天然叶酸 = 1 微克 DFE
1 微克叶酸补充剂（与食物同服）= 1.7 微克 DFE
1 微克叶酸补充剂（空腹服用）= 2.0 微克 DFE
1 微克 DFE = 1 微克食物中的天然叶酸
1 微克 DFE = 0.6 微克叶酸补充剂（与食物同服）
1 微克 DFE = 0.5 微克叶酸补充剂（空腹服用）

1. 成人

美国医学研究所推荐，成人每日应摄入 400 微克 DFE 叶酸。
中国营养学会推荐，成人每日应摄入 400 微克 DFE 叶酸（表2）。

表2　叶酸推荐摄入量（微克 DFE/天）

美国医学研究所			中国营养学会[#]		
年龄段	男性	女性	年龄段	男性	女性
0—6 个月	65[*]	65[*]	0—6 个月	65[*]	65[*]
7—12 个月	80[*]	80[*]	7—12 个月	100[*]	100[*]
1—3 岁	150	150	1—3 岁	160	160
4—8 岁	200	200	4—6 岁	190	190
9—13 岁	300	300	7—10 岁	250	250
14—18 岁	400	400	11—13 岁	350	350
19—50 岁	400	400	14—17 岁	400	400
≥51 岁	400	400	18—49 岁	400	400
			≥50 岁	400	400

美国医学研究所			中国营养学会[#]		
年龄段	男性	女性	年龄段	男性	女性
孕妇≤18 岁		600	孕妇，早		600
孕妇≥19 岁		600	孕妇，中		600
乳母≤18 岁		500	孕妇，晚		600
乳母≥19 岁		500	乳母		550

＊为适宜摄入量（AI），其余为推荐摄入量（RDA）。♯：中华人民共和国卫生行业标准《中国居民膳食营养素参考摄入量第 5 部分：水溶性维生素》WS/T 578.5—2018。

2018 年美国全民健康与营养调查表明，成年男性平均每天摄入 573 微克 DFE 叶酸，成年女性平均每天摄入 439 微克 DFE 叶酸。美国实施全民叶酸添加计划后，居民叶酸摄入水平普遍超过推荐摄入量，只有黑人女性叶酸摄入量偏低。

2012 年中国居民膳食营养与健康状况调查表明，城乡居民平均每日膳食叶酸摄入量为 180.9 微克，其中城市居民为 194.2 微克，农村居民为 168.4 微克。城乡居民膳食叶酸摄入水平显著低于推荐摄入量（400 微克），叶酸摄入量达到推荐水平的人（充足率）仅占 9.0％。更让人担忧的是，18 到 50 岁育龄妇女每日膳食叶酸摄入量只有 160 微克左右。

2. 孕妇

孕妇通过胎盘向胎儿输送叶酸，因此需补充更多叶酸。未补充叶酸的孕妇，血清叶酸水平较怀孕前显著降低。另外，发生早孕反应的妇女，因剧烈呕吐影响进食，会进一步增加叶酸缺乏的风险。美国医学研究所推荐，孕妇每日应摄入 600 微克 DFE 叶酸（在同年龄段普通女性的基础上增加 200 微克）。中国营养学会推荐，孕妇每日应摄入 600 微克 DFE 叶酸（在同年龄段普通女性的基础上增加 200 微克）。

2012 年，在山西省寿阳县开展的调查发现，孕前不久的青年女性每日叶酸平均摄入量仅为 114 微克。在调查的 1 426 名青年妇女中，仅有 1 人（0.1％）叶酸摄入达到成人推荐摄入量（400 微克）。这名特例女青年每日叶酸摄入量为 402 微克，与中国营养学会设定的孕妇推荐摄入量（600 微克）依然相差悬殊。这一研究结果提示，中国孕妇的叶酸营养状况确实令人担忧，尤其在广大农村地区。

3. 乳母

乳母通过乳汁向宝宝输送叶酸，因此需经膳食或补充剂增加叶酸摄入量。缺乏叶酸的乳母其乳汁中叶酸含量降低，进而影响宝宝的生长发育。美国医学研究所推荐，乳母每天应摄入 500 微克 DFE 叶酸（在同年龄段普通女性的基础上增加 100 微克）。中国营养学会推荐，乳母每天应摄入 550 微克 DFE 叶酸（在同年龄段普通女性的基础上增加 150 微克）。

4. 婴儿

由于缺乏研究数据，目前尚不能制定婴儿叶酸的推荐摄入量（RDA），只能用适宜摄入量（AI）替代。母乳中叶酸平均含量为

87 微克/升，1—6 个月宝宝平均每天吃奶 750 毫升，从中可获取 65 微克 DFE 叶酸。采用代谢体重法计算，7—12 个月宝宝每天摄入 89 微克 DFE 叶酸。根据美国医学研究所制定的标准，1—6 个月宝宝叶酸适宜摄入量为每日 65 微克，7—12 个月宝宝叶酸适宜摄入量为每日 80 微克。根据中国营养学会制定的标准，1—6 个月宝宝叶酸适宜摄入量为每日 65 微克，7—12 个月宝宝叶酸适宜摄入量为每日 100 微克。

5. 儿童

儿童处于快速生长发育阶段，其叶酸需求量随年龄增长变化较大。不同年龄段儿童叶酸推荐摄入量主要依据代谢体重法推算而来（表 1）。

6. 老年人

美国医学研究所推荐，51 岁及以上人群叶酸摄入量与 19—50 岁人群相同。中国营养学会推荐，50 岁及以上人群叶酸摄入量与 18—49 岁人群相同。

哪些食物富含叶酸？

　　蔬菜和水果含有丰富的叶酸，深色叶类蔬菜叶酸含量尤其丰富，常见深色蔬菜包括菠菜、甘蓝、油菜、芹菜、芥菜、芦蒿、茼蒿、生菜等。蔬菜汁和果汁中也含有丰富的叶酸。坚果、豆类、水产、鸡蛋、乳制品和谷物含有一定量的叶酸。肉食中，动物肝脏含有较高水平的叶酸（表3）。

表3　富含叶酸的日常食物（微克 DFE/100 克食物）

食物	叶酸含量	食物	叶酸含量
酵母菌（干）	716	青椒	46
绿豆	625	菜花	44
鸡肝	578	鸡蛋	44
牛肝	331	螃蟹	42
花生	246	芝士	40
葵花子	238	三文鱼	35

食物	叶酸含量	食物	叶酸含量
扁豆	181	豆腐	29
芦笋	149	土豆	28
菠菜	146	面粉	21
生菜	136	西红柿	21
大豆	111	香蕉	19
西蓝花	108	蘑菇	16
核桃	98	酸奶	15
榛子	88	鸡肉	12
牛油果	81	牛肉	12
甜菜	80	猪肉	8
甘蓝	65	牛奶	5
面包	65	黄油	3
卷心菜	46		

食物重量均以可食部分计算。数据来源：USDA National Nutrient Database。

从 1998 年 1 月 1 日起，美国食品药品监督管理局要求，市场销售的面粉、玉米粉、大米、面包、面条等谷类食品必须添加叶酸，强化水平为每 100 克食品添加 140 微克叶酸。1998 年 11 月 1 日，加拿大政府要求给市售面粉、大米和面食中添加叶酸，强化水平为每 100 克食品添加 150 微克叶酸。由于谷类食品消费量大，添加叶酸已成为美国居民叶酸摄入的重要来源。根据美国全民健康与营养调查的数据，施行叶酸添加计划前后，美国居民日均叶酸摄入量增加了 190 微克。

在制定叶酸强化计划之初，美国食品药品监督管理局并未将碱化玉米玛莎粉列为强化对象。2011 年，美国疾病预防控制中心（CDC）调查发现，以玉米玛莎粉为主食的墨西哥裔美国人叶酸摄入明显偏低，其子代患神经管畸形的比例高于其他族群。2016 年 4 月，美国食品药品监督管理局修改法规，要求市售玉米玛莎粉添加叶酸。

中国目前尚未实施强制性叶酸添加计划，食品企业可自愿将叶酸添加到限定的食品中，其中包括面粉和大米（仅限免淘大米）。《食品安全国家标准：食品营养强化剂使用标准》（GB14880—2012）规定，面粉和大米中叶酸的允许添加量为 100 微克—300 微克/100克。来自食品加工企业的信息表明，目前添加叶酸的面粉和大米总量微乎其微。

叶酸是一种水溶性维生素，为黄色结晶状粉末，不溶于乙醇、乙醚等有机溶剂，但稍溶于热水。叶酸在酸性环境中不稳定，遇光和热都易降解。作为一种有机化合物，叶酸还会被环境中的酶降解。

加热、储存或加入食醋都会破坏食物中的叶酸。研究发现，切碎后烹饪的菠菜，其中的叶酸会丢失 85％。豆类经一夜浸泡后再蒸煮，其中的叶酸会丢失 70％。甘蓝和莴笋冷藏 180 天，其中的叶酸会丢失 42％。烹制好的蔬菜冷藏后再次加热，其中的叶酸会丢失 26％。

中文将 folate 和 folic acid 都译作叶酸。在西文中，尽管 folate 和 folic acid 有时可互换使用，但多数情况下两者含义并不相同。folate（叶酸）是分子中有哌啶环，且哌啶环通过亚甲基与谷氨酸相连的一类化合物。folic acid（叶酸）则是指分子中具有氧化蝶啶环，且没有亚甲基集团连接结构的一类化合物。换而言之，folate

（叶酸）是指天然存在的维生素 B$_9$，在植物绿叶中含量丰富；folic acid（叶酸）是指人工合成的维生素 B$_9$，可作为食品强化剂或保健食品（膳食补充剂）。

人工合成叶酸有时也称氧化型叶酸，天然叶酸有时也称还原型叶酸。人工合成叶酸比天然叶酸化学性质更稳定，也更适合于生产、储存和运输。所以膳食补充剂、食品强化剂和药物中普遍使用人工合成叶酸。

天然叶酸包括四氢叶酸、5-甲基四氢叶酸等形式。5-甲基四氢叶酸可直接被细胞利用，有人将其称为"真叶酸"。人工合成叶酸吸收后需经酶促反应转变为 5-甲基四氢叶酸，有人将其称为"假叶酸"。应当强调的是，"假叶酸"并非没有功效，只是须经转化才能发挥作用。"真叶酸"的一个突出缺点是，在环境中容易被降解破坏。

多种维生素、复合 B 族维生素制剂大多含有叶酸，叶酸也可作为保健食品（膳食补充剂）和药物单独使用。成人叶酸制剂的每日剂量范围在 400 微克—800 微克（680 微克—1 360 微克 DFE 叶酸）之间。儿童叶酸制剂的每日剂量范围在 200 微克—400 微克（340 微克—680 微克 DFE 叶酸）之间。

5-甲基四氢叶酸是叶酸在体内的活性形式，MTHFR 基因变异的人，叶酸在体内转化为 5-甲基四氢叶酸的速度慢、效率低，补充人工合成叶酸的效果差。目前已经开发出 5-甲基四氢叶酸制剂，可用于 MTHFR 基因变异的人。

美国农业部开发的食物成分数据库可查询到常见食物的营养素含量，其中包括叶酸含量。中国营养学会编辑的《中国食物成分表》中没有列出叶酸含量。

天然食物普遍含有叶酸，绿叶蔬菜中叶酸含量尤其丰富。在传统饮食环境中，居民很少发生叶酸缺乏。在现代饮食环境中，食品加工和过度烹饪导致天然食物中的叶酸大量流失，居民容易发生叶酸缺乏。有些特殊人群体内叶酸需求量增加，有些疾病患者叶酸吸收受限或代谢障碍，这些人往往需要额外补充叶酸。

1. 长期酗酒者

酒精会减少叶酸的吸收，阻碍叶酸在肝脏的活化，加速叶酸经肾脏排出。另外，酗酒者膳食结构不合理，叶酸摄入量减少，因此容易发生叶酸缺乏。在葡萄牙开展的调查发现，超过 60％ 的酗酒者叶酸摄入水平偏低，即使每天只喝 240 毫升红酒（约 5 两）或 80 毫升白酒（1 两半），两周后血叶酸浓度也会降到临界值（3ng/ml）以下。

2. 偏食者或节食者

偏食者可能不吃绿叶蔬菜和水果，节食者食量显著减少，这些人容易出现叶酸缺乏。

3. 慢性胃肠病患者

萎缩性胃炎、慢性肠炎、克罗恩病、慢性腹泻等疾病会影响叶酸吸收。慢性肠炎患者约 20％—60％ 伴有叶酸缺乏。胃肠手术也会影响叶酸的吸收。

4. 孕妇

叶酸是合成核酸的重要原料，胎儿处于快速生长发育阶段，孕妇对叶酸的需求量显著增加。多数孕妇经膳食难以摄入足量叶酸，美国妇产科医师学会（ACOG）建议，如无禁忌，所有孕妇都应常规补充叶酸。

5. 基因变异者

叶酸在体内需转化为 5-甲基四氢叶酸方可发挥作用。在这一转化过程中起关键作用的是 MTHFR 酶，MTHFR 酶的表达量受 MTHFR 基因调控。MTHFR 基因型不同，MTHFR 酶活性就不同，叶酸活化效率也不同。MTHFR 基因 C677T 位点（rs1801133）

为 CC 型的人叶酸活化效率和速度正常，TT 型的人叶酸活化效率和速度明显降低，CT 型的人介于两者之间。在武汉地区开展的检测发现，MTHFR 基因 C677T 位点为 CC 型的人占 37%，CT 型的人占 47%，TT 型的人占 16%。有学者认为，MTHFR 基因 C677T 位点变异的孕妇（CT 型或 TT 型），体内叶酸活化效率低、活化速度慢，因此应加大叶酸补充量。但最新研究发现，MTHFR 基因变异的人，加大叶酸补充量非但不能增加体内活性叶酸（5-甲基四氢叶酸）的水平，反而会抑制 MTHFR 酶的产量和活性，从而进一步降低 5-甲基四氢叶酸的水平。因此，对于 MTHFR 基因变异的人，最有效的方法就是直接补充 5-甲基四氢叶酸。

6. 服用特殊药物者

磺胺药甲氧苄氨嘧啶、抗疟疾药乙胺嘧啶、抗癫痫药丙戊酸钠等都会抑制二氢叶酸还原酶的活性，进而引起体内叶酸缺乏。柳氮磺胺吡啶常用于治疗溃疡性结肠炎，这种药会抑制肠道对叶酸的吸收，进而导致叶酸缺乏。长期服用这些药物的人，应在评估后考虑补充叶酸。

评估叶酸的营养状况可测定血清叶酸浓度，血清叶酸浓度低于 3 纳克/毫升（7 纳摩尔/升）提示体内叶酸不足。但是，血清叶酸浓度会受短期内食物成分影响，无法反映体内叶酸的长期营养状况。红细胞叶酸浓度可反映体内叶酸的长期营养状况，红细胞叶酸浓度低于 140 纳克/毫升提示体内叶酸不足。

叶酸参与同型半胱氨酸代谢，血同型半胱氨酸水平升高提示体内叶酸缺乏，高同型半胱氨酸血症是指血同型半胱氨酸水平超过 16 微摩尔/升。应当注意的是，肾功能不全、维生素 B_{12} 缺乏、其他微量营养素缺乏也可引起血同型半胱氨酸水平升高。

叶酸缺乏会有哪些危害？

　　叶酸缺乏导致的特异性病症并不常见，叶酸缺乏常与其他营养素缺乏并存，胎儿和婴幼儿正处于快速发育期，最易受叶酸缺乏影响。

1. 神经管畸形

　　孕妇缺乏叶酸会导致新生儿神经管缺陷。神经管缺陷又称神经管畸形，包括无脑、脑膨出、脑脊髓膜膨出、脊柱裂、唇裂及腭裂等发育异常，这些先天畸形会造成严重神经功能障碍和身体残疾。叶酸缺乏还会导致新生儿出生体重低和发育迟缓。

2. 先天性心脏病

　　胎儿心血管系统发育需要叶酸，叶酸缺乏会引发先天性心脏病，而孕妇补充叶酸则可能降低先天性心脏病的发生风险。加拿大开展的全国性监测发现，实施全民叶酸强化计划后，先天性心脏病的发生率降低了11％。在美国亚特兰大开展的病例对照研究表明，围孕期服用含叶酸的多种维生素，可将出生婴儿先天性心脏病的风险降低24％。

3. 孤独症

孤独症又称自闭症，是一种严重的精神发育障碍性疾病。典型的孤独症表现为社交障碍、语言障碍和重复刻板行为。孤独症谱系障碍（ASD）是将孤独症的典型症状进行扩展，包含了更多类似症状的症候群，包括典型孤独症、不典型孤独症、非特异性广泛发育障碍、阿斯伯格综合征（Asperger syndrome）等。越来越多的研究表明，孕期补充叶酸可降低子代发生孤独症谱系障碍的风险，这一效果可能与叶酸参与DNA甲基化的作用有关，叶酸经此影响到神经系统发育。在挪威开展的母婴队列研究对85 176名宝宝和妈妈进行了调查，结果发现，怀孕4—8周时每天补充400微克以上叶酸，子代孤独症的患病风险可降低39％。2018年在以色列开展的调查纳入了45 300名儿童，结果也发现孕期服用叶酸补充剂，子代孤独症谱系障碍的患病风险明显降低。孕期服用抗癫痫药或接触杀虫剂都会增加宝宝出生后患孤独症的风险，有研究提示，这些孕妇增加叶酸补充量也可降低子代发生孤独症的风险。但目前这些结果均来自观察性研究，孕期补充叶酸和孤独症发生是否存在因果关系，尚需更多随机对照研究证实。

4. 贫血

叶酸缺乏最常见的表现是巨幼红细胞贫血，特点是血液中红细胞体积增大，出现异常核红细胞，但巨幼红细胞贫血也可见于维生素 B_{12} 缺乏。贫血患者主要表现为乏力、疲劳、注意力不集中、易怒、头痛等，膳食中缺少叶酸数个月就可诱发贫血症状。

5. 皮肤黏膜病变

叶酸缺乏时，患者舌部、口腔、咽喉等部位易发生溃疡，皮肤、头发或指甲等处会出现色素沉着。

6. 异常妊娠

叶酸缺乏的孕妇容易出现先兆子痫、胎盘早剥、胎盘发育不良等异常，进而引起早产和流产。

7. 高同型半胱氨酸血症

叶酸参与同型半胱氨酸代谢，叶酸缺乏者血同型半胱氨酸水平升高，进而增加心脑血管病的风险。

叶酸过量会有哪些危害？

天然食物中的叶酸不会引发毒副反应，大量服用叶酸补充剂或药物可引发毒副反应。

1. 叶酸蓄积

叶酸在体内可转化为 5-甲基四氢叶酸，催化这一反应的是亚甲基四氢叶酸还原酶（MTHFR）。MTHFR 基因突变的人，叶酸转化效率低、转化速度慢，这些人如果持续服用大量叶酸制剂，或在服用叶酸制剂的同时食用叶酸强化食品，就可能导致体内叶酸蓄积。叶酸蓄积的表现是，血液中未活化叶酸的水平显著升高。叶酸蓄积可能对人体健康造成不利影响。

美国推出强制性全民叶酸添加计划后，反对者给出的一个理由就是，添加计划会在 MTHFR 基因突变者中引发叶酸蓄积。研究表明，将叶酸与其他 B 族维生素（尤其是维生素 B_6）一起服用会提高转化效率，减轻或消除体内叶酸蓄积。近年来开发的 5-甲基四氢叶酸膳食补充剂，可供 MTHFR 基因突变者选用。

2. 掩盖神经损害

叶酸可用于治疗巨幼红细胞贫血，但不能治疗因维生素 B_{12} 缺乏引起的神经损害。因此，有学者担心服用大量叶酸会掩盖维生素 B_{12} 缺乏症，直到其神经损害变得不可逆转时才被发现。更严重的问题是，补充的叶酸会在体内蓄积，有可能加重贫血及维生素 B_{12} 缺乏症。怀疑有维生素 B_{12} 缺乏的人，应在严格评估后再补充叶酸。

3. 减弱某些药物的作用

甲氨蝶呤是一种叶酸拮抗剂，用于治疗癌症和自身免疫性疾病，同时服用叶酸会削弱甲氨蝶呤的作用，但可减少甲氨蝶呤的副作用。抗癫痫药（苯妥英、卡马西平、丙戊酸）可降低血清叶酸水平。反过来，叶酸会降低这些药物服用后的血药浓度。服用上述药物的患者若要补充叶酸，应首先咨询医生。

4. 其他尚未确定的毒副作用

有研究提示，大量补充叶酸有可能加速某些癌症的进展。还有研究提示，孕妇叶酸补充量超过可耐受最高摄入量（>1 000 微克/日）时，可能会影响子代的认知功能。

天然食物中的叶酸一般不会产生毒副作用，因此叶酸的可耐受最高摄入量（UL）是以微克衡量，而不是以微克DFE衡量。根据美国医学研究所制定的标准，成人叶酸可耐受最高摄入量为每天1000微克。根据中国营养学会制定的标准，成人叶酸可耐受最高摄入量为1000微克（表4）。当叶酸补充量超过可耐受最高摄入量时，应对潜在的毒副反应进行监测。

表4 叶酸可耐受最高摄入量（微克/天）

美国医学研究所			中国营养学会#		
年龄段	男性	女性	年龄段	男性	女性
0—6个月	—	—	0—6个月	—	—
7—12个月	—	—	7—12个月	—	—
1—3岁	300	300	1—3岁	300	300
4—8岁	400	400	4—6岁	400	400
9—13岁	600	600	7—10岁	600	600
14—18岁	800	800	11—13岁	800	800
19—50岁	1000	1000	14—17岁	900	900
≥51岁	1000	1000	18—49岁	1000	1000
			≥50岁	1000	1000
孕妇≤18岁		800	孕妇，早		1000
孕妇≥19岁		1000	孕妇，中		1000
乳母≤18岁		800	孕妇，晚		1000
乳母≥19岁		1000	乳母		1000

—：表示该值尚未确立。#：中华人民共和国卫生行业标准《中国居民膳食营养素参考摄入量第5部分：水溶性维生素》WS/T 578.5—2018。

叶酸可防治哪些慢性疾病？

作为一种膳食补充剂，叶酸常被宣传具有多种防病治病功效。有研究评估了叶酸在孤独症、肿瘤、心脑血管病、痴呆、抑郁症等疾病防治中的作用。

1. 抑郁症

叶酸在脑内参与神经递质的合成和同型半胱氨酸的甲基化反应，因此叶酸缺乏可能与抑郁症有关。美国全民健康与营养调查提示，血清叶酸水平较高的人，抑郁症患病率较低，这种关联在女性中更加明显。但是，加拿大人健康测量调查（CHMS）并未发现叶酸摄入量与抑郁症之间的关联。在中国开展的大型队列研究提示，孕期补充叶酸超过 6 个月，会明显降低产后郁症的发生率。

2. 癌症

有关叶酸与癌症关系的研究很多，但结论并不一致。叶酸会影响一碳单位代谢、DNA 复制和细胞分裂，依据这些机制推测，叶酸在癌症发生发展中可能起双重作用。在癌变发生前，叶酸可能会预防癌症发生；在癌变发生后，叶酸（尤其是高剂量叶酸）可能会促进癌症进展。2015 年，美国国家毒理学计划小组（NTP）和国立卫生研究院（NIH）联合召集专家论证后指出，饮食正常的人补充叶酸不会降低癌症风险，癌症患者补充叶酸则可能加速癌症进展。

3. 心脑血管病

叶酸等 B 族维生素在体内参与同型半胱氨酸代谢，血同型半胱氨酸水平升高会增加心脑血管病的风险。从理论上分析，叶酸具有预防心血管病的作用。美国开展的女性抗氧化剂和叶酸心血管保护研究（WAFACS）纳入了 5 442 名 42 岁以上中年女性，结果发现，每天补充 2 500 微克叶酸、1 000 微克维生素 B_{12} 和 50 毫克维生素 B_6，持续 7 年，并未降低心脑血管病的发生风险。中国脑卒中一级预防研究（CSPPT）纳入了 20 702 例高血压患者，结果发现，每天补充 800 微克叶酸持续 4.5 年，可将脑卒中风险降低 21％。这两项研究表明，叶酸在美国人中没有预防心脑血管病的作用，但在中国人中具有预防心脑血管病的作用。研究者分析认为，美国实施了全民叶酸添加计划，居民叶酸摄入水平本已很高，这时再补充叶酸就不会发挥预防作用。相反，中国没有实施叶酸添加计划，居民叶酸摄入水平普遍偏低，这时补充叶酸就可发挥预防作用。

4. 老年性痴呆

血同型半胱氨酸水平升高可导致神经元凋亡、tau 蛋白激活、神经原纤维缠结等，这些改变会损害认知功能甚至引发痴呆。观察性研究也提示，血同型半胱氨酸水平升高会增加阿尔茨海默病（老年性痴呆）和血管性痴呆的风险。但临床干预试验并未证实叶酸预防痴呆的作用。在 WAFACS 研究中，给 65 岁以上女性每天补充 2 500 微克叶酸、1 000 微克维生素 B_{12} 和 50 毫克维生素 B_6，持续 1.2 年后并不影响认知功能。但在基线评估时，B 族维生素摄入较低的人，补充叶酸等 B 族维生素可延缓认知能力下降的速度。学术界目前的共识是，叶酸能否预防痴呆尚需开展更多临床研究。

5. 老年性耳聋

老年性耳聋也称年龄相关性听力损失（age-related hearing loss），是导致老年人听力损失最常见原因。一项临床研究提示，补充叶酸可延缓年龄相关性听力损失的进展。

6. 老年性黄斑变性

老年性黄斑变性也称年龄相关性黄斑变性（AMD），是导致老年人视力障碍最常见的原因。美国哈佛大学发起的女性抗氧化剂和叶酸心血管保护研究（WAFACS）发现，40 岁及以上女性每天服用 2.5 毫克叶酸、50 毫克维生素 B_6 和 1.0 毫克维生素 B_{12}，在平均 7.3 年的观察期内，可显著降低老年性黄斑变性的患病风险。

　　1931 年，英国女科学家威尔斯（Lucy Wills）发现了叶酸。1888 年，威尔斯出生于英国伯明翰附近的小镇萨顿科尔菲尔德（Sutton Coldfield）。1920 年，威尔斯从伦敦女子医学院（London School of Medicine for Women）毕业并获得学士学位。1928 到 1933 年，威尔斯在印度哈夫金学院（Haffkine Institute）工作期间观察到，孟买的大批纺织女工在怀孕期间出现了贫血，同时伴有乏力、腹泻、心衰等症状，很多女工因此而丧命。当时细菌学方兴未艾，威尔斯首先想到这是一种感染性疾病。但调查发现，当地的富家女没有患病者，威尔斯因此推断该病与营养不良有关。

　　为了证实自己的想法，威尔斯用大鼠进行实验。她很快就发现，动物肝脏和马麦酱（marmite）可治愈营养不良性贫血。马麦酱用酿造啤酒的酵母沉渣制成，具有浓烈的酸臭味，即使加入大量食盐也难以掩盖。除了英国和新西兰，其他国家居民很难忍受这种食品，其形象恰如中国的臭豆腐。

但马麦酱的疗效让威尔斯惊讶不已。给贫血孕妇食用马麦酱后，乏力、心衰等症状迅速缓解，血液红细胞计数在第四天就开始增加。1931 年，威尔斯将研究结果发表在《英国医学杂志》（British Medical Journal）上。威尔斯在文章中坦承，廉价的马麦酱可治愈营养不良性贫血，但她并不知道是什么成分发挥了作用。当时学者将这种未知营养素称为"威尔斯因子"（Wills factor）。

1941 年，美国加州理工学院（CIT）的米切尔（Herschel Mitchell）等人从菠菜叶子中提取出"威尔斯因子"。由于植物叶子中富含这种营养素，因此将其命名为 folate。在拉丁语中，folium 是叶子的意思，中文将 folate 直译为叶酸。

在历史上，因为可促进干酪乳杆菌生长繁殖，叶酸曾被称为干酪乳杆菌因子（L. casei factor）；因为在小鸡中可防治贫血，叶酸曾被称为维生素 Bc（c 代表小鸡 chick）；因为在猴子中可防治贫血，叶酸曾被称为维生素 M（M 代表猴子 monkey）。叶酸的化学结构和生理作用被确定后，这些名称均被弃用。

1943 年，斯托克斯塔德（Bob Stokstad，1913 年出生于中国湖北樊城，父母是美国路德教会传教士）提取出纯净的叶酸晶体。1944 年，斯托克斯塔德采用逐步降解法，确定了叶酸的化学结构为一个蝶啶环连接一个对氨基苯甲酸，并结合一个谷氨酸，因此叶酸的化学名称为蝶酰谷氨酸（pteroylglutamate）。

1945 年，安吉尔（Robert Angier）等人成功合成叶酸。其后的系列研究发现，天然叶酸与合成叶酸在结构上存在明显差异。合成叶酸分子中结合一个谷氨酸残基，天然叶酸则结合多个谷氨酸残基；天然叶酸有二氢叶酸和四氢叶酸等还原形式，合成叶酸会在 N_5 或 N_{10} 氮原子上连接甲基。为了加以区别，学术界达成共识，folic acid 仅指人工合成的蝶酰谷氨酸，而 folate 指天然存在具有类似结构的一大类化合物。遗憾的是，中文将 folic acid 和 folate 均译为叶酸，这样就无法从字面上将二者加以区别。

叶酸合成后不久，临床研究就发现这种营养素能有效治疗巨幼红细胞贫血，尤其是对肝脏提取制剂（其中含有维生素 B_{12}）无效的巨幼红细胞贫血，例如由乳糜泻、妊娠和营养不良引发的贫血。同期还发现，当贫血并发神经损伤时，叶酸并不能改善神经功能，有时甚至会恶化神经症状。

为了证实叶酸缺乏会导致贫血，爱尔兰裔美国生化学家赫伯特（Victor Herbert，著名作曲家赫伯特的堂弟）开展了人体诱发试验，他自己坚持使用完全没有叶酸的食物，同时监测血液中各项指标。坚持无叶酸食物 4 个月后，赫伯特出现了巨幼红细胞贫血。开始补充叶酸后，贫血又很快好转。

20 世纪 60 年代，学术界阐明了叶酸在一碳单元转移中的作用。1969 年，丹麦学者基尔曼（Svan Killmann）发现，由 5，10-亚甲基四氢叶酸提供甲基，人体可将脱氧尿嘧啶转变为胸腺嘧啶，而胸腺嘧啶是合成 DNA 的重要原料。体内缺乏叶酸可阻碍胸腺嘧啶和 DNA 的合成，进而影响细胞分裂，最终导致巨幼红细胞贫血。至此，叶酸缺乏导致贫血的谜团被彻底解开。

确定其生理作用后，叶酸被归类为 B 族维生素（参与能量代谢的一组维生素）。按照发现先后次序，叶酸被命名为维生素 B_9。但不论在学术界还是民间，这种营养素更多地被称为叶酸（folate）。

为什么要实施全民叶酸添加计划？

1964 年，英国妇产科医生希巴德（Brian Hibbard）和儿科医生史密斯尔斯（Richard Smithells）首次提出，叶酸缺乏会导致神经管缺陷（神经管畸形）。他们观察到，患有巨幼红细胞贫血的孕妇所生宝宝神经管缺陷的发生率很高。干预性研究则发现，给曾经生过神经管缺陷宝宝的孕妇及早补充叶酸可预防神经管缺陷。其后在匈牙利开展的临床试验证实，给育龄妇女补充叶酸，可大幅降低新生宝宝神经管缺陷的发生率。

神经管缺陷又称神经管畸形，包括无脑、脑膨出、脑脊髓膜膨出、脊柱裂、唇裂及腭裂等发育异常，这些先天畸形会造成严重神经功能障碍。胎儿神经管发育在怀孕的最初四周内完成，因此叶酸补充应在受孕前至少一个月就启动。由于很多妊娠都是在没有准备的情况下发生，而怀孕后再补充叶酸往往为时已晚。有些孕妇虽然补充了叶酸，依然生出神经管缺陷宝宝，其根本原因就在于，启动叶酸补充的时机太晚。因此，美国的公共卫生专家提出，只有全民补充叶酸才能有效预防新生儿神经管缺陷。

1996 年，美国食品药品监督管理局颁布法规，要求所有市售面粉、玉米粉、大米和所有粮食制品必须添加叶酸。FDA 设定的添加水平是每 100 克食品添加 140 微克叶酸。该法规于 1998 年 1 月 1 日生效，这就是美国发起的强制性全民叶酸添加计划。

根据美国全民健康和营养调查的结果，2014 年，20 岁及以上成年男性平均每天从食物中摄取 249 微克叶酸，加上从强化食品中摄取的 207 微克叶酸（相当于 352 微克食物中的叶酸，DFE），每天共摄取 601 微克叶酸。女性每天共摄取 459 微克叶酸。这意味着强化导致叶酸摄入量显著超过推荐摄入量（400 微克）。

全民叶酸添加计划曾在美国引发强烈抗议。人权活动者指出，不能因为个别人缺乏叶酸就让全体美国人吃药，强制添加计划违背个人意愿和伦理原则。这些论调极具蛊惑性和煽动性，短时间内获得了大批拥趸。当有研究观察到过量叶酸引发不良反应后，部分媒体更是推波助澜，鼓吹叶酸添加计划让没病的人生病，徒然增加民众患癌症的风险。强大的民间反对声音曾让负责该计划的食品药品监督管理局面临巨大压力。

实施强制叶酸添加计划之前，美国每年有 4 100 例新生儿发生神经管缺陷。实施强制叶酸添加计划之后，美国每年有 2 700 例新生儿发生神经管缺陷。全民强制叶酸添加计划使神经管缺陷发生率下降了 35%，每年节约直接医疗费用 5.08 亿美元。多数专家认为，尽管个别人食用叶酸强化食品会有轻微不良反应，但每年减少 1 400 例神经管缺陷是一项了不起的公共卫生成就。

截至 2020 年，全球共有 80 多个国家推出了叶酸添加计划（表 5）。其中，加拿大、澳大利亚、新西兰等国推出了强制性叶酸添加计划。在经过 25 年旷日持久的争论后，英国首相约翰逊（Boris Johnson）宣布，英国于 2022 年开始实施强制性全民叶酸添加计划，也就是给所有市售面粉添加叶酸。德国、荷兰等国在推出自愿添加计划的同时，也在讨论强制叶酸添加计划的可行性。

表 5　部分实施叶酸强化计划的国家

国家	强化类型	强化水平/100 克食品	强化食品对象	开始年代
美国	强制性	140 微克	面粉、大米、玉米粉	1998
加拿大	强制性	150 微克	面粉	1998
哥斯达黎加	强制性	180 微克	面粉	1998
哥伦比亚	强制性	150 微克	面粉	1998
玻利维亚	强制性	138 微克	面粉	1998
智利	强制性	220 微克	面粉	2000
印度尼西亚	强制性	200 微克	面粉	2002
南非	强制性	150 微克	面粉、玉米粉	2003
阿根廷	强制性	220 微克	面粉	2003
哈萨克斯坦	强制性	150 微克	面粉	2004
巴西	强制性	150 微克	面粉、玉米粉	2004
秘鲁	强制性	120 微克	面粉	2005
伊拉克	强制性	210 微克	面粉	2006
伊朗	强制性	150 微克	面粉	2006
巴基斯坦	强制性	100 微克	面粉	2006
科威特	强制性	175 微克	面粉	2006
沙特阿拉伯	强制性	175 微克	面粉	2006

国家	强化类型	强化水平 /100 克食品	强化食品对象	开始年代
墨西哥	强制性	200 微克	面粉	2008
吉尔吉斯斯坦	强制性	150 微克	面粉	2009
澳大利亚	强制性	250 微克	面粉	2009
尼日利亚	强制性	260 微克	面粉、玉米粉	2010
肯尼亚	强制性	150 微克	面粉、玉米粉	2012
英国	强制性	240 微克	面粉	2022
德国	自愿性	根据食品种类	多种食品	2006
泰国	自愿性	200 微克	大米	2002
越南	自愿性	200 微克	面粉	2003
阿联酋	自愿性	175 微克	面粉	2006
阿富汗	自愿性	100 微克	面粉	2006
中国	自愿性	100—300 微克	面粉、大米	2007
马来西亚	自愿性	200 微克	面粉	2009
新加坡	自愿性	100 微克	面粉	2011

　　中国目前尚未实施全民叶酸添加计划，生产商可自愿给大米（仅限免淘大米）、小麦面粉、即食谷物、饼干、焙烤食品、蔬果汁、固体饮料、果冻中添加叶酸。来自食品加工企业的信息表明，市场上叶酸强化食品的总量非常有限。在优生环节，中国目前采取的主要措施是，通过宣传鼓励孕妇自行服用叶酸。由于神经管发育在受孕后最初 4 周内完成，因此保证孕前叶酸足量摄入对预防神经管缺陷尤为关键。世界各国的指南都强调，启动叶酸补充应在怀孕前至少一个月，而非怀孕之后。根据中国出生队列研究

提供的数据，只有 38.4％的女性在受孕前启动了叶酸补充。

1993 到 1995 年间，北京医科大学（现北京大学医学部）和美国疾病预防控制中心（CDC）合作，在河北、浙江、江苏三地开展了叶酸补充预防神经管缺陷的大型干预研究。该研究共纳入247 831 名孕妇，其中 130 142 名孕妇在孕前或孕期服用了叶酸，117 689 名孕妇未服用叶酸。两组孕妇诞生的宝宝分别有 102 例和173 例患有神经管缺陷。统计发现，北方地区（河北）孕妇补充叶酸可将神经管缺陷发生率由 4.8/1 000 降到 1.0/1 000，南方地区（浙江和江苏）孕妇服用叶酸可将神经管缺陷发生率由 1.0/1 000 降到 0.6/1 000。

依此推算，2019 年在中国出生的 1 465 万新生儿中，如果孕妇不补充叶酸，会有 4.25 万例神经管缺陷发生；如果孕妇补充叶酸，只有 1.17 万例神经管缺陷发生。补充叶酸每年在中国可预防3.08 万例神经管缺陷。如果将叶酸补充的启动时机提前到孕前一个月，或实施全民叶酸补充策略，其预防效果会更好。考虑到神经管缺陷的巨大危害以及中国育龄妇女叶酸摄入普遍偏低的现状，全民叶酸添加计划将产生巨大社会效益。

针对全民补充叶酸会导致个别人体内叶酸蓄积的问题，对重点人群加强监测，给 MTHFR 基因突变者同时补充其他 B 族维生素（尤其是维生素 B_6），可有效提高叶酸转化率，降低体内叶酸蓄积的风险。

第十一章 维生素 B_{12}

人体为什么需要维生素 B_{12}？

维生素 B_{12} 又称钴胺素（cobalamin），是一种水溶性维生素。维生素 B_{12} 在体内参与能量代谢和神经髓鞘合成。人体不能合成维生素 B_{12}，须经膳食持续补充。

1. 参与能量代谢

三羧酸循环是人体产生能量的主要链式反应系统。甲基丙二酰辅酶 A 变位酶可将甲基丙二酰辅酶 A 转化为琥珀酰辅酶 A，这一反应可让氨基酸、胆固醇和奇数链脂肪酸进入三羧酸循环并生成能量物质三磷酸腺苷（ATP）。作为甲基丙二酰辅酶 A 变位酶的辅助因子，维生素 B_{12} 参与这一能量代谢过程。维生素 B_{12} 缺乏时，甲基丙二酸会在体内蓄积，进而引起甲基丙二酸血症。

2. 参与神经髓鞘合成

体内合成神经髓鞘也需要甲基丙二酰辅酶 A 变位酶和维生素 B_{12}。当维生素 B_{12} 缺乏时，神经髓鞘形成和修复障碍，就会发生脊髓亚急性联合变性和周围神经炎。另一方面，维生素 B_{12} 缺乏时，体内蓄积的甲基丙二酸会产生神经毒性，进一步加重神经损害。胎儿和婴幼儿缺乏维生素 B_{12} 会影响神经系统发育。

3. 参与同型半胱氨酸代谢

甲硫氨酸合成酶可将 5-甲基四氢叶酸上的甲基转移到同型半胱氨酸上，生成甲硫氨酸和四氢叶酸，这一过程同样需要维生素 B_{12} 参与。当体内缺乏维生素 B_{12} 时，血同型半胱氨酸水平升高，被甲基捕获的 5-甲基四氢叶酸不能变回四氢叶酸，叶酸代谢循环被打断，细胞内会蓄积大量 5-甲基四氢叶酸。这时，即使膳食中不缺乏叶酸，人体也会出现叶酸缺乏的症状。这种现象是由 5-甲基四氢叶酸上的甲基不能被转移引起的，因此称"甲基陷阱"（methyl trap）。

4. 参与 DNA 合成

四氢叶酸参与胸腺嘧啶合成，而胸腺嘧啶是合成 DAN 的重要原料。维生素 B_{12} 缺乏诱发"甲基陷阱"时，体内缺乏四氢叶酸，胸腺嘧啶合成受阻，最终会影响到 DNA 合成。

5. 促进红细胞成熟

骨髓细胞增生活跃，维生素 B_{12} 缺乏最容易影响其造血作用，导致红细胞不能分裂，血液中出现体积巨大的红细胞，这就是巨幼红细胞。巨幼红细胞容易破裂，进而引发巨幼红细胞贫血。

维生素 B_{12}（钴胺素）分子核心由一个 3 价钴离子和一个咕啉环构成。维生素 B_{12} 是分子量最大（1355）、结构最复杂的维生素，也是唯一含金属元素的维生素。这种大分子物质不能直接被胃肠道吸收，须在内因子辅助下才能吸收。

内因子是由胃壁细胞合成的一种糖蛋白，不仅能促进维生素 B_{12} 吸收，还能保护维生素 B_{12} 免受肠道细菌降解。在没有内因子时，肠道也可吸收维生素 B_{12}，但吸收率极低。内因子能使维生素 B_{12} 的吸收率提升 100 倍以上，所以内因子是决定维生素 B_{12} 吸收量的关键。组胺、胃泌素、食物刺激会促进内因子分泌。口服大剂量（1 000 微克以上）维生素 B_{12} 时，肠道吸收维生素 B_{12} 存在饱和效应，即使一次口服 500 微克维生素 B_{12}，也仅有 10 微克能被吸收。

食物中的天然维生素 B_{12} 大多位于细胞内并与蛋白结合，胃酸可使维生素 B_{12} 从细胞中释放出来，胃蛋白酶可使维生素 B_{12} 与结合蛋白分离，亲钴蛋白（cobalophilin）可与游离维生素 B_{12} 结合。亲钴蛋白是由唾液腺产生的一种蛋白，可防止维生素 B_{12} 被胃酸和消化酶降解。在十二指肠内，胰蛋白酶可使维生素 B_{12} 与亲钴蛋白分离，再与内因子结合形成复合体。肠黏膜上皮细胞上的特殊受体可识别 B_{12}-内因子复合体，并将其转运到细胞内。

人体每天需要多少维生素 B$_{12}$？

成人体内大约储存有 2 000 微克—5 000 微克维生素 B$_{12}$，其中过半储存于肝脏。肝脏中的维生素 B$_{12}$ 可随胆汁排入肠道，之后在肠道被重新吸收，并经血液循环返回肝脏，这就是维生素 B$_{12}$ 的肝肠循环。但是，随胆汁排入肠道的维生素 B$_{12}$ 不会全部被重吸收，肝脏储存的维生素 B$_{12}$ 每天约有 0.1% 经肠道流失，胆汁是体内维生素 B$_{12}$ 排出的主要形式，储存的维生素 B$_{12}$ 大约可供人体使用 3 年。人体对维生素 B$_{12}$ 的需求量受多种因素影响。

1. 成人

美国医学研究所推荐，成年男性每日应摄入 2.4 微克维生素 B$_{12}$，成年女性每日应摄入 2.4 微克维生素 B$_{12}$。中国营养学会推荐，成年男性每日应摄入 2.4 微克维生素 B$_{12}$，成年女性每日应摄入 2.4 微克维生素 B$_{12}$（表 1）。

表1 维生素 B₁₂ 推荐摄入量（微克/天）

美国医学研究所			中国营养学会#		
年龄段	男性	女性	年龄段	男性	女性
0—6 个月	0.4*	0.4*	0—6 个月	0.3*	0.3*
7—12 个月	0.5*	0.5*	7—12 个月	0.6*	0.6*
1—3 岁	0.9	0.9	1—3 岁	1.0	1.0
4—8 岁	1.2	1.2	4—6 岁	1.2	1.2
9—13 岁	1.8	1.8	7—10 岁	1.6	1.6
14—18 岁	2.4	2.4	11—13 岁	2.1	2.1
19—50 岁	2.4	2.4	14—17 岁	2.4	2.4
≥51 岁	2.4	2.4	18—49 岁	2.4	2.4
			≥50 岁	2.4	2.4
孕妇≤18 岁		2.6	孕妇，早		2.9
孕妇≥19 岁		2.6	孕妇，中		2.9
乳母≤18 岁		2.8	孕妇，晚		2.9
乳母≥19 岁		2.8	乳母		3.2

*为适宜摄入量（AI），其余为推荐摄入量（RDA）。#：中华人民共和国卫生行业标准《中国居民膳食营养素参考摄入量第5部分：水溶性维生素》WS/T 578.5—2018。

2016 年，在中国上海地区开展的调查发现，普通成人平均每天经膳食摄入 3.91 微克维生素 B₁₂，素食者摄入 0.46 微克，完全素食者摄入 0.10 微克。由此可见，素食者维生素 B₁₂ 摄入量远达不到推荐水平。2018 年美国全民健康与营养调查提示，成年男性平均每天摄入 5.92 微克维生素 B₁₂，成年女性平均每天摄入 3.85 微克维生素 B₁₂。美国居民维生素 B₁₂ 摄入水平较高，原因是肉食消费量较大。

2. 孕妇

孕妇通过胎盘向胎儿输送维生素 B_{12}，须经膳食补充更多维生素 B_{12}。发生早孕反应的妇女，会因剧烈呕吐影响进食并导致内因子丢失，进一步增加维生素 B_{12} 缺乏的风险。美国医学研究所推荐，孕妇每日应摄入 2.6 微克维生素 B_{12}（在同年龄段普通女性的基础上增加 0.2 微克）。中国营养学会推荐，孕妇每日应摄入 2.9 微克维生素 B_{12}（在同年龄段普通女性的基础上增加 0.5 微克）。

3. 乳母

乳母通过乳汁向宝宝输送维生素 B_{12}，须经膳食补充更多维生素 B_{12}。缺乏维生素 B_{12} 的乳母其乳汁中维生素 B_{12} 含量降低，进而影响宝宝的生长发育。美国医学研究所推荐，乳母每日应摄入 2.8 微克维生素 B_{12}（在同年龄段普通女性的基础上增加 0.4 微克）。中国营养学会推荐，乳母每日应摄入 3.2 微克维生素 B_{12}（在同年龄段普通女性的基础上增加 0.8 微克）。

4. 婴儿

由于缺乏研究数据，目前尚不能制定婴儿维生素 B_{12} 的推荐摄入量（RDA），只能用适宜摄入量（AI）替代。母乳中维生素 B_{12} 平均含量为 0.42 微克/升，1—6 个月宝宝平均每天吃奶 750 毫升，从中可获取 0.32 微克维生素 B_{12}。采用代谢体重法计算，7—12 个月宝宝每天摄入 0.60 微克维生素 B$_{12}$。根据美国医学研究所制定的标准，1—6 个月宝宝维生素 B$_{12}$ 适宜摄入量为每日 0.4 微克，7—12 个月宝宝维生素 B$_{12}$ 适宜摄入量为每日 0.5 微克。根据中国营养学会制定的标准，1—6 个月宝宝维生素 B$_{12}$ 适宜摄入量为每日 0.3 微克，7—12 个月宝宝维生素 B$_{12}$ 适宜摄入量为每日 0.6 微克。

5. 儿童

儿童处于快速生长发育阶段，其维生素 B$_{12}$ 需求量随年龄增长变化较大。不同年龄段儿童维生素 B$_{12}$ 推荐摄入量主要依据代谢体重法推算而来（表 1）。

6. 老年人

中国营养学会推荐，50 岁及以上人群维生素 B$_{12}$ 摄入量与 18—49 岁人群相同。美国医学研究所推荐，51 岁及以上人群维生素 B$_{12}$ 摄入量与 19—50 岁人群相同。

哪些食物富含维生素 B_{12}？

植物、动物和人体不能合成维生素 B_{12}，唯一能合成维生素 B_{12} 的生物是细菌。草食动物的肠道菌群可合成维生素 B_{12}，这些维生素 B_{12} 可被动物吸收到体内。动物将吸收的维生素 B_{12} 储存于肝脏和其他组织。动物源性食物中含有丰富的维生素 B_{12}，部分发酵食物含有较高水平的维生素 B_{12}，海鲜和昆虫也含有一定量的维生素 B_{12}，植物源性食物（素食）基本不含维生素 B_{12}。肉、蛋、奶是人体维生素 B_{12} 的主要来源（表 2）。

表 2 富含维生素 B_{12} 的日常食物（微克/100 克食物）

食物	维生素 B_{12} 含量	食物	维生素 B_{12} 含量
蛤	98.9	酵母酱	0.50
牛肝	96.0	棕蘑菇	0.10
羊肝	85.7	香菇	0.05
鹅肝	54.0	白蘑菇	0.04

食物	维生素 B$_{12}$ 含量	食物	维生素 B$_{12}$ 含量
鸭肝	54.0	黑木耳	0.00
鱿鱼	36.0	金针菇	0.00
龙虾	24.3	花生	0.00
扇贝	24.0	大豆	0.00
鸡肝	21.1	酱油	0.00
猪肝	18.7	螺旋藻	0.00
三文鱼	18.1	海带	0.00
田螺	18.1	海藻	0.00
螃蟹	10.4	紫菜	0.00
猪肾	8.5	核桃	0.00
牛肉	2.7	西红柿	0.00
羊肉	2.6	菜花	0.00
鸡蛋	1.1	土豆	0.00
鸡肉	1.0	胡萝卜	0.00
猪肉	0.8	苹果	0.00
奶酪	0.8	豆腐乳	0.00
酸奶	0.5	小麦粉	0.00
牛奶	0.4	大米	0.00

食物重量均以可食部分计算。数据来源：USDA National Nutrient Database。

　　完全素食者不吃肉、蛋、奶，因此容易发生维生素 B$_{12}$ 缺乏。为防止维生素 B$_{12}$ 缺乏，部分国家对谷类食品实施维生素 B$_{12}$ 强化。实施强化的国家，主食会成为居民维生素 B$_{12}$ 摄入的重要来源。

中国目前还没有普遍实施维生素 B_{12} 食品强化计划,《食品安全国家标准:食品营养强化剂使用标准》(GB 14880—2012)规定,食品生产企业可自愿向即食谷物(包括碾轧燕麦片)、烘烤食品、饮料和果冻中添加维生素 B_{12}。

以往曾认为,藻类食物,如海苔、紫菜、螺旋藻等含有丰富的维生素 B_{12}。藻类食物中维生素 B_{12} 源自与其共生的细菌。保健食品生产商也宣称,螺旋藻中含有丰富的维生素 B_{12}。2016 年,美国营养与饮食学会(AND)发布公告指出,藻类食品中所谓的维生素 B_{12} 并没有生理活性,是一种伪维生素。因此建议素食者选择维生素 B_{12} 补充剂,而不是食用藻类食物。

美国农业部建立的食物成分数据库可查询到常见食物维生素 B_{12} 的含量,《中国食物成分表》没有列入维生素 B_{12} 含量。美国《食品标签法》规定,市场销售的食品应标示维生素 B_{12} 含量。中国食品标签法规尚无此项要求。

维生素 B_{12} 为红色结晶粉末,无臭无味,微溶于水和乙醇。维生素 B_{12} 在弱酸环境(pH 值 4.5—5.0)中稳定,在碱性或强酸(pH<2)环境中易降解,遇热、光、紫外线也易降解。日常烹饪会使食物中的维生素 B_{12} 丢失 30%。

维生素 B_{12}(钴胺素)有四种化学形式:氰钴胺、羟钴胺、腺苷钴胺和甲钴胺。腺苷钴胺和甲钴胺是维生素 B_{12} 在体内的活性形式。氰钴胺和羟钴胺在体内可转变为腺苷钴胺或甲钴胺。各种形式的维生素 B_{12} 吸收率没有明显差异。

保健食品(膳食补充剂)和食品强化剂中的维生素 B_{12} 常使用氰钴胺,因为这种形式的维生素 B_{12} 理化性质稳定,不易降解。甲钴胺也可用作保健食品(膳食补充剂)和药物,但遇光后容易降解，因此须避光保存。市场上还有舌下含服的维生素 B_{12} 补充剂，其吸收率与口服剂相当。维生素 B_{12} 可经肌肉注射或静脉注射给药，静脉注射通常用于治疗因维生素 B_{12} 缺乏导致的巨幼红细胞贫血和其他严重疾病。

人体肠道细菌可合成维生素 B_{12}，但合成部位在结肠，维生素 B_{12} 的吸收部位在小肠，小肠位于结肠上游，细菌合成并非人体维生素 B_{12} 的主要来源。

牛、羊、鹿等反刍动物体内有瘤胃，高纤维食物可在瘤胃中发酵，细菌在瘤胃中合成的维生素 B_{12} 进入小肠后被吸收，因此瘤胃能保证反刍动物获得充足维生素 B_{12}。

兔子、豚鼠等草食动物没有瘤胃，摄入的高纤维食物直接被消化液降解，肠道细菌可利用降解物合成维生素 B_{12}。但合成部位在大肠，而维生素 B_{12} 的最佳吸收部位在小肠，大肠的吸收能力很弱，大肠位于小肠下游，细菌合成的维生素 B_{12} 基本不能被吸收。因此，兔子、豚鼠吃草后排出的初粪中含有丰富的维生素 B_{12}。

为了获得维生素 B_{12} 和其他 B 族维生素，兔子、豚鼠等草食动物养成了吞食初粪的习性。吞食初粪后产生的二次粪便维生素 B_{12} 含量明显减少，动物就不会再吞食这种粪便。现在，有些都市白领饲养兔子和豚鼠作为宠物，他们不知道这些动物会从初粪中获取维生素 B_{12}。出于卫生方面的考虑，很多饲养者不让兔子和豚鼠吃初粪，结果导致宠物因维生素 B_{12} 缺乏而死亡，这实在是一件令人遗憾的事情。

哪些人容易缺乏维生素 B$_{12}$?

人体维生素 B$_{12}$ 主要源于动物源性食物，尤其是肉、蛋、奶。贫困人口和素食者容易缺乏维生素 B$_{12}$。有些疾病和药物会影响维生素 B$_{12}$ 的吸收和利用，也会导致相关缺乏症状。

1. 贫困人口

经济落后地区的居民、流浪者、难民等特殊人群肉、蛋、奶摄入量少，易发生维生素 B$_{12}$ 缺乏；难民中的儿童更易出现维生素 B$_{12}$ 缺乏相关的症状。

2. 素食者

完全素食者不吃肉、蛋、奶，容易出现维生素 B$_{12}$ 缺乏。发酵食品中含有维生素 B$_{12}$，完全素食者可选择这类食物。胎儿通过胎盘从母体获取营养，完全素食的孕妇脐带血中维生素 B_{12} 含量明显下降，胎儿容易出现维生素 B_{12} 缺乏。完全素食的乳母，奶汁中维生素 B_{12} 含量明显下降，宝宝也容易发生维生素 B_{12} 缺乏。美国饮食协会（ADA）建议，素食的孕妇和乳母应补充维生素 B_{12}。

3. 酗酒者

酒精会干扰维生素 B_{12} 的吸收和利用，长期酗酒者容易发生维生素 B_{12} 缺乏。

4. 老年人

老年人唾液和胃液分泌量减少，内因子活化率下降，维生素 B_{12} 的吸收能力降低。在美国开展的调查发现，大约有 10% 的老年人维生素 B_{12} 缺乏。

5. 慢性胃肠病患者

慢性胃炎、胃溃疡、胃癌都会影响胃酸和内因子分泌，克罗恩病、慢性肠炎、慢性腹泻等疾病会直接影响维生素 B_{12} 的吸收。这些患者早期可出现认知功能下降，如未能及时补充维生素 B_{12}，最终可发展为巨幼红细胞贫血和痴呆。自身免疫性胃炎患者会产生多种针对壁细胞的抗体。其中，抗内因子抗体可与内因子结合，使其不能与维生素 B_{12} 形成复合体；抗胃壁细胞抗体可破坏胃壁细胞，使胃酸合成和分泌发生障碍；抗胃泌素细胞抗体还会破坏胃泌素细胞，使胃泌素合成和分泌发生障碍。因此，自身免疫性胃炎患者容易发生维生素 B_{12} 缺乏。

6. 接受胃肠手术的人

因减肥实施胃切除、胃旁路、胃箍环、胃束带等手术的人，或因疾病实施胃肠切除术的人都易发生维生素 B_{12} 缺乏。

7. 服用特殊药物的人

治疗糖尿病的二甲双胍可改变肠道内环境，影响维生素 B_{12} 与内因子结合，从而干扰维生素 B_{12} 的吸收；氯霉素等抗生素可干扰维生素 B_{12} 的代谢；质子泵抑制剂（奥美拉唑、兰索拉唑、雷贝拉唑、泮托拉唑）、H_2 受体阻滞剂（西咪替丁、雷尼替丁、尼扎替丁、法莫替丁）、抗酸剂（氢氧化铝、硫糖铝、氢氧化镁、次碳酸铋）会抑制胃液分泌，长期服用这些药物的人容易发生维生素 B_{12} 缺乏。在荷兰开展的研究发现，服用二甲双胍 4 年以上会将血维生素 B_{12} 水平降低 19%。

对于存在缺乏风险的人，在补充前应评估体内维生素 B_{12} 的营养状况。血清维生素 B_{12} 浓度低于 170 皮克/毫升，提示维生素 B_{12} 缺乏。血清甲基丙二酸水平升高（>0.4 微摩尔/升），也提示维生素 B_{12} 缺乏。血清同型半胱氨酸水平升高（>13 微摩尔/升），同样可提示维生素 B_{12} 缺乏，但这一指标缺乏特异性，维生素 B_6 和叶酸缺乏也会导致血清同型半胱氨酸水平升高。

维生素 B₁₂ 缺乏会有哪些危害？

作为甲基转移酶和异构酶的辅助因子，维生素 B$_{12}$ 在体内参与能量代谢、神经髓鞘化、DNA 合成等生理过程，缺乏时会导致多种病症。

1. 巨幼红细胞贫血

巨幼红细胞贫血主要表现为乏力、食欲不振、体重减轻等。叶酸和维生素 B$_{12}$ 缺乏都可引起巨幼红细胞贫血。对于维生素 B$_{12}$ 缺乏引起的巨幼红细胞贫血，如果持续补充大量叶酸，完全可缓解贫血症状。但由于病因没有解决，在缓解贫血的同时，体内会蓄积更多 5-甲基四氢叶酸。维生素 B$_{12}$ 缺乏除了导致巨幼红细胞贫血，还会引起脊髓亚急性联合变性等疾病。过早补充叶酸会掩盖神经系统损害的症状，等到疾病进展到不可逆转时再补充维生素 B$_{12}$，就可能产生永久性后遗症。因此，在明确病因前，巨幼红细胞贫血患者不宜盲目补充叶酸。

2. 脊髓亚急性联合变性

脊髓亚急性联合变性主要表现为双下肢深感觉缺失、感觉性共济失调和痉挛性瘫痪。其原因在于，维生素 B_{12} 缺乏损害了神经髓鞘的完整性。

3. 抑郁症

维生素 B_{12} 缺乏的人容易发生抑郁症。在社区开展的调查发现，维生素 B_{12} 缺乏的老年人患抑郁症的风险增加 70％。维生素 B_{12} 参与 S-腺苷甲硫氨酸（SAM）的合成，SAM 为脑内许多甲基化反应提供甲基，其中包括影响抑郁症的神经递质。另外，维生素 B_{12} 缺乏可引起血同型半胱氨酸水平升高，有高同型半胱氨酸血症的老年人容易发生抑郁症。

4. 认知功能损害

维生素 B_{12} 缺乏会损害认知功能，导致记忆力下降，严重者可进展为痴呆。

5. 周围神经病

维生素 B_{12} 缺乏会影响周围神经髓鞘的完整性，导致周围神经病（多发性神经炎）。临床多表现为肢体远端对称性感觉障碍。

6. 高同型半胱氨酸血症

维生素 B_{12} 在体内参与同型半胱氨酸代谢，维生素 B_{12} 缺乏时，血同型半胱氨酸水平升高（高同型半胱氨酸血症）。

7. 甲基丙二酸血症

甲基丙二酸代谢需要维生素 B_{12} 参与。维生素 B_{12} 缺乏时，氨基酸、胆固醇和奇数链脂肪酸代谢产生的甲基丙二酸在体内蓄积，引起甲基丙二酸血症。

维生素 B_{12} 的毒性很低，美国医学研究所和中国营养学会都没有设置维生素 B_{12} 的可耐受最高摄入量（UL）。在心脏结局预防评估研究（HOPE）中，每天服用 1 000 微克维生素 B_{12} 持续 5 年，没有发现任何毒副反应。

维生素 B_{12} 在肠道的吸收有赖于内因子，内因子的数量有限，因此人体吸收维生素 B_{12} 具有明显饱和效应。当服用大剂量（1 000 微克）维生素 B_{12} 时，绝大部分并不被肠道吸收。这是维生素 B_{12} 毒副作用小的主要原因。

维生素 B_{12} 可防治哪些疾病？

除了用于治疗维生素 B_{12} 缺乏症，维生素 B_{12} 还可能用于慢性疾病的防治和氰化物中毒的急救，但这些用途很多都处于研究阶段。

1. 心脑血管病

维生素 B_{12}、维生素 B_6 和叶酸参与同型半胱氨酸代谢。维生素 B_{12} 缺乏会导致同型半胱氨酸水平升高。同型半胱氨酸水平升高会损伤血管内皮细胞，促进脂质过氧化反应，诱导血管平滑肌细胞增殖，诱发血栓形成，进而增加心脑血管病的风险。尽管有研究提示补充维生素 B_{12} 可降低血同型半胱氨酸水平，但大型临床试验并未证实维生素 B_{12} 制剂能降低心脑血管病的风险。哈佛大学发起的女性抗氧化剂和叶酸心脑血管保护研究（WAFACS）发现，40 岁及以上妇女每天服用 1 毫克维生素 B_{12}、2.5 毫克叶酸和 50 毫克维生素 B_6，在平均 7.3 年的随访期内，尽管降低了血同型半胱氨酸水平，但并未降低严重心脑血管事件的风险。在心脏结局预防评估研究（HOPE）中，给血管病或糖尿病患者每天服用 2.5 毫克叶酸、50 毫克维生素 B_6 和 1 毫克维生素 B_{12}，持续 5 年可降低血同型半胱氨酸水平，但同样未能降低严重心脑血管事件的风险。美国心脏协会（AHA）据此认为，现有研究尚不能证实 B 族维生素可降低心脑血管病的风险。

2. 痴呆

维生素 B_{12} 参与同型半胱氨酸代谢和神经递质合成，从理论上分析，维生素 B_{12} 缺乏会影响认知功能，甚至引发痴呆。有小型研究观察到维生素 B_{12} 摄入量少与认知功能下降有关，但大型临床试验并未发现补充维生素 B_{12} 会改善认知功能。WAFACS 研究发现，中老年妇女每天服用复合维生素 B（1 毫克维生素 B_{12}、2.5 毫克叶酸、50 毫克维生素 B_6）1.2 年，并不能改善认知功能。但老年人通过膳食增加 B 族维生素摄入可延缓认知功能下降的速度。

3. 癌症

人体合成 DNA 需要叶酸，叶酸缺乏时 DNA 链更易断裂。维生素 B_{12} 缺乏会导致叶酸循环被阻断，进而引起 DNA 损伤率升高和 DNA 甲基化水平降低。从理论上分析，上述两种机制都会增加癌症风险。临床上也观察到，血维生素 B_{12} 浓度较低的人，白细胞染色体断裂比例较高。干预研究显示，成人每天补充 700 微克叶酸和 7 微克维生素 B_{12}，持续两个月就可降低染色体断裂的比例。但荟萃分析没有发现血维生素 B_{12} 水平与乳腺癌之间的相关性。最近开展的前瞻性队列研究表明，增加维生素 B_{12} 的摄入量对乳腺癌的发生风险没有影响。可见，要确定维生素 B_{12} 能否预防癌症尚需开展更多研究。

4. 抑郁症

给脑血管病（中风）患者每天补充 2 毫克叶酸、25 毫克维生素 B_6 和 500 微克维生素 B_{12}，7 年后可显著降低重度抑郁的发生风险。尽管目前尚不能确定维生素 B_{12} 是否可防治抑郁症，但在老年抑郁症患者中应评估维生素 B_{12} 的营养状况。

5. 骨质疏松症

同型半胱氨酸会增加骨吸收（分解），减少骨形成，降低骨血流量，进而影响骨骼重塑。另外，同型半胱氨酸可与骨骼中的胶原蛋白结合而改变其理化性质，引发骨质疏松。从理论上分析，维生素 B_{12} 有利于骨骼健康，降低骨折风险。一项小型干预研究发现，老年人每天补充叶酸（5 毫克）和维生素 B_{12}（1 500 微克），两年后可降低血同型半胱氨酸浓度，同时降低骨折风险。在另一项大型干预研究中，老年人每天补充叶酸（2.5 毫克）、维生素 B_{12}（1 000 微克）和维生素 B_6（50 毫克）可降低血同型半胱氨酸浓度，但没有降低骨折风险。因此，维生素 B_{12} 能否预防骨折尚需更多研究证据。

6. 氰化物中毒

人们常所说的氰化物是指含有氰根离子（CN－）的无机盐，俗称山奈（cyanide）。电镀、洗注、油漆、染料、橡胶等行业经常会用到氰化钾和氰化钠。在日常生活中，桃、李、杏、枇杷等水果中含有氢氰酸，苦杏仁和木薯中含量尤其高。在工业生产和日常生活中，氰化物中毒时有发生。氰化物中毒后，可经静脉给患者注射大剂量羟钴胺（维生素 B_{12} 的一种形式）。羟钴胺分子上的氢氧化物配体可置换氰化物中的氰离子，所产生的氰钴胺（维生素 B_{12} 的另一种形式）无毒，最终会经尿液排出。

维生素 B₁₂ 是如何发现的？

1822 年，英国外科医生库姆（James Combe）报道了一例特殊贫血患者，表现为乏力、呼吸急促、皮肤苍白、手脚麻木等。采用铁剂、含铁矿泉水、传统药物、营养膳食等方法进行治疗，患者仍不断加重病情并最终死亡。尸检发现，该患者有重度萎缩性胃炎。库姆据此推测，这种贫血与萎缩性胃炎有关。

1849 年，英国伦敦盖伊医院（Guy's Hospital）的内科医生艾迪生（Thomas Addison）归纳了这种特殊贫血患者的主要表现，认为该病与肾上腺病变有关（后来这一观点被否定），此后该病被称为"艾迪生贫血"（Addisonian anemia）。

1872 年，因观察到这种贫血预后极差，德国医生比尔默（Anton Biermer）将其命名为恶性贫血（pernicious anemia）。1907 年，美国医生卡博特（Richard Cabot）对 1200 例恶性贫血进行随访发现，患者确诊后的生存期最多只有三年。因为进展快，病死率高，这种病被命名为进行性恶性贫血（progressive pernicious anemia）。由于病因不明，医生对恶性贫血束手无策。

1920 年，美国医生惠普尔通过放血让狗患上贫血，然后评估用的各种食物和药物的疗效。经过反复尝试，惠普尔发现动物肝脏可促进贫血康复。尽管惠普尔制作的动物模型是失血性贫血，而非恶性贫血，但他的研究为后继者指明了方向。

1926 年，美国学者迈诺特和墨菲尝试给恶性贫血患者服用生牛肝榨汁，45 名受试者竟然在两周内都神奇地痊愈。迈诺特和墨菲认为，肝脏中存在一种能治疗恶性贫血的营养因子。1934 年，惠普尔、迈诺特和墨菲分享了诺贝尔生理学或医学奖。

按照迈诺特和墨菲的方案，恶性贫血患者每天要饮用半磅（227 克）生牛肝榨汁，或食用半磅生牛肝。对多数患者而言，这种治疗都是难以忍受的味觉挑战。1928 年，美国芝加哥大学化学家科恩（Edwin Cohn）从牛肝中提取出活性物质（肝脏因子），患者每天只需服用 3 克肝脏因子就可达到治疗目的，肝脏因子还可直接注射到肌肉中。科恩制备的肝脏因子提高了恶性贫血的治疗效果，降低了治疗费用。但临床应用后发现，仍有部分患者疗效不佳，尤其是患有萎缩性胃炎和实施胃大部切除术的患者。

1929 年，美国哈佛大学生理学家卡斯尔（William Castle）设计了一个奇妙研究，最终找到了部分患者疗效不佳的原因。卡斯尔招募到 10 名恶性贫血患者，他们都曾实施胃大部切除术，此前尝试的生牛肝疗法效果不佳。卡斯尔自己先食用生牛肝，一小时后，用催吐法将胃里已消化的生牛肝呕吐出来，再给患者食用。神奇的是，10 名患者很快都痊愈了。卡斯尔的疗法让人无比恶心，但他揭示了恶性贫血背后的另一秘密，因此拯救了数以百万计的患者。牛肝含有可防治贫血的营养因子（外因子），但不能直接被肠道吸收，胃内合成的"内因子"可辅助外因子吸收。萎缩性胃炎患者和胃大部切除者无法合成内因子，外因子不能被吸收。这些人容易患恶性贫血，食用生牛肝疗效不佳。

1948 年，为默克公司工作的化学家福克斯（Karl Folkers）从肝脏中分离出外因子。同年，英国化学家托德（Alexander Todd）发现外因子分子中含有钴，他将这种营养素命名为维生素 B_{12}。托德后来因研究核苷酸获得 1957 年诺贝尔化学奖。1955 年，英国女化学家霍奇金采用 X 射线晶体衍射技术确定了维生素 B_{12} 的化学结构。霍奇金因此获得 1964 年诺贝尔化学奖。

1973 年，美国化学家伍德沃德和瑞士化学家埃申莫瑟（Albert Eschenmoser）带领由 91 名博士后和 12 名博士组成的庞大研究团队，在哈佛大学的实验室成功合成维生素 B_{12}。伍德沃德被尊为"有机合成之父"，他首次合成了胆甾醇、皮质酮、马钱子碱、利血平、叶绿素等复杂有机物。1965 年，伍德沃德获得诺贝尔化学奖。伍德沃德设计的维生素 B_{12} 合成流程涉及 72 个化学反应体系，而且产量极低，完全没有实用价值。由于细菌可合成维生素 B_{12}，目前工业生产维生素 B_{12} 均采用发酵法。

1952 年，日本化学家福井谦一提出前线分子轨道理论，这一理论可解释芳香烃类物质的化学性质。在研究维生素 B_{12} 的结构时，伍德沃德参考福井谦一的理论，和他的学生霍夫曼提出了分子轨道对称守恒原理。1981 年，霍夫曼和福井因创立分子轨道理论分享了诺贝尔化学奖。作为该理论的奠基者，伍德沃德本应再度获奖，遗憾的是他已于 1979 年离世。

不伴胃肠疾病的恶性贫血患者可口服维生素 B_{12}，伴有胃肠疾病的患者可注射维生素 B_{12}。维生素 B_{12}（外因子）和内因子的发现使恶性贫血的预后大为改善，现在的人们已很难想象百年前这种疾病的恐怖杀伤力。有学者回顾文献后发现，美国第十六届总统亚伯拉罕·林肯的妻子玛丽·林肯（Mary Lincoln）就因恶性贫血去世。在维生素 B_{12} 的发现过程中，曾有 8 位科学家因相关研究获得诺贝尔奖，这从一定程度上反映了人类攻克恶性贫血的重大意义。

第十二章　维生素 C

人体为什么需要维生素 C?

维生素 C 也称抗坏血酸，是一种水溶性维生素。维生素 C 在体内是多种生物酶的辅助因子和重要抗氧化物，参与组织修复、神经递质合成、免疫调控等生理过程。植物和大部分动物可合成维生素 C。人类的祖先灵长类在进化过程中丢失了编码古洛糖酸内酯氧化酶（古洛酶）的基因，从此不能合成维生素 C，而须经膳食持续补充维生素 C。

1. 参与胶原蛋白合成

维生素 C 在体内作为脯氨酸羟化酶和赖氨酸羟化酶的辅助因子，参与胶原蛋白合成。胶原蛋白是结缔组织的主要成分，也是人体中含量最多、分布最广的蛋白质，占总蛋白的 30%。皮肤、血管、肌腱、软骨、骨骼中胶原蛋白含量较高。体内维生素 C 缺乏时，胶原蛋白合成受阻，结缔组织结构和功能就会出现异常，尤其是伤口不能愈合，皮肤黏膜容易出血，这是发生坏血病的根本原因。

多数动物可合成维生素 C，催化这一反应的关键酶就是古洛酶，编码古洛酶的基因是古洛基因（GULO）。将古洛基因敲除后，动物就不能合成维生素 C。研究发现，敲除古洛基因的小鼠因维生素 C 缺乏导致动脉壁内胶原纤维和弹性纤维结构异常，容易发生动脉夹层、动脉狭窄、动脉扩张、动脉瘤等疾病。另外，敲除古洛基因的小鼠容易发生动脉粥样硬化，进而引发心脑血管病。

2. 抗氧化损伤

人体在代谢过程中会产生自由基和活性氧（ROS），食物中的有害成分、空气中的污染物、香烟和毒品等也会在体内产生自由基和活性氧。维生素 C 可淬灭自由基和活性氧，防止蛋白质、脂肪、碳水化合物、核酸（DNA 和 RNA）等大分子受到氧化损伤。作为抗氧化剂（还原剂），维生素 C 可将氧化态维生素 E 转变为还原态维生素 E，使之再次为人体利用。维生素 C 可将金属离子维持在还原态，防止含金属离子的酶失活。

3. 提高免疫力

维生素 C 可促进白细胞的生成和释放，增强巨噬细胞的趋化作用和吞噬作用，增强淋巴细胞的免疫应答作用，促进干扰素的合成和释放，保护白细胞免受氧化损伤。因此，维生素 C 具有免疫增强作用。

4. 促进铁的吸收和利用

维生素 C 可提高肠道对非血红素铁的吸收，提高食物中铁的生物利用度。另一方面，维生素 C 在体内发挥作用有时需要铁作为辅助因子。

5. 参与肉碱和儿茶酚胺合成

作为辅助因子，维生素 C 在体内参与肉碱和儿茶酚胺合成。

6. 解毒

维生素 C 具有强大的还原作用，可将氧化型谷胱甘肽转化为还原型谷胱甘肽，后者与进入人体的铅、汞、砷等重金属离子结合，从而发挥解毒作用。维生素 C 还能直接与重金属离子结合，形成复合物后经尿液排出。维生素 C 在体内可促进有害物质和细菌毒素发生羟化，从而发挥解毒作用。

维生素 C（抗坏血酸）分子上有烯醇式羟基，极易解离出 H^+ 离子，因此维生素 C 具有一定酸性。烯醇式羟基使维生素 C 具备强还原性，很容易被氧化为脱氢抗坏血酸。脱氢抗坏血酸在其他还原剂（如谷胱甘肽）作用下，又可转化为抗坏血酸，继续发挥还原作用。脱氢抗坏血酸可被进一步氧化为二酮古乐糖酸，这一反应不再可逆，二酮古乐糖酸完全丧失了维生素 C 的生理活性，其代谢物会经尿液排出体外。

维生素 C 如何吸收代谢?

天然食物中的维生素 C 大多以抗坏血酸的形式存在,因此富含维生素 C 的食物多少都带有一点酸味。在烹饪和加工过程中,天然食物中的维生素 C 会与钠、钾、钙、镁等碱金属离子结合,形成抗坏血酸盐。抗坏血酸和抗坏血酸盐可相互转变,决定其转变方向的关键就是酸碱度(pH 值)。在酸性环境中,维生素 C 多以抗坏血酸的形式存在;在碱性环境中,维生素 C 多以抗坏血酸盐的形式存在。胃液呈酸性,维生素 C 在胃内以抗坏血酸的形式存在;肠液呈碱性,维生素 C 在肠内以抗坏血酸盐的形式存在。

维生素 C 分子量较大,且具有明显极性,很难经简单扩散被吸收,其吸收有赖于协同转运蛋白(SVCT)。当摄入大量维生素 C 时,肠黏膜细胞上转运蛋白的运输能力达到饱和,肠道中的维生素 C 就不能被完全吸收,未被吸收的维生素 C 会随粪便排出,这种现象称为吸收饱和效应。

每天摄入 45 毫克维生素 C,其吸收率接近 100%;每天摄入

90毫克维生素C，其吸收率为80％；每天摄入1500毫克维生素C，其吸收率为49％；每天摄入3000毫克维生素C，其吸收率为36％；每天摄入12000毫克维生素C，其吸收率仅为16％。吸收饱和效应可使血维生素C浓度维持在相对稳定水平（60微摩尔/升—100微摩尔/升）。

肠黏膜上的协同转运蛋白表达量还受维生素C的负反馈调控。也就是说，长期采用高维生素C饮食或服用维生素C补充剂，肠黏膜细胞上的协同转运蛋白就会减少，维生素C的吸收率会进一步下降，这一机制使血维生素C浓度长期维持稳定。因此，用维生素防治慢病面临的一个问题就是，很难提升血维生素C浓度。

静脉注射维生素C可避开吸收饱和效应，使血维生素C浓度达到较高水平。但问题是，维生素C需要进入细胞才能发挥抗氧化作用。维生素C进入细胞同样需要协同转运蛋白辅助，而细胞膜上协同转运蛋白的表达受细胞内维生素C浓度反向调控。当细胞内维生素C浓度有所升高时，细胞膜上协同转运蛋白的表达量就会下降，细胞摄取的维生素C就会减少。即使血液中维生素C浓度很高，细胞内维生素C浓度也会维持在相对稳定水平。因此，用维生素C防治慢病面临的另一问题就是，很难提升细胞内维生素C浓度。

另外，肾脏也发挥着调节血维生素C浓度的作用。一旦血维生素C浓度有所升高，经尿液排出的维生素C就会明显增加。不论口服还是静脉注射大剂量维生素C，血液高浓度状态都不会维持太长时间。

人体每天需要多少维生素C?

人体不能合成维生素C，必须经膳食持续补充。成人体内大约储存有1 600毫克维生素C，如果每天消耗60毫克，体内储存的维生素C会在1个月内消耗殆尽。人体对维生素C的需求量受多种因素影响。

1. 成人

美国医学研究所推荐，成年男性每日应摄入90毫克维生素C，成年女性每日应摄入75毫克维生素C。中国营养学会推荐（RNI），成人每日应摄入100毫克维生素C（表1）。

表1　维生素C推荐摄入量（毫克/天）

美国医学研究所			中国营养学会[#]		
年龄段	男性	女性	年龄段	男性	女性
0—6个月	40[*]	40[*]	0—6个月	40[*]	40[*]

美国医学研究所			中国营养学会#		
年龄段	男性	女性	年龄段	男性	女性
7—12 个月	50*	50*	7—12 个月	40*	40*
1—3 岁	15	15	1—3 岁	40	40
4—8 岁	25	25	4—6 岁	50	50
9—13 岁	45	45	7—10 岁	65	65
14—18 岁	75	65	11—13 岁	90	90
19—50 岁	90	75	14—17 岁	100	100
≥51 岁	90	75	18—49 岁	100	100
吸烟的人	125	110	≥50 岁	100	100
孕妇≤18 岁		80	孕妇，早		100
孕妇≥19 岁		85	孕妇，中		115
乳母≤18 岁		115	孕妇，晚		115
乳母≥19 岁		120	乳母		150

*为适宜摄入量（AI），其余为推荐摄入量（RDA）。#：中华人民共和国卫生行业标准《中国居民膳食营养素参考摄入量第 5 部分：水溶性维生素》WS/T 578.5—2018。

2012 年中国居民膳食营养与健康状况调查显示，城乡居民每天平均摄入 80.4 毫克维生素 C，其中城市居民 85.3 毫克，农村居民 75.7 毫克。可见，中国居民维生素 C 摄入普遍低于推荐量。2018 年美国全民健康与营养调查显示，成年男性平均每天经膳食摄入 80.4 毫克维生素 C，成年女性平均每天经膳食摄入 72.5 毫克维生素 C。此外，有 35％的美国成人服用含维生素 C 的多重补充剂，有 12％的成人服用维生素 C 单一补充剂。

第二次世界大战期间，为了提高国民体质，保证兵源质量，避免因营养不良影响士兵战斗力进而危及国防安全，美国医学研究所开始为人体必需营养素制定推荐摄入量（RDA），其选定的第一个营养素就是维生素 C。1943 年，美国医学研究所推荐，成年女性每日应摄入 70 毫克维生素 C，成年男性每日应摄入 75 毫克维生素 C。此后，美国医学研究所大约每十年修订一次营养素推荐摄入量。1968 年，美国医学研究所将成人维生素 C 推荐摄入量降至每日 60 毫克；1974 年，进一步降至每日 45 毫克；1980 年，又升至每日 60 毫克。

在制定维生素 C 推荐摄入量时，美国医学研究所主要从预防坏血病的角度出发。2000 年制定新标准时（现行标准），因考虑到维生素 C 在预防慢性病中的潜力，美国医学研究所推荐成年女性每日摄入 75 毫克维生素 C，成年男性每日摄入 90 毫克维生素 C。因参考标准不同，世界各国制定的维生素 C 推荐摄入量差异较大（表 2）。最近，有国际机构和学者提出，应将成人维生素 C 推荐摄入量进一步增加到每日 200 毫克。中国营养学会专门制定了预防慢性病的维生素 C 推荐摄入量（PI‑NCD），即成人每天 200 毫克。

表 2　世界各国制定的成人维生素 C 推荐摄入量（RDA，毫克/日）

国家	制定标准的机构	发布年度	男性	女性
中国	中国营养学会，CNS	2014	100	100
日本	厚生劳动省，MHLW	2018	100	100
美国	美国医学研究所，IOM	2000	90	75
南非	斯泰伦博斯大学营养信息中心，NICUS	2019	90	90
印度	印度医学研究委员会，ICMR	2010	40	40
英国	英国卫生部，DOH	1991	40	40
法国	法国食品安全局，AFSSA	2001	110	110

国家	制定标准的机构	发布年度	男性	女性
德国	德国营养学会，GNS	2015	110	95
奥地利	德国营养学会，GNS	2015	110	95
瑞士	德国营养学会，GNS	2015	110	95
意大利	意大利人类营养协会，SINU	2014	105	85
西班牙	食品科学技术与营养研究所，ICTAN	2015	60	60
荷兰	荷兰卫生委员会，HCN	2018	75	75
丹麦	北欧部长理事会，NCM	2012	75	75
芬兰	北欧部长理事会，NCM	2012	75	75
冰岛	北欧部长理事会，NCM	2012	75	75
挪威	北欧部长理事会，NCM	2012	75	75
瑞典	北欧部长理事会，NCM	2012	75	75
欧盟	欧洲食品安全局，EFSA	2013	110	95
新加坡	健康促进委员会，HPB	2019	105	85
泰国	国际生命科学学会，ILSI	2005	90	75
越南	国家营养研究所，NIN	2008	70	65
菲律宾	食品与营养研究所，FNRI	2015	70	60
马来西亚	全国食物和营养协调委员会，NCCFN	2005	70	70
印度尼西亚	印度尼西亚卫生部，MOH	2009	60	60
澳大利亚	国家卫生与医学研究委员会，NHMRC	2006	45	45
新西兰	国家卫生与医学研究委员会，NHMRC	2006	45	45
联合国	联合国粮农组织，FAO 世界卫生组织，WHO	2004	45	45

2. 孕妇

孕妇通过胎盘向胎儿输送维生素 C，因此须经膳食补充更多维生素 C。发生早孕反应的妇女，由于剧烈呕吐会影响进食，这样会增加维生素 C 缺乏的风险。美国医学研究所推荐，18 岁及以下孕妇每日应摄入 80 毫克维生素 C（在同年龄段普通女性的基础上增加 15 毫克），19 岁及以上孕妇每日应摄入 85 毫克维生素 C（在同年龄段普通女性的基础上增加 10 毫克）。中国营养学会推荐，妊娠早期妇女（1—3 个月）每日应摄入 100 毫克维生素 C（与同年龄段普通女性相同），妊娠中晚期（4—9 个月）妇女每日应摄入 115 毫克维生素 C（在同年龄段普通女性的基础上增加 15 毫克）。

3. 乳母

乳母通过乳汁向宝宝输送维生素 C，因此须经膳食补充更多维生素 C。缺乏维生素 C 的乳母乳汁中维生素 C 含量降低，可能会影响宝宝的生长发育。美国医学研究所推荐，18 岁及以下乳母每日应摄入 115 毫克维生素 C（在同年龄段普通女性的基础上增加 50 毫克），19 岁及以上乳母每日应摄入 120 毫克维生素 C（在同年龄段普通女性的基础上增加 45 毫克）。中国营养学会推荐，乳母每日应摄入 150 毫克维生素 C（在同年龄段普通女性的基础上增加 50 毫克）。

4. 婴儿

由于缺乏研究数据，目前尚不能制定婴儿维生素 C 的推荐摄入量（RDA），只能用适宜摄入量（AI）替代。母乳中维生素 C 平均含量为 50 毫克/升，1—6 个月宝宝平均每天吃奶 750 毫升，从中可获取 37.5 毫克维生素 C。采用代谢体重法计算，7—12 个月宝宝每天摄入 42.2 毫克维生素 C。根据美国医学研究所制定的标准，1—6 个月宝宝维生素 C 适宜摄入量为每日 40 毫克，7—12 个月宝宝维生素 C 适宜摄入量为每日 50 毫克。根据中国营养学会制定的标准，1—6 个月宝宝维生素 C 适宜摄入量为每日 40 毫克，7—12 个月宝宝维生素 C 适宜摄入量为每日 40 毫克。

5. 儿童

儿童处于快速生长发育阶段，其维生素 C 需求量随年龄增长变化较大。不同年龄段儿童维生素 C 推荐摄入量主要依据代谢体重法推算而来（表 1）。

6. 老年人

随着年龄增加，肠道中负责维生素 C 吸收的协同转运蛋白表达量减少，老年人维生素 C 的吸收率和利用率下降。摄入等量维生素 C 后，老年人血维生素 C 浓度低于年轻人，而进入细胞的维生素 C 会进一步减少。另外，老年人往往受各种慢病困扰，体内氧化应激水平较高，维生素 C 需求量大。从理论上分析，老年人应增加维生素 C 摄入量，但目前各国指南并未推荐老年人增加维生素 C 摄入量。美国医学研究所推荐，51 岁及以上人群维生素 C 摄入量与 19—50 岁人群相同（每日 75 毫克）。中国营养学会推荐，50 岁及以上人群维生素 C 摄入量与 18—49 岁人群相同（每日 100 毫克）。

7. 吸烟者

烟草中含有大量氧化物和其他有害物质，会增加心脑血管病、周围血管病、胃溃疡、癌症等慢性病的风险。维生素 C 在人体中参与抗氧化和解毒过程，因此吸烟者应增加维生素 C 摄入量。美国医学研究所推荐，男性吸烟者每日应摄入 125 毫克维生素 C（较不吸烟的同龄男性增加 35 毫克），女性吸烟者每日应摄入 110 毫克维生素 C（较不吸烟的同龄女性增加 35 毫克）。中国营养学会没有针对吸烟者做出特别推荐。

哪些食物富含维生素 C?

维生素 C 也称抗坏血酸或己糖醛酸，是一种多羟基化合物，其结构类似葡萄糖，化学通式为 $C_6H_8O_6$。抗坏血酸具有弱酸性，可与金属离子结合形成抗坏血酸盐，如抗坏血酸钠、抗坏血酸钙、抗坏血酸钾等。抗坏血酸可与脂肪族有机酸反应形成酯，如抗坏血酸棕榈酸酯、抗坏血酸硬脂酸酯等。

根据旋光性，抗坏血酸存在左旋和右旋两种对映异构体(镜像异构体)，分别用 L (levo) 抗坏血酸和 D (dextro) 抗坏血酸表示。L 抗坏血酸最为常见，广泛存在于天然食物中，具备维生素 C 的生理活性。D 抗坏血酸可经化学合成，但不具备维生素 C 的生理活性。因此，维生素 C 仅指 L 抗坏血酸，不包括 D 抗坏血酸。

蔬菜、水果是人体维生素 C 的主要来源。柑橘、猕猴桃、草莓、哈密瓜等水果含有丰富的维生素 C，西红柿、甘蓝、辣椒、西蓝花等蔬菜也含有丰富的维生素 C (表 2)。研究发现，每天吃五份（每份约半杯或 80 克）不同种类的蔬菜水果，可提供 200 毫克以上维生素 C。

表2　富含维生素 C 的日常食物（毫克/100 克食物）

食物	维生素 C 含量	食物	维生素 C 含量
卡卡杜李	3 200	冬瓜	18
卡姆果	2 800	鲜玉米	16
美洲大樱桃	1 678	西红柿	14
酸枣	900	花生	14
沙棘	695	葡萄	10
番石榴	228	核桃	10
鲜辣椒	144	西瓜	10
青椒	128	黄瓜	9
猕猴桃	93	洋葱	7
草莓	60	桃子	7
橙子	50	苹果	6
菠萝	48	人奶	5
哈密瓜	40	蘑菇	2
白菜	31	牛奶	1
菠菜	30	鳜鱼	0
芒果	28	鸡蛋	0
红薯	24	猪肉	0
猪肝	20	大豆	0
土豆	20	大米	0

食物重量均以可食部分计算。数据来源：①USDA National Nutrient Database。②杨月欣、王光亚、潘兴昌主编：《中国食物成分表》，第二版，北京大学医学出版社，2009。

肉（动物肝脏除外）、蛋、奶中维生素 C 含量很低，谷物（大米、面粉、玉米、小米）中维生素 C 含量几乎可忽略不计。在食品工业中，维生素 C（抗坏血酸）常作为防腐剂或保鲜剂加入食品中。

蔬菜、水果是人体维生素 C 的主要来源。世界卫生组织（WHO）建议成人每天至少应吃 400 克蔬菜、水果，包括五种不同的蔬菜、水果，但不包括土豆（马铃薯）、红薯、木薯、山药和其他根茎类。

维生素 C 为水溶性物质，但在水溶液中易氧化，在碱性条件下易分解，在弱酸条件下相对稳定。维生素 C 遇热、遇光、遇碱、遇强酸都易分解。过度烹饪和长时间储存食物，其中的维生素 C 会大量破坏，在铜锅中烹饪食物更易破坏维生素 C。食品加工也会破坏维生素 C，但冷藏或冷冻一般不影响维生素 C 的活性。

在烹饪过程中，加热时间越长、温度越高，蔬菜中维生素 C 的丢失率就越大（表 3）。烹饪时加入碳酸钠（苏打）、碳酸氢钠（小苏打）等碱性调味品，维生素 C 的丢失量会进一步增加。各种烹饪方法导致维生素 C 的丢失率不同，炒熟的蔬菜维生素 C 丢失率最大，煮熟次之，蒸熟最小（表 4）。

表 3　烹饪时间对维生素 C 丢失率（%）的影响

蔬菜	未烹饪	烹饪 5 分钟	烹饪 15 分钟	烹饪 30 分钟
青椒	0	11.8	35.3	64.7
四季豆	0	10.6	33.3	58.3
菠菜	0	9.9	29.9	60.0

蔬菜	未烹饪	烹饪 5 分钟	烹饪 15 分钟	烹饪 30 分钟
南瓜	0	12.4	37.4	62.4
胡萝卜	0	16.6	33.3	49.9

烹饪时温度保持在 60℃。维生素 C 丢失率的计算方法：（烹饪前含量 - 烹饪后含量）/烹饪前含量×%。数据来源：Igwemmar NC, Kolawole SA, Imran IA. Effect of Heating on Vitamin C Content of Some Selected Vegetables. IJSTR. 2013；2（11）：209 - 212。

表 4 烹饪方式对维生素 C 丢失率（%）的影响

蔬菜	未烹饪	蒸	煮	炒
土豆	0	16.3	29.3	67.6
菠菜	0	9.6	49.9	82.7
菜花	0	17.5	33.3	51.9
洋葱	0	24.6	49.0	62.3
辣椒	0	92.6	93.3	96.0
西蓝花	0	23.0	44.4	55.5
茄子	0	9.8	33.3	33.3
大白菜	0	5.5	6.3	62.4

蒸、煮法在沸腾的水中各持续 10 分钟，炒法以蔬菜内部熟透为度。维生素 C 丢失率的计算方法：（烹饪前含量 - 烹饪后含量）/烹饪前含量×%。数据来源：Khatun R., Khatun K., Islam S., Al-Reza S. Effect of Different Cooking Methods on Vitamin C Content of Some Selected Vegetables. Int. J. Curr. Microbiol. App. Sci. 2019.8（10）：2658 - 2663。

母乳中含有维生素 C，吃母乳的宝宝不用担心缺乏维生素 C。配方奶粉中也添加了适量维生素 C，吃配方奶粉的宝宝一般不会缺乏维生素 C。牛奶含有维生素 C，但巴氏消毒法会破坏其中的天然维生素 C。

中华人民共和国《食品安全国家标准：食品营养强化剂使用

标准》（GB 14880—2012）规定：水果罐头、果泥、豆浆粉（豆粉）、糖果、即食谷物、果蔬汁、含乳饮料、水基调味饮料、固体饮料、果冻等食品可添加维生素 C。其中，蔬果汁和水基调味饮料维生素 C 添加的许可剂量为 250 毫克/千克—500 毫克/千克。对于喜欢饮料的年轻人，这种强化剂已成为维生素 C 摄入的重要来源。

美国农业部开发的食物成分数据库可检索到常见食物维生素 C 含量。中国营养学会编制的《中国食物成分表》也列出了常见食物的维生素 C 含量。

哪些人容易缺乏维生素 C?

随着温室技术和低温储存技术的发展，现在冬春季也能获得新鲜的蔬菜、水果，因维生素 C 缺乏导致的坏血病已非常少见。但在贫困人口和特殊人群中，维生素 C 缺乏症仍时有发生。

1. 贫困人口

贫困人口和偏远地区居民新鲜的蔬菜、水果摄入量少。自然灾害发生后，蔬菜、水果供应进一步受限，容易发生坏血病流行。20 世纪 90 年代，青海省玉树州曾多次发生特大雪灾，导致牛羊大批死亡。雪灾期间，当地牧民以炒面（炒熟的面粉）、馍、面条和稀饭为主食，鲜肉和牛奶很少，灾民基本没有蔬菜、水果。当地卫生部门调查后发现，雪灾期间全州坏血病发病率高达 422/10万，坏血病死亡率高达 8. 7/10 万。

2002 年春，阿富汗西部地区出现大批牙龈和皮肤出血患者，发病率和死亡率都很高，当地医生将这种病诊断为出血热。国际医疗救援组织调查后发现，阿富汗西部山区交通闭塞、贸易不发达，加之连年干旱导致农作物绝收，在漫长的冬季里，人们仅以简单食物果腹，最后因维生素 C 缺乏导致坏血病暴发。在 827 个村庄分发维生素 C 片剂后，当地坏血病很快就得到控制。

2. 吸烟者

烟草中含有大量氧化物和其他有害物质，吸烟会增加心脑血管病、周围血管病、胃溃疡、癌症等慢性病的风险。维生素 C 在人体中参与抗氧化和解毒过程，因此吸烟者应增加维生素 C 摄入量。研究发现，吸烟者血浆和白细胞中维生素 C 水平明显低于不吸烟者。美国医学研究所特别推荐，吸烟者每天应额外摄入 35 毫克维生素 C。同样，经常吸二手烟的人应增加维生素 C 的摄入量。

3. 酗酒者

酗酒的人饮食不规律，饮食结构不均衡，酒精会干扰维生素 C 的吸收和代谢，长期酗酒的人容易出现维生素 C 缺乏。

4. 吸毒者

吸毒者食量减少，饮食结构不均衡，导致维生素 C 摄入量减少。毒品会升高氧化应激水平，减弱免疫力，增加感染机会，增加体内维生素 C 的消耗量。吸毒者容易发生维生素 C 缺乏。

5. 以煮沸奶喂养的宝宝

母乳和配方奶粉中含有适量的维生素 C，吃母乳或配方奶粉的宝宝不用担心维生素 C 缺乏。但在偏远落后地区，缺乏母乳的宝宝常以牛奶或羊奶为食。为了消毒或浓缩奶汁，居民常用煮沸过的牛奶或羊奶喂养宝宝，这样就会破坏其中的维生素 C。因此，长期以煮沸奶为食的宝宝可能发生维生素 C 缺乏。

6. 节食者和偏食者

减肥的人可能会减少食量，偏食的人可能不吃蔬菜、水果，这些人都易发生维生素 C 缺乏。

7. 慢性病患者

慢性胃肠疾病、长期腹泻、胃肠手术等会影响维生素 C 吸收，这些患者容易发生维生素 C 缺乏。慢性感染、糖尿病、结核病、癌症等会增加体内维生素 C 的消耗量，这些患者也容易发生维生素 C 缺乏。终末期肾病患者在实施血液透析治疗后，血维生素 C 浓度可能会降低，需要适当补充维生素 C。

对于存在缺乏风险的人，在补充前应评估体内维生素 C 的营养状况。血维生素 C 浓度可大致反映体内维生素 C 的丰缺程度。血维生素 C 浓度≥60 微摩尔/升，提示体内维生素 C 充足；血维生素 C 浓度在 23 微摩尔/升—59 微摩尔/升之间，提示体内维生素

C基本充足；血维生素C浓度在11微摩尔/升—22微摩尔/升之间，提示体内维生素C缺乏；血维生素C浓度＜11微摩尔/升，提示体内维生素C严重缺乏。

维生素C负荷试验也可评估体内维生素C的丰缺程度。服用大量维生素C后，尿液维生素C含量明显增加，提示被测者体内维生素C充足。服用大量维生素C后，尿液维生素C含量无明显增加，提示被测者体内维生素C缺乏。

维生素 C 缺乏会有哪些危害？

1937 年，匈牙利生理学家森特-哲尔吉（Albert Szent-Gyrgyi）因发现维生素 C 获得诺贝尔生理学或医学奖。在获奖感言中，森特-哲尔吉曾批评针对维生素 C 的错误认识："医学界普遍认为，维生素 C 缺乏就会引起坏血病，若没有坏血病发生，就不存在维生素 C 缺乏。这种观点相当肤浅甚至错误。问题的关键在于，坏血病并非维生素 C 缺乏的最初症状，而是维生素 C 缺乏的最终结果。在健康和坏血病之间，存在很多维生素 C 缺乏的病症。"

1. 坏血病

维生素 C 缺乏的特征性疾病就是坏血病（scurvy）。坏血病发生与否取决于维生素 C 缺乏的程度和速度。如果膳食中没有维生素 C，或者维生素 C 含量极低（每天摄入量少于 10 毫克），持续 1 个月就会发生坏血病。如果膳食中维生素 C 含量稍低，发生坏血病的潜伏期就会明显拉长。

维生素 C 缺乏使胶原蛋白合成受限，结缔组织逐渐变脆。坏血病患者皮肤会变得粗糙而黝黑，毛发变得卷曲而枯萎，牙龈发生肿胀和坏死，牙齿松动后容易脱落，关节出现积液和疼痛，皮肤伤口难以愈合。由于毛细血管脆性增加，皮肤和黏膜容易出血，皮肤出现黑点、瘀斑和紫癜。若未能及时补充维生素 C，坏血病最终会危及患者生命。

大航海时代，坏血病曾在海上肆虐，导致大批水手、海员和远航者死亡，该病曾被称为"海上瘟神"（Scourge of the Sea）。1747 年，英国皇家海军医生林德（James Lind）通过试验发现，食用柑橘类水果可医治坏血病。但直到 1932 年，科学家才证实，柑橘中治愈坏血病的有效成分是维生素 C。成人每天摄入 10 毫克以上维生素 C 就可预防坏血病。

2. 贫血

维生素 C 可提高肠道对非血红素铁的吸收，提高食物中铁的生物利用度。铁摄入不足的人，维生素 C 缺乏可诱发或加重贫血。

3. 骨骼发育异常

维生素 C 在体内参与胶原蛋白合成，胶原蛋白是骨骼的重要构成部分，儿童缺乏维生素 C 会影响骨骼发育。

4. 感染

维生素C可促进白细胞的生成和释放，增强巨噬细胞的趋化作用和吞噬作用，增强淋巴细胞的免疫应答作用，促进干扰素的合成和释放。维生素 C 缺乏的人免疫功能下降，容易发生各种感染。

5. 疲乏

体内合成肉碱和去甲肾上腺素需要维生素 C。肉碱的一个作用就是将脂肪酸从胞质转运到线粒体中燃烧，同时产生供能物质ATP，维生素 C 缺乏可导致脂肪在细胞中蓄积。去甲肾上腺素既是神经递质也是内分泌激素，通过神经和血液循环，可增加肌肉的能量供应，维生素 C 缺乏的人会有疲乏感。

维生素 C 过量会有哪些危害？

第十二章 维生素 C 381

通过天然食物摄入维生素 C 基本没有毒副作用。维生素 C 制剂的毒性也很低，即使大量服用也很少产生严重毒副反应，这主要是因为维生素 C 的吸收存在饱和效应。

服用大量维生素 C 的毒副反应包括恶心、呕吐、腹胀、腹痛、腹泻和胃肠不适。发生这些不良反应的原因是，大量未被吸收的维生素 C 会在胃肠道产生高渗效应。

维生素 C 在体内部分代谢为草酸盐后经尿液排出，因此高维生素 C 摄入有可能增加草酸钙结石的风险，特别在慢性肾病患者中。瑞典开展的研究发现，成年男性服用维生素 C 补充剂可将肾结石患病风险增加一倍。美国开展的卫生从业人员随访研究（HPFS）发现，成年男性每天服用 1000 毫克以上维生素 C 可将肾结石的发生风险增加 41％。护士健康研究（NHS）发现，成年女性服用大剂量维生素 C 不会增加肾结石的发生风险。这两项研究的结果提示，男性和女性体内维生素 C 的代谢机制可能不同。尽管评估维生素 C 摄入与肾结石的研究结果并不一致，但有草酸盐结石形成倾向或慢性肾病的人，应谨慎服用大量维生素 C。

维生素 C 可促进非血红素铁的吸收，由此引发的一个担忧就是，服用大量维生素 C 可能导致体内铁过载甚至铁中毒。在健康人中，这种担心完全没有必要，因为体内铁过多时，肠道对铁的吸收率会明显下降。遗传性血色素沉着症患者因为基因突变，小肠黏膜丧失了对铁吸收率的调控能力。这些患者摄入大量维生素 C 后铁吸收率会进一步升高，导致体内铁过载，大量铁沉积到组织中就会引发血色素沉着症。

有研究提示，服用大量维生素 C 会影响维生素 B_{12} 和铜的吸收，侵蚀牙釉质并引发牙齿过敏反应。但这些研究样本量小，且为观察性研究，维生素 C 的这些副作用尚待进一步研究确证。

静脉注射维生素 C 也相当安全。曾有研究者给晚期癌症患者每天输注 1.5 克/千克体重维生素 C，这相当于体重 70 千克的人每天输注 105 克维生素 C，虽然超过最高限量（UL）50 倍，但治疗期间并未观察到明显毒副反应。应当注意的是，患有蚕豆病（葡萄糖-6-磷酸脱氢酶缺乏症）的人，静脉注射大剂量维生素 C 可引发溶血性贫血，治疗前应开展遗传学筛查。

2000 年，美国医学研究所发布了维生素 C 摄入新标准，将成人维生素 C 可耐受最高摄入量（UL）设定为每日 2 000 毫克，这一限量主要是为了防止大量维生素 C 引起腹泻和胃肠功能紊乱。根据中国营养学会制定的标准，维生素 C 可耐受最高摄入量也是每日 2 000 毫克（表 5）。

表5　维生素 C 可耐受最高摄入量（毫克/日）

美国医学研究所			中国营养学会#		
年龄段	男性	女性	年龄段	男性	女性
0—6 个月	—	—	0—6 个月	—	—
7—12 个月	—	—	7—12 个月	—	—
1—3 岁	400	400	1—3 岁	400	400
4—8 岁	650	650	4—6 岁	600	600
9—13 岁	1 200	1 200	7—10 岁	1 000	1 000
14—18 岁	1 800	1 800	11—13 岁	1 400	1 400
19—50 岁	2 000	2 000	14—17 岁	1 800	1 800
≥51 岁	2 000	2 000	18—49 岁	2 000	2 000
			≥50 岁	2 000	2 000
孕妇≤18 岁		2 000	孕妇，早		2 000
孕妇≥19 岁		2 000	孕妇，中		2 000
乳母≤18 岁		2 000	孕妇，晚		2 000
乳母≥19 岁		2 000	乳母		2 000

　　—：表示该值尚未确立。#：中华人民共和国卫生行业标准《中国居民膳食营养素参考摄入量第 5 部分：水溶性维生素》WS/T 578.5—2018。

维生素 C 可防治哪些疾病？

因具有抗氧化和免疫增强作用，维生素 C 在慢病防治中曾被寄予厚望，但多年的研究发现，通过药物或膳食补充剂（保健品）补充维生素，其防治作用非常有限。

1. 癌症预防

实验室研究发现，维生素 C 可减轻氧化应激损伤，抑制亚硝胺等致癌物的形成，其免疫增强作用还可提高机体清除癌细胞的能力。从理论上分析，维生素 C 应该具有防治癌症的作用，虽然观察性研究发现膳食中的天然维生素 C 有防癌效果，但干预研究并未证实维生素 C 制剂可预防癌症。

护士健康研究发现，有乳腺癌家族史的中老年妇女，膳食维生素 C 丰富者（每天超过 205 毫克）比缺乏者（每天不足 70 毫克）乳腺癌的患病风险低 63％。在瑞典开展的研究发现，肥胖妇女膳食维生素 C 丰富者（四分位法）比缺乏者乳腺癌的患病风险低 39%。

法国开展的抗氧化剂研究（SU. VI. MAX）表明，服用复合抗氧化剂（120 毫克维生素 C、30 毫克维生素 E、6 毫克 β-胡萝卜素、100 微克硒、20 毫克锌）7 年半，可降低男性癌症总发病风险，但不会降低女性癌症总发病风险。医生健康研究（PHS）发现，中年男性每天补充 500 毫克维生素 C 加 400 国际单位维生素 E，8 年后并不能降低癌症总发病风险。在女性抗氧化剂心血管病研究（WACS）中，成年女性每天补充 500 毫克维生素 C，9 年后没有降低癌症总发病风险。在中国林县开展的大型干预研究表明，每天补充 120 毫克维生素 C 加 30 微克钼，10 年后没有降低癌症总发病风险。

实验室研究发现，维生素 C 在胃内可抑制亚硝胺形成，亚硝胺是强致癌物。胃内幽门螺杆菌感染会增加胃癌风险，维生素 C 会使幽门螺杆菌赖以生存的脲酶失活。维生素 C 还可降低胃液 pH 值，从而抑制幽门螺杆菌生长和增殖。从理论上分析，维生素 C 应该具有预防胃癌的作用，虽然观察性研究发现膳食中的天然维生素 C 可预防胃癌，但干预研究并未证实维生素 C 制剂可预防胃癌。欧洲癌症与营养前瞻性调查（EPIC）发现，血维生素 C 浓度高的人（≥51 微摩尔/升）胃癌发病率比浓度低的人（<29 微摩尔/升）胃癌发病率低 45%。但在两项干预研究中，服用维生素 C 都未能降低胃癌的发病风险。

目前学术界的共识是，对于维生素 C 缺乏的人，通过膳食增加维生素 C 摄入会降低癌症风险；对于维生素 C 摄入充足的人，通过膳食增加维生素 C 摄入或服用维生素 C 制剂对癌症预防没有效果。这是因为，每天摄入 100 毫克维生素 C，血维生素 C 就会达到饱和状态，这时再增加维生素 C 摄入量就不会产生额外效应。

2. 癌症治疗

20 世纪 70 年代，鲍林及同事开展的研究发现，静脉注射大剂量维生素 C 可提高晚期癌症患者的生活质量，延长生存时间。但鲍林的研究因设计缺陷而饱受争议。为了验证鲍林的研究结果，梅奥诊所开展了两项大规模研究，但并未发现大剂量维生素 C 能给癌症患者带来好处。

维生素 C 的抗癌效果有赖于抗氧化作用，而抗氧化作用取决于局部维生素 C 的浓度。维生素 C 进入细胞需要转运蛋白辅助，即使通过静脉注射大幅提高血液维生素 C 浓度，细胞内维生素 C 浓度依然很低，这是静脉注射维生素 C 难以发挥抗癌作用的主要原因。

3. 癌症转移

癌症转移是因细胞外基质受到破坏，癌细胞失去束缚而被释放出来，随血液、淋巴或沿腔隙扩散到其他组织。构成细胞基质的主要成分是胶原蛋白，而维生素 C 可促进胶原蛋白合成。有学者因此提出，维生素 C 可通过稳定细胞外基质而抑制癌症转移。研究也发现，发生转移的癌灶病理改变与维生素 C 缺乏性病理改变非常相似。遗憾的是，由于缺乏合适的动物模型，目前还无法在体内评估维生素 C 缺乏对癌症转移的影响。用古洛基因敲除的小鼠也无法实现这一研究目的，尽管缺乏古洛基因的小鼠不能合成维生素 C，但小鼠体内胶原蛋白合成不全依赖维生素 C。也就是说，小鼠和人体合成胶原蛋白的机制并不相同。

肿瘤是快速生长的异常组织，需要丰富的血流以运输营养，因此肿瘤组织中有大量新生血管。若能减少这种新生血管，就可遏制肿瘤生长。血管的主要构成是胶原蛋白，维生素 C 会促进胶原蛋白合成。在小鼠中开展的研究证实，维生素 C 可增强肿瘤血管新生。从这一作用机制分析，维生素 C 又可促进肿瘤生长。

一方面，维生素 C 通过促进胶原蛋白合成可稳定肿瘤细胞基质，从而限制肿瘤转移；另一方面，维生素 C 通过促进胶原蛋白合成可辅助血管新生，为肿瘤生长提供更多营养，从而加速肿瘤生长。由于存在双重作用，肿瘤患者是否应补充维生素 C，目前仍在探索之中。

4. 高血压

高血压是心脑血管病（卒中、冠心病等）的主要危险因素。护士健康研究发现，维生素 C 摄入水平对高血压的发生没有显著影响，但血维生素 C 浓度与血压存在负相关。也就是说，血维生素 C 浓度越高，血压越低。荟萃分析发现，每天补充 500 毫克维生素 C 可使收缩压降低 3.8 毫米汞柱，舒张压降低 1.5 毫米汞柱。学术界目前的共识是，对于没有高血压的人，增加膳食维生素 C 摄入有利于高血压预防；对于有高血压的人，不能仅靠维生素 C 来控制血压，但增加膳食维生素 C 摄入有利于控制血压。

5. 糖尿病

美国国立卫生研究院（NIH）与美国退休者协会（AARP）联合开展的饮食与健康研究（Diet and Health Study）发现，每周服用 7 次维生素 C 制剂可将糖尿病发病风险降低 9％。欧洲癌症与营养前瞻性调查（EPIC）也发现，血维生素 C 浓度高的人患糖尿病的风险较低。

6. 心脑血管病

实验研究发现，维生素 C 可阻断低密度脂蛋白的氧化修饰，延缓动脉粥样硬化的发生和发展；维生素 C 可促进内皮细胞产生一氧化氮，有利于降低血压；维生素 C 可抑制血液单核细胞黏附到血管内皮上，减少血管平滑肌细胞凋亡。从理论上分析，维生素 C 具有抗动脉粥样硬化和预防心脑血管病的作用，尽管观察性研究发现增加膳食维生素 C 摄入可预防心脑血管病，但临床干预研究的结果并不一致。

护士健康研究发现，膳食维生素 C 摄入量越大，冠心病患病风险越低。在英国开展的研究发现，血维生素 C 浓度高者（四分位法）比浓度低者脑卒中的患病风险低 42％。在日本乡村开展的研究也发现，血维生素 C 浓度高者（四分位法）比浓度低者脑卒中的患病风险低 29％。

20 世纪 80 年代，在中国河南开展的林县营养干预研究发现，每天补充 120 毫克维生素 C 加 30 微克钼持续 6 年，可将此后 10

年间脑卒中死亡率降低8%。但医生健康研究发现，使用维生素C补充剂5年半，并不能降低心脑血管病的死亡率。法国开展的抗氧化剂研究（SU. VI. MAX）也表明，服用复合抗氧化剂（含120毫克维生素C，30毫克维生素E，6毫克β-胡萝卜素，100微克硒，20毫克锌）7年半，并不能降低心脑血管病的风险。在维生素和雌激素干预血管病变研究（WAVE）中，给患有冠心病的老年妇女每天服用1 000毫克维生素C加800国际单位维生素E，非但不能降低心脑血管病风险，反而明显升高死亡率。妇女健康研究（Women's Health Study）也发现，患糖尿病的绝经后妇女每天服用300毫克维生素C，反而增加心脑血管病的死亡风险。2008年开展的荟萃分析表明，膳食中的天然维生素C会降低心脑血管病风险，而服用维生素C制剂并不降低心脑血管病的风险。2013年开展的荟萃分析表明，膳食中天然维生素C含量最高的人比含量最低的人卒中风险低38%。

林县研究是目前唯一发现补充维生素C可降低心脑血管病风险的大型干预研究。在该研究开展的年代，中国华北地区居民膳食维生素C摄入普遍不足，尤其在缺乏新鲜蔬菜、水果的冬春季，给这些人补充维生素C可发挥预防心脑血管病的作用。在开展其他研究的西方国家，居民膳食维生素C摄入普遍较高，其血维生素C浓度已达饱和，给这些人补充维生素C就不会发挥预防心脑血管病的作用。

7. 痴呆

古洛基因敲除的小鼠体内不能合成维生素C，其脑组织容易发生氧化损伤和淀粉样蛋白沉积，进而导致认知功能损害。给古洛基因敲除的小鼠补充维生素C，可减少皮质和海马中淀粉样蛋白沉积，减轻血脑屏障损伤和线粒体功能障碍。这些实验研究提示，维生素C可能会延缓痴呆的发生和发展，但临床研究尚未证实维生素C有预防痴呆的作用。

8. 白内障

随着年龄增长，氧化应激损伤会导致晶状体浑浊或不透明，这就是白内障。白内障会干扰光线传输，影响视力。晶状体周围是房水，房水中维生素C浓度大约是血液的20倍，高浓度的维生素C可发挥保护晶状体的作用。荟萃分析表明，血液维生素C浓度高的人不容易患白内障；但干预研究并未发现补充维生素C能预防白内障。

在瑞典中老年妇女中开展的研究发现，每天补充1000毫克维生素C，白内障的发病风险反而增加25％。在中国林县营养干预研究中，每天补充120毫克维生素C加30微克钼并不能降低白内障的发病风险。美国开展的老年眼病研究（AREDS）也发现，每天补充大剂量复合抗氧化剂（500毫克维生素C、400国际单位维生素E、15毫克β-胡萝卜素、80毫克锌、2毫克铜）不会降低白内障的发病风险。2012年开展的荟萃分析表明，补充维生素C并不会改变白内障的发病风险，但多吃蔬菜、水果（每天5份以上）可降低白内障的发病风险。目前学术界的共识是，增加膳食维生素C摄入可降低白内障的发病风险，但服用维生素C制剂不会降低白内障的发病风险。

9. 老年黄斑变性

氧化应激损伤是黄斑变性发生的重要机制。从理论上推测，维生素 C 可防治黄斑变性，但临床研究未能得出一致结论。在荷兰开展的观察研究发现，膳食中维生素 C 含量高的中老年人，黄斑变性的患病风险低。老年眼病研究表明，每天补充大剂量复合抗氧化剂（500 毫克维生素 C、400 国际单位维生素 E、15 毫克 β-胡萝卜素、80 毫克锌、2 毫克铜）连续 6 年，并不能降低黄斑变性的发病风险，但可将轻度进展为重度的患者比例降低 28％。学术界目前的共识是，增加膳食维生素 C 摄入有利于预防黄斑变性，但服用维生素 C 制剂不能预防黄斑变性。

10. 痛风

痛风在成人中的患病率高达 4％，其特征是血液中尿酸浓度异常升高。尿酸盐结晶沉积在关节、皮下等部位可引起炎性疼痛，沉积在肾脏和泌尿道可引发结石。尽管高尿酸血症和痛风发生具有遗传倾向，但优化膳食结构和改善生活方式都有助于防治痛风。在美国黑人中开展的研究发现，维生素 C 缺乏者容易发生高尿酸血症。2011 年开展的荟萃分析表明，每天补充 500 毫克以上维生素 C 持续一个月，可将血尿酸浓度降低 0.35 毫克/分升，但这种降幅太小，不太可能发挥治疗作用。尽管观察性研究提示维生素 C 有助于防治痛风，但目前还没有大型干预研究证实这一作用。

11. 感冒

20 世纪 70 年代，诺贝尔奖获得者鲍林提出，维生素 C 可防治感冒。尽管随后的随机对照研究没有证实这一观点，但学术界和民间对这一话题始终保持着浓厚兴趣。2007 年开展的荟萃分析表明，普通人服用维生素 C 制剂（每天至少 200 毫克）不能预防感冒，但长跑运动员、重体力劳动者、滑雪者、在寒地驻训的军人服用维生素 C 可将感冒发病率降低 50％。营养不良尤其是维生素 C 摄入不足的人、重度吸烟者、老年人补充维生素 C 也可降低感冒发病率。成人感冒前服用维生素 C，可将感冒持续时间缩短 8％；儿童感冒前服用维生素 C，可将感冒持续时间缩短 14％。这种作用可能是因为大剂量维生素 C 具有抗组胺作用。感冒后再服用维生素 C，不会缩短感冒时间，也不减轻感冒症状。

12. 哮喘

小样本对照研究提示，补充维生素 C（每天 1 克）可减少下呼吸道感染引起的哮喘发作。2013 年开展的荟萃分析表明，运动前服用维生素 C（0.5 克—2.0 克）可提高运动中的通气量。大部分对照研究发现，哮喘患者服用维生素 C 不会改善通气功能。

13. 铅中毒

尽管大部分国家已停用含铅涂料和含铅汽油，但铅中毒依然是一个重大公共卫生问题。孕妇铅中毒会影响胎儿生长发育；儿童铅中毒会影响学习能力，导致行为异常和智力下降；成人铅中毒会损伤肾脏功能，引发高血压和贫血。美国全民健康与营养调查发现，血铅水平与血液维生素 C 浓度呈负相关，即血维生素 C 浓度越高，血铅水平越低。烟草中含有高水平铅，吸烟是导致血铅水平升高的重要原因。干预研究发现，给吸烟者每天补充 1 000 毫克维生素 C，4 周后血铅水平明显下降。维生素 C 降低血铅浓度的机制目前尚不完全清楚，可能与维生素 C 抑制铅吸收或促进铅排出有关。

14. 异常妊娠

2015 年开展的荟萃分析表明，怀孕期间补充维生素 C 并不能降低死产、围产期死亡、胎儿宫内发育受限、早产、羊水早破、先兆子痫等病症的发生风险，但补充维生素 C 可使胎盘早剥的风险降低 36%，并可延迟出生时间。怀孕期间吸烟会导致胎儿宫内发育受限和早产，也会增加宝宝出生后发生支气管哮喘的风险。有研究观察到，吸烟孕妇补充维生素 C 可降低婴儿出生后一年内哮喘的发病风险。

15. 长寿

1998 年美国全民健康与营养调查表明，增加膳食维生素 C 摄入可降低全因死亡风险。欧洲癌症与营养前瞻性调查发现，血维生素 C 浓度每增加 20 微摩尔/升，未来 4 年死亡风险就会降低

20%。美国开展的维生素与生活方式研究（VITAL）对 7 万多名中老年人进行了 5 年随访，结果发现，增加膳食维生素 C 摄入可降低全因死亡风险。丹麦全民疾病注册系统提示，补充维生素 C 制剂不影响远期（14 年）死亡率。学术界目前的共识是，增加膳食维生素 C 摄入量可降低全因死亡风险，但服用维生素 C 制剂则没有这种效果。

如何选购维生素 C 补充剂？

维生素 C 可作为处方药、非处方药和保健食品（膳食补充剂）销售。世界卫生组织（WHO）已将维生素 C 列入基本药物标准清单。市场上销售的维生素 C 补充剂种类繁多，消费者可依据制剂特点和自身状况进行选择。

1. 抗坏血酸与抗坏血酸盐

维生素 C 补充剂可以是抗坏血酸或抗坏血酸盐，最常用的抗坏血酸盐是抗坏血酸钠和抗坏血酸钙。抗坏血酸呈弱酸性，抗坏血酸盐则呈弱碱性。抗坏血酸盐具有更强的酸碱缓冲能力，对胃肠道刺激性小。两种形式的维生素 C 生物利用度和生物活性没有明显差异。根据分子构成计算，1 000 毫克抗坏血酸钠含有 111 毫克钠和 889 毫克抗坏血酸，1 000 毫克抗坏血酸钙含有 110 毫克钙和 890 毫克抗坏血酸。

2. 天然与合成维生素 C

作为一种小分子化合物，天然维生素 C 和合成维生素 C 的化学结构完全相同，其生物利用度和生物活性没有差别。商家宣称的天然维生素 C 优于合成维生素 C 只是营销噱头，没有任何科学依据。

3. 酯化维生素 C

将脂肪酸连接到抗坏血酸分子上可显著提高维生素 C 的化学稳定性，这种化合物称为酯化维生素 C（维生素 C 酯），抗坏血酸棕榈酸酯是最常用的酯化维生素 C。酯化维生素 C 更易被皮肤吸收，常用于化妆品和外用药。口服后，酯化维生素 C 会在胃肠道中降解，其功效与普通维生素 C 并无二致。

4. 变质维生素 C

维生素 C 的作用有赖于其强烈的还原性（抗氧化性），但这种还原性使维生素 C 性质极不稳定。为了增强稳定性和抗氧化作用，有些维生素 C 补充剂中添加了黄酮类物质。在生产、运输、存储和使用过程中，维生素 C 可与空气中的氧发生反应而失效。一旦溶解在水中，维生素 C 会迅速氧化并发生变色，溶液颜色会从透明变为浅黄，最后变为深黄，颜色的改变提示维生素 C 已经失活。光照、受热、受潮都会加速维生素 C 的失活过程。失活维生素 C

从抗氧化剂变为促氧化剂，反而会对组织细胞造成伤害。因此，不应服用过期或变质的维生素 C 制剂。

5. 维生素 C 与肿瘤治疗

维生素 C 在肿瘤治疗中具有两面性。一方面，在实施肿瘤化学治疗（化疗）或放射治疗（放疗）时，维生素 C 可保护肿瘤细胞免受药物或射线杀灭。另一方面，维生素 C 可保护正常细胞免受药物或射线损伤。因此，肿瘤患者在治疗期间是否应服用维生素 C 目前尚无定论。

6. 维生素 C 与降脂药物

高密度脂蛋白是有益的脂蛋白，可延缓动脉粥样硬化的发生和发展。他汀类药物可提升血高密度脂蛋白水平，降低血低密度脂蛋白水平。曾有研究报道，维生素 C 可减弱辛伐他汀烟酸复合剂增加高密度脂蛋白的作用。虽然这一结果尚未被其他研究证实，但稳妥起见，若同时服用他汀类药物和维生素 C，应密切监测血脂水平。

7. 维生素与抗凝药物

大剂量维生素 C 会削弱华法林的抗凝效果，正在服用华法林的患者应将维生素 C 摄入量控制在每天 1 克以下，同时密切监测凝血功能。

8. 维生素 C 与含铝药物

维生素 C 可在胃肠道中与铝结合，从而提高含铝药物的吸收率。同时服用含铝药物和维生素 C，可能会引发铝中毒，尤其是肾功能受损的人。

9. 维生素 C 与雌激素

维生素 C 有可能升高血雌激素水平。服用避孕药或实施激素替代疗法的女性若服用大剂量维生素 C，应注意监测血雌激素水平。

维生素 C 有哪些美容作用？

维生素 C 可促进胶原蛋白合成、对抗氧化应激损伤、增强免疫功能，这些作用均有利于皮肤美容和健康，因此维生素 C 常被加入到护肤品和化妆品中。

1. 延缓皮肤老化

维生素 C 是皮肤中最主要的抗氧化剂。通过参与酶促和非酶促抗氧化反应，维生素 C 可保护皮肤免受活性氧（ROS）损伤。当皮肤暴露在紫外线下时，会产生大量超氧离子、过氧化物和单态氧、自由基等活性氧分子，这些活性氧分子会使胶原蛋白断裂并引发炎性反应，导致皮肤损伤和老化。维生素 C 可淬灭活性氧分子，保护皮肤免受其损害。在这一过程中，维生素 C 会由还原型变为氧化型，氧化型维生素 C 可在谷胱甘肽作用下变回还原型。将维生素 C 和维生素 E 共同加入护肤品或化妆品中，会产生更佳的皮肤美容与保健作用。

2. 增加皮肤弹性

维生素 C 可促进胶原蛋白合成，胶原蛋白在皮肤损伤修复中发挥着重要作用，因此维生素 C 可促进皮肤损伤修复，还可减少皮肤皱纹，增加皮肤弹性。由于紫外线本身会破坏维生素 C，含维生素 C 的护肤霜应在照晒后而非照晒前涂抹。

3. 皮肤美白

维生素 C 可与酪氨酸酶上的铜离子结合，从而抑制酪氨酸酶的活性。酪氨酸酶是控制皮肤黑色素合成的限速酶。当酪氨酸酶被维生素 C 抑制后，皮肤黑色素合成量明显减少，维生素 C 因此可发挥皮肤美白作用。维生素 C 的化学性质极不稳定，在光照下会被氧化为脱氢抗坏血酸（DHAA），颜色也由无色变为黄色。为了增加稳定性，以维生素 C 为主成分的精华液、精华乳和精华霜须调制为酸性（pH 值低于 3.5）。另外，在酸性条件下，维生素 C 分子上的离子电荷被去除，使用后可更好地穿过皮肤角质层。

4. 皮肤保湿

为了提高稳定性，有些化妆品中会加入酯化维生素 C。常用的酯化维生素 C 包括抗坏血酸磷酸酯镁（MAP）、抗坏血酸棕榈酸酯、异硬脂基抗坏血酸磷酸二钠（VCP-IS-Na）、3-O-乙基抗坏血酸（VC乙基醚）、抗坏血酸葡萄糖苷等。酯化型维生素C不仅美白效果更佳，还能减少水分流失，从而发挥皮肤保湿作用。

5. 治疗皮肤病和皮肤损伤

维生素C可抑制促炎因子释放，发挥抗炎作用。外用维生素C制剂可治疗痤疮和酒渣鼻等皮肤病，还可消除皮肤色素沉着。采用二氧化碳激光去除皮肤瘢痕后，局部涂抹维生素C制剂可减轻局部水肿、消除皮肤红斑。

口服维生素C制剂后，皮肤中维生素C含量并不会显著增加，因此皮肤病和皮肤损伤的治疗常采用局部给药。外用维生素C安全性很高，一般可长期使用，与其他局部药物和化妆品同用也不发生冲突，但眼睛周围涂搽维生素C时应注意防护。个别人外用维生素制剂后，局部皮肤可能会出现荨麻疹和多形红斑。

维生素C一旦溶解到水中就会被氧化，防止维生素C氧化的另一措施就是使用无水配方。将维生素C加入硅氧烷乳胶制成的混悬液中，可防止维生素C与水和空气接触，但乳胶会影响皮肤对维生素C的吸收。另外，有些化妆品将维生素C和溶液分开，使用前再将两者混合，这样可延缓维生素C的氧化。

人类是如何战胜坏血病的？

旧石器时代之前，人类以采摘和狩猎为生，冬季迁往有野果野菜的南方，夏季迁往较为凉爽的北方（南半球迁徙方向相反）。野菜野果中含有丰富的维生素 C，在原始饮食环境中，人类不会患坏血病。

新石器时代之后，人类掌握了耕作和制盐技术，依靠储存的粮食和腌肉越冬，不再需要长途迁徙。粮食和腌肉中维生素 C 含量很低，每到冬春季节，坏血病就可能在农耕部落中流行。

坏血病的最早记载见于公元前 1500 年撰写的《埃伯斯纸草文稿》（*Ebers Papyrus*）。令人惊叹的是，这份文稿不仅描述了坏血病的症状，还指出洋葱可医治坏血病。我们现在知道，洋葱里含有丰富的维生素 C。

古希腊时期的医生对坏血病的描述更为详细。西方医学之父希波克拉底（Hippocratēs，前 460 年—前 377 年）写道："（坏血病患者）身体发出怪味，牙齿松动，鼻子出血。"但希波克拉底没有给出坏血病的治疗方案，只列举了引导患者离世的复杂流程，可见希氏所处时代坏血病乃不治之症。我们也可推知，在古埃及到古希腊的医学传承中，坏血病的疗法佚失了。古希腊之后，坏血病的相关记载进一步减少。

林德（James Lind）在《论坏血病》（*Treatise on Scurvy*）一书中指出，古罗马、阿拉伯的学者鲜有提及坏血病者。但没有记载不等于没有发生，仅凭 scurvy（坏血病）一词就可推知，在大航海时代之前的数个世纪里，北欧国家曾长期流行坏血病。林德认为，scurvy 一词源于北欧语系。丹麦语中的 schorbect、荷兰语中的 scorbeck、斯拉夫语中的 scorb 都是指口腔溃疡，盎格鲁-撒克逊语（Anglo-Saxon，古英语）中的 schorbok 是指皮肤破溃。这些拼写近似的词都可能是 scurvy 的最初来源，而林德更相信 scurvy 源于斯拉夫语中的 scorb。在俄罗斯和波罗的海国家，居民在漫长的冬季无法获得新鲜蔬菜、水果，这些地区发生季节性坏血病流行是完全可能的。

11 到 13 世纪，罗马天主教共发起了 9 次十字军东征。大斋节（Lent，也称封斋节）是基督教的斋戒期，从圣灰日（Ash Wednesday）到复活节（Easter Day）前一天，一般在 2 月 4 日到 3 月 11 日之间，持续约 40 天。斋戒期间，十字军官兵禁止吃鱼以外的任何肉食。根据军中日记，当时充当外科医生的理发师经常为士兵切除牙龈上的死肉。这一现象提示，十字军中确曾流行坏血病，但当时的医生错误地认为这种病是因吃鱼所致。老普林尼（Pliny the Elder）在《自然史》（*Naturalis Historia*）中记载了军中坏血病的状况："（患病士兵）牙齿脱落、关节松弛。"

很多天然食物含有维生素 C，陆上即使有坏血病，其流行规模也不会很大。15 世纪后期，随着帆船技术的发展，海上航行时间越来越长，当时没有建立食品保鲜技术，长期储存的船载食物维生素 C 大量降解。随着探险热潮在欧洲兴起，坏血病开始在远航者中暴发，最后发展为恐怖的海上杀手。

1497 年，葡萄牙探险家达·伽马（Vasco da Gama）绕过好望角，开辟了从大西洋进入印度洋的新航线。达·伽马率领的 160 人有 100 人（62.5%）死于坏血病，这是海上坏血病爆发的首次记载。患病船员主要表现为牙龈肿胀和口腔破溃，随航医生对这种怪病束手无策，达·伽马则异想天开地认为，口腔是坏血病的传染源，他命令患者用尿液清洗消毒口腔。

1519 年 9 月 20 日，受西班牙国王派遣，葡萄牙探险家麦哲伦（Ferdinand Magellan）率领五艘帆船组成的无敌舰队从桑卢卡尔港（Sanlúcar）启航，向西驶过大西洋，通过美洲南端的海峡（此后称麦哲伦海峡）后进入太平洋（为麦哲伦所命名）。1521 年 4 月，舰队抵达菲律宾群岛并与土著发生激战，麦哲伦在冲突中阵亡。侥幸逃出的两艘帆船在埃尔卡诺（Juan Sebastian Elcano）上尉指挥下抵达香料群岛（东印度群岛）。为了确保有船只返回西班牙，两艘帆船分道扬镳，一艘向东，一艘向西。最终，只有维多利亚号绕过非洲南端的好望角，于 1522 年 9 月 6 日返回桑卢卡尔港。经过三年环球航行，出发时的 270 名船员只有 18 人生还。据幸存者回忆，超过一半船员死于坏血病。有的船员牙龈极度肿胀，以致无法进食。

法国探险家卡蒂亚（Jacques Cartier）曾三度尝试开辟由加拿大北部通往中国的西北航道（Northwest Passage）。1535 年 11 月，卡蒂亚率领由 110 人组成的舰队进入圣夏尔河（Saint-Charles

River），遽然降临的冬季将船只冻结在河面上，不久坏血病在船员中暴发。卡蒂亚发现，患病船员牙龈肿胀，呼气中散发着恶臭，皮肤上出现紫斑，最后因肌肉萎缩而无力挪动脚步。船只冻结数周后开始有船员死亡，三个月后死亡人数已达 25 人。卡蒂亚下令对死者进行尸检，但除了发现肺部淤血外，根本无法确定病因，更无从找到治疗方法。绝望中的卡蒂亚上岸向印第安人求救，部落酋长告诉他，annedda 树可医治坏血病。印第安人还帮助卡蒂亚采集到 annedda 树皮和树枝。神奇的是，喝了 annedda 汤药后，患病船员很快都痊愈了。后来有学者考证认为，annedda 可能就是檫树（sassafras），其树皮和树叶中含有维生素 C。

16 世纪开始，美洲先后发现了多个大型金矿和银矿，同期动物毛皮和鳕鱼产量大幅增加，这些新产品要经海运输送到欧洲市场。海上贸易的繁荣加重了坏血病的流行。从 1500 到 1800 年的 300 年间，坏血病成为海上死亡的主要原因，其杀伤力远超战争、海难和传染病。七年战争期间，英国有 184 899 名海军官兵死亡，其中 133 708 人（72.3％）死于坏血病，仅 1512 人（0.8％）死于战斗。

1602 年，西班牙探险队抵达加利福尼亚海岸，随航牧师在日记中写道："这里寒风凛冽，船上瘟疫盛行，患者疲乏无力、全身疼痛，皮肤出现紫斑，尤其是腰部以下。晚期患者出现牙龈肿胀，牙齿无法咬合，以致难以进食，患者大多在极度痛苦中挣扎死去。也许是虔诚的祈祷感动了圣母玛利亚，有一天奇迹终于降临，船员们在岸上埋葬死难同伴时，吃了印第安人称为 jocoistle 的仙人果。因为味道可口，船员们采集了大量仙人果并带回船上，两周后所有患者都痊愈了。"

1740 年，在英国与西班牙争夺海上霸权期间，英国皇家海军派出安森准将（George Anson）率领舰队攻击西班牙商船和海外港口。舰队绕过合恩角后，坏血病开始在船员中爆发，安森将患病船员送上胡安·费尔南德斯群岛（Juan Fernandez Archipelago，《鲁滨孙漂流记》所述故事的发生地）。在食用岛上野果后，病得奄奄一息的船员很快康复。在四年环球航行期间，安森舰队在秘鲁烧毁了西班牙的海军基地派塔港（Paita），在菲律宾俘获了西班牙阿卡普尔科大帆船（Acapulco galleon）。舰队带回了巨额财富，使英国将拓展殖民地和扩张海外贸易的方向由美洲转向亚洲，安森也成为英国家喻户晓的英雄人物。但在这次航行中，最初登舰的 1854 人仅有 188 人返回，其余船员大都死于坏血病。

极高的死亡率迫使英国海军部开始重视坏血病，并资助学术界研发治疗饮料。当时有学者提出，人体患病是因体内酸碱失衡，坏血病是一种"碱性疾病"，需用酸来中和患者体内过剩的碱。安森舰队在胡安·费尔南德斯群岛上的经历也支持这种理论，野果具有明显酸性，因而能医治坏血病。此后一段时间，英国皇家海军开始给患病船员服用稀释的硫酸溶液。尽管这一尝试以失败告终，但为林德最终攻克坏血病提供了重要线索。

1716 年，林德生于苏格兰爱丁堡一个商人家庭，15 岁时师从外科医生朗兰兹（George Langlands）学医。1747 年，林德成为皇家海军"索尔兹伯里"（*Salisbury*）号战舰上的外科医生。在该舰巡航比斯开湾期间，林德对坏血病进行了研究，开展了史上第一个临床对照试验。坏血病在舰上暴发后，林德将 12 名患病船员分为六组，每组两人。所有船员都接受相同的基础饮食，此外，第一组船员每天喝一夸脱（1. 136 5 升）苹果酒，第二组船员饮用稀硫酸溶液，第三组船员饮用稀释醋液，第四组船员给食物中添加半品脱（284毫升）海水，第五组船员每天吃两个橙子和一个柠檬，第六组船员给食物中添加大蒜、芥末和树胶。六天后，吃水果的船员完全康复，喝苹果酒的船员有所好转，其他船员病情没有改善。1753年，林德发表研究论文，提出柑橘类水果可治愈坏血病。之后，英国海军在舰船上配发柑橘和柠檬汁，坏血病这一海上瘟神从此被征服。英国海军也因此博得"柠檬人"（limey）这一外号。直到今天，美国人仍将英国人戏称为"柠檬人"。

由于当时尚未建立维生素的概念，林德不可能认识到坏血病的真正病因。他认为坏血病好发于海上是因为空气潮湿、缺乏运动、卫生条件差、生活单调等，而不是因为缺乏新鲜蔬菜和水果。尽管现在看来，林德的解释是错误的，但这丝毫不能掩盖他在攻克坏血病方面做出的杰出贡献。

在人类战胜坏血病的漫长历程中，很多学者都曾做出巨大努力，英国医生斯塔克（William Stark）甚至献出了自己年轻的生命。1769年6月，斯塔克从荷兰莱顿大学毕业后就开始研究坏血病。他设计了24项饮食试验，而他自己是唯一的受试者。为了诱发坏血病，斯塔克只吃面包，饮水里只加一点糖。限制饮食31天后，斯塔克变得面黄肌瘦、神情呆滞。两个月后，他的牙龈高度肿胀，压迫后就会出血。五个月后，尽管给膳食中增加了蜂蜜和奶酪，斯塔克的坏血病症状持续加重。1770年2月23日，斯塔克在限制饮食8个月后去世，年仅29岁。尽管没有取得突破性进展，斯塔克的研究为后人发现维生素C提供了参考。当时，林德已发现柑橘可医治坏血病，遗憾的是，根据事先设定的方案，斯塔克病重后没有马上尝试柑橘，而是首先用减少食盐摄入来治疗坏血病，这一鲁莽举动最终让他英年早逝。

坏血病不只在海上流行，在陆上也会暴发。美国南北战争期间，坏血病是军中最常见的疾病，曾导致大批非战斗减员。由于作战范围大，运输渠道不畅，后勤部门无法为前线士兵提供新鲜食物。战俘的生存环境也尤为恶劣，关押在安德森维尔（Andersonville）联盟军监狱中的战俘，有 25％因坏血病死亡。当时的军医普遍认为，坏血病是因食物中缺钾，联盟军因此研发出"压缩菜干"，希望通过补钾来防治坏血病。这种压缩菜干需煮沸数小时才能食用，在战场环境很难达到这一要求。另外，压缩菜干由多种植物的根、茎、叶混合制成，吃起来难以下咽。现在看来，蔬菜经长时间煮沸，其中即使含有维生素 C 也会被破坏殆尽，根本不可能防治坏血病。

马铃薯（土豆）中含有丰富的维生素 C。19 世纪前叶欧洲广泛引种马铃薯，这种高产作物很快成为欧洲人的主食，坏血病未再出现规模化流行。1845 年，天气异常导致欧洲马铃薯大面积减产，爱尔兰马铃薯几乎绝收。这场"马铃薯饥荒"导致坏血病在爱尔兰部分地区死灰复燃，患病者多为农民和铁路工人。

维生素 C 是如何发现的?

1887 年,艾克曼发现精米饲养的鸡可发生脚气病。挪威奥斯陆大学的细菌学教授霍尔斯特(Axel Holst)亲自前往爪哇,实地考察艾克曼的实验室。回到欧洲后,霍尔斯特参照艾克曼的方法,用动物模型对坏血病展开研究。不过,霍尔斯特没有以鸡为研究对象,而是以豚鼠为研究对象。现在看来这一变通相当走运,鸡体内有古洛酶,能够合成维生素 C,根本就不会发生坏血病;而豚鼠是少数不能合成维生素 C 的动物之一。

霍尔斯特用纯粮食饲料喂养豚鼠,动物很快就会发生坏血病;给饲料中添加白菜或柠檬汁,坏血病很快就可治愈。霍尔斯特据此认为,坏血病和脚气病一样,是因食物中缺乏某种营养素,他甚至将坏血病称为"船上的脚气病"。

20 世纪初,有关坏血病的病因仍处在争论之中,其中细菌感染、中毒和营养不良成为三大主流观点。1907 年,霍尔斯特将研究结果发表在《卫生杂志》(*Journal of Hygiene*)上。遗憾的是,当时尚未提出维生素的概念，他的超前观点根本就没人理睬。挪威当局也没有认识到该研究的潜在价值，拒绝为霍尔斯特提供资助。

1912年，波兰生物化学家冯克提出维生素的概念，防治夜盲症的营养素被称为维生素 A，防治脚气病的营养素被称为维生素 B，防治坏血病的营养素被称为维生素 C。在硫胺素被分离出来后，多个研究机构加入到分离维生素 C 的竞争队伍中。1926年，受洛克菲勒基金会（Rockefeller Foundation）资助，匈牙利医学生森特-哲尔吉进入英国剑桥大学攻读博士学位。当时，森特-哲尔吉对水果暴露在空气中发生变色产生了浓厚兴趣，之后他从猪肾上腺中分离出一种能阻止水果变色的新物质。尽管测得该物质的结构通式为 $C_6H_8O_6$，但森特-哲尔吉并不知道其化学结构，他在研究论文里将这种新物质称为"godnose"（上帝的鼻子，意思是没人知道它的结构）。期刊编辑不同意这一命名，认为该名称太过滑稽，缺乏严谨的科学精神。森特-哲尔吉又将命名改为"己糖醛酸"（hexuronic acid）。

1931年，森特-哲尔吉返回匈牙利，担任塞格德大学药物化学系主任，他带领研究团队继续对己糖醛酸进行研究。研究团队将豚鼠分为两组，一组接受长时间煮沸的食物（其中的维生素 C 被破坏），另一种组给煮沸食物中加入己糖醛酸。结果发现，用过度煮沸食物饲养的豚鼠发生了坏血病，而添加己糖醛酸后豚鼠可健康成长。森特-哲尔吉由此断定，己糖醛酸就是维生素 C。由于维生素 C 可防治坏血病，森特-哲尔吉将其命名为抗坏血酸。

发现维生素 C 后，森特-哲尔吉曾向当时的学术权威席尔瓦（Sylvester Silva）咨询，但席尔瓦错误地判断，己糖醛酸并非维生素 C。出于谨慎，森特-哲尔吉推后了研究论文的发表。在他的论文发表前两周，美国匹兹堡大学学者金（Charles King）率先宣布分离出维生素 C。1933 年，英国伯明翰大学化学家霍沃思（Norman Haworth）确定了维生素 C 的化学结构。1937 年，经过长时间评估和辩论，诺贝尔奖委员会最终决定将医学奖授予森特-哲尔吉，将化学奖授予霍沃思。但至今仍有美国学者认为，金应该与森特-哲尔吉分享诺贝尔奖。

柑橘含有丰富的维生素 C，也含有丰富的糖类。维生素 C 和某些糖的结构接近，因此要从柑橘中提纯维生素 C 相当困难。森特-哲尔吉返回匈牙利后定居于塞格德，而塞格德当时是欧洲辣椒种植中心，当地居民餐桌上都会摆放辣椒粉。在发表诺贝尔奖获奖感言时，森特-哲尔吉回忆，有一天妻子将晚饭端上餐桌，可他一点胃口都没有，因为他正为实验室缺少研究用的维生素 C（当时称己糖醛酸）而发愁。当妻子拿出一小碟鲜红辣椒粉后，直觉告诉他这种调味料含有维生素 C。极度兴奋的森特-哲尔吉顾不上吃饭，将辣椒粉拿到实验室进行检测，当天午夜他就确认，辣椒是维生素 C 的绝佳来源。在短短数周里，森特-哲尔吉就生产出 3 磅维生素 C，这在之前是无法想象的事情。

1933 年，瑞士化学家赖希斯坦（Tadeus Reichstein）成功合成维生素 C，他创立的维生素 C 合成技术被称为赖希斯坦法（Reichstein process）。1934 年，瑞士罗氏公司（Roche）开始以商品名 Redoxon（力度伸）销售维生素 C 片剂，从此将维生素 C 作为膳食补充剂推向市场。2004 年，德国制药公司拜耳购得 Redoxon（力度伸）品牌使用权。

1957 年，美国生物化学家莱宁格尔（Albert Lehninger）发现，人体缺乏合成维生素 C 必需的古洛内酯氧化酶（古洛酶）。大约在 3 000 万年前，人类的祖先灵长类发生基因突变，丢失了编码古洛酶的古洛基因（GULO）。至此，人类不能合成维生素 C 的谜团终于被解开。猫和狗有古洛基因，可在体内合成维生素 C，这些动物根本就不会患坏血病。

维生素 C 发现后，坏血病在普通人群中很快就消失了，但在特殊人群中坏血病仍有发生，其中一种特殊类型就是"鳏夫坏血病"（widower' scurvy）。妻子在世时，这些人享受着丰富多样的美食，能从其中获得足够的维生素 C；妻子离世后，鳏夫们懒得做饭，他们每天都以面包和咸菜为食，最终因维生素 C 缺乏而发生坏血病。

抗战时期，从美国康奈尔大学获得博士学位的沈同返回中国，他在第一时间奔赴抗日前线，对士兵的营养状况展开调查。沈同发现，中国军人存在维生素 C 缺乏等一系列营养问题。在美留学生获知这一情况后，掀起了向中国前方捐赠维生素的活动。康奈尔师生所捐赠的维生素不仅用于改善前线士兵的营养状况，还用于战时营养研究，沈同及其同事们也因此掌握并革新了结晶维生素 C 的生产方法。

第十三章 维生素 D

人体为什么需要维生素 D?

维生素 D（vitamin D）是一组脂溶性维生素，在人体中参与钙磷代谢、免疫调节、血压调控、胰岛素释放等生理过程。维生素 D 具有多种形式，在人体中发挥作用的主要是麦角钙化醇（维生素 D_2）和胆钙化醇（维生素 D_3）。人体皮肤在日光照射下可合成维生素 D，但多数人因晒太阳少，皮肤合成的维生素 D 无法满足生理所需，还须经膳食补充维生素 D。

1. 维持钙磷平衡

成人体内有 1 000 克—1 300 克钙，其中 99％以钙盐形式储存于骨骼中，所以骨骼是人体的钙库。钙可使骨骼具备一定刚性以对抗重力、维持姿势。尽管只有很少一部分钙存在血液中，但稳定的血钙浓度不仅有利于骨骼健康，还是维持心脏、神经和肌肉功能的生理基础。维生素 D 参与体内钙代谢受甲状旁腺素调控。甲状旁腺可感知血钙水平，血钙浓度降低会刺激甲状旁腺分泌甲状旁腺素到血液中，甲状旁腺素可激活维生素 D 羟化酶，使维生素 D 转化为活性形式 1α，25 -二羟维生素 D。在肠道，1α，25 -二羟维生素 D 可促进钙转运蛋白合成（calbindin），进而增加钙吸收。在肾脏，1α，25 -二羟维生素 D 也可促进钙转运蛋白合成，进而减少钙排出；在骨骼，1α，25 -二羟维生素 D 可促进破骨作用，进而将游离钙释放到血液中。反之，当血钙浓度升高时，甲状旁腺素分泌减少，降钙素分泌增加，抑制骨骼钙向血液转移。维生素 D 则促进钙沉积到骨骼，使血钙降低。这样，血钙水平就会维持在动态平衡之中。在甲状旁腺素和维生素 D 的共同调控下，血钙浓度维持在 2.25 毫摩尔/升—2.75 毫摩尔/升（9 毫克/分升—11 毫克/分升）之间。

磷也是骨骼和牙齿的重要构成元素，磷在体内还参与能量代谢，稳定的血磷浓度对于促进骨骼健康和维持机体功能同样重要。血磷浓度也受甲状旁腺素和维生素 D 调控。1α，25 -二羟维生素 D 可促进肠黏膜上皮细胞中钠磷协同转运蛋白的表达，进而增加磷吸收。1α，25 -二羟维生素 D 可促进肾小管上皮细胞中钠磷协同转运蛋白的表达，进而减少磷的排出。

2. 增强免疫作用

维生素 D 可发挥免疫调节作用，大多数免疫细胞上都有维生素 D 受体（VDR），如调节性 T 细胞、树突状细胞、巨噬细胞等。维生素 D 与这些受体结合后，参与局部免疫应答过程。

3. 调节胰岛素分泌

胰岛素由胰腺中的胰岛 β 细胞分泌，胰岛 β 细胞上有维生素 D 受体。维生素 D 与胰岛 β 细胞上的受体结合后可调节胰岛素分泌，参与血糖调控。最近的研究还发现，维生素 D 有利于修复受损的 β 细胞，使其恢复分泌胰岛素的功能。

4. 参与血压控制

肾素-血管紧张素系统（RAS）是人体调控血压的主要机制。肝脏可合成血管紧张素原，血管紧张素原在肾素（血管紧张素原酶）催化下转变为血管紧张素 I，血管紧张素 I 在血管紧张素转换酶（ACE）催化下转变为血管紧张素 II，血管紧张素 II 与小动脉平滑肌细胞上的受体（ATR1）结合引起血管收缩，进而升高血压。体内血管紧张素 II 的合成量主要取决于肾素水平。活性维生素 D 是肾素-血管紧张素系统的调节剂，保持合理的维生素 D 营养状态有利于防治高血压。

人体每天需要多少维生素 D?

体内维生素 D 的来源包括膳食摄入和皮肤合成。常晒太阳的人维生素 D 主要由皮肤合成,不常晒太阳的人维生素 D 有赖于膳食补充。严格来说,维生素 D 并不符合维生素的标准(人体不能合成,须经膳食持续补充),但由于很多人晒太阳时间少,皮肤无法合成足量维生素 D,目前仍将其归类为维生素,而维生素 D 的推荐摄入量是针对不常晒太阳的人设定的。

作为一种脂溶性维生素,维生素 D 的计量单位有微克(μg)和国际单位(IU)两种,1 微克维生素 D 等于 40 国际单位。

1. 成人

美国医学研究所推荐,1—70 岁的人每日应摄入 15 微克(600 国际单位)维生素 D。中国营养学会推荐,1—64 岁的人每日应摄入 10 微克(400 国际单位)维生素 D(表 1)。

表 1 维生素 D 推荐摄入量（微克/天）

美国医学研究所			中国营养学会#		
年龄段	男性	女性	年龄段	男性	女性
0—6 个月	10*	10*	0—6 个月	10*	10*
7—12 个月	10*	10*	7—12 个月	10*	10*
1—3 岁	15	15	1—3 岁	10	10
4—8 岁	15	15	4—6 岁	10	10
9—13 岁	15	15	7—10 岁	10	10
14—18 岁	15	15	11—13 岁	10	10
19—50 岁	15	15	14—17 岁	10	10
51—70 岁	15	15	18—64 岁	10	10
≥71 岁	20	20	≥65 岁	15	15
孕妇≤18 岁		15	孕妇，早		10
孕妇≥19 岁		15	孕妇，中		10
乳母≤18 岁		15	孕妇，晚		10
乳母≥19 岁		15	乳母		10

*为适宜摄入量（AI），其余为推荐摄入量（RDA）。1 微克维生素 D 相当于 40 国际单位（IU）。#：中华人民共和国卫生行业标准《中国居民膳食营养素参考摄入量第 4 部分：脂溶性维生素》WS/T 578.4—2018。

2018 年美国全民健康与营养调查表明，成年男性每天经膳食摄入 4.8 微克（192 IU）维生素 D，成年女性每天经膳食摄入 3.7 微克（148 IU）维生素 D。2010 年，在浙江杭州和宁波开展的调查发现，当地城市居民维生素 D 缺乏和不足的比例分别为 3.0% 和 30.8%。该研究采用血清 25-羟维生素 D 浓度评判维生素 D 的营养状况，没有评估膳食维生素 D 的摄入量。

2. 孕妇

尽管孕妇要为胎儿提供额外的维生素 D 需求，但现有研究提示，相对于普通妇女，孕妇对维生素 D 的需求量并无明显增加，给孕妇补充维生素 D 对胎儿骨发育和钙代谢都没有明显影响。美国医学研究所推荐，孕妇每日应摄入 15 微克维生素 D（与同年龄段普通女性相同）。中国营养学会推荐，孕妇每日应摄入 10 微克维生素 D（与同年龄段普通女性相同）。

3. 乳母

尽管乳母要为宝宝提供额外的维生素 D 需求，但现有研究提示，相对于普通妇女，乳母对维生素 D 的需求量并无明显增加。给乳母补充维生素 D，可提高乳母血液维生素 D 水平，但不影响乳母骨密度，对宝宝血维生素 D 水平也没有明显影响。美国医学研究所推荐，乳母每日应摄入 15 微克维生素 D（与同年龄段普通女性相同）。中国营养学会推荐，乳母每日应摄入 10 微克维生素 D（与同年龄段普通女性相同）。

4. 婴儿

婴儿处于快速生长发育期，维生素 D 需求量相对较高，是维生素 D 缺乏的高危人群。但是，婴儿维生素 D 摄入过量，又会导致骨骼发育迟缓，因此婴儿补充维生素 D 应格外慎重。由于缺乏研究数据，目前尚不能制定婴儿维生素 D 的推荐摄入量（RDA），只能用适宜摄入量（AI）替代。根据美国医学研究所制定的标准，1—6 个月婴儿维生素 D 适宜摄入量为每日 10 微克（400 国际单位），7—12 个月婴儿维生素 D 适宜摄入量为每日 10 微克（400 国际单位）。根据中国营养学会制定的标准，1—6 个月婴儿维生素 D 适宜摄入量为每日 10 微克（400 国际单位），7—12 个月婴儿维生素 D 适宜摄入量为每日 10 微克（400 国际单位）。

5. 儿童

儿童骨骼处于快速生长发育期，对维生素 D 的需求量较大。儿童维生素 D 摄入过量同样会导致骨骼发育迟缓，还可能引发高钙血症。美国医学研究所推荐，1—18 岁儿童每日应摄入 15 微克（600 国际单位）维生素 D（与 19—70 岁人群相同）。中国营养学会推荐，1—17 岁儿童每日应摄入 15 微克（600 国际单位）维生素 D（与 18—64 岁人群相同）。

2018 年美国全民健康与营养调查表明，2—5 岁男童每天经膳食摄入 5.5 微克（220 国际单位）维生素 D，2—5 岁女童每天经膳食摄入 5.1 微克（204 国际单位）维生素 D。2012 年，在中国北京、苏州、广州、郑州、成都、邢台六地区开展的调查发现，学龄前儿童（3—6 岁）维生素 D 摄入量的中位数仅为 1.9 微克/日（76 国际单位/日），可见中国儿童维生素 D 摄入量较低。

6. 老年人

随着年龄增长，肠道吸收维生素D的能力降低，皮肤合成维生素D的能力也降低，这些因素导致老年人容易发生维生素D缺乏。临床上也观察到，老年人血清维生素D浓度显著低于年轻人。因此，老年人应增加维生素D摄入量。美国医学研究所推荐，70岁以上老人每日应摄入20微克（800国际单位）维生素D（比1—70岁人群增加5微克）。中国营养学会推荐，65岁以上老人每日应摄入15微克（600国际单位）维生素D（比1—64岁人群增加5微克）。

哪些食物富含维生素 D?

维生素 D 是一组类固醇衍生物，根据其分子上侧链构成可分为不同形式，自然界中最常见的是 D_2 和 D_3。维生素 D_2 的化学成分为麦角钙化醇，富含于菌类和植物源性食物中。维生素 D_3 的化学成分为胆钙化醇，富含于动物源性食物中。维生素 D_1（光甾醇）、D_4（二氢麦角钙化醇）、D_5（谷钙化醇）是人工合成的维生素 D。如果没有特殊说明，维生素 D 一般指 D_2 和 D_3。

含维生素 D 的天然食物并不多。鱼肝油和鱼脂肪是维生素 D 的最佳来源，尤其是三文鱼（鲑鱼）、金枪鱼（鲔鱼）和青花鱼（鲭鱼）的脂肪。动物肝脏、奶酪和蛋黄中也含维生素 D（表 2）。动物源性食物所含维生素 D 主要为维生素 D_3。

表 2 富含维生素 D 的日常食物（微克/100 克食物）

食物	维生素 D 含量	食物	维生素 D 含量
鱼肝油	250.0	大褐菇（UV 照射）	31.9
大比目鱼	27.4	大褐菇	0.1
鲭鱼	25.2	口蘑（UV 照射）	28.4
鳝鱼	23.3	口蘑	0.4
鲑鱼	19.1	香菇（UV 照射）	28.4
鲳鱼	10.9	香菇	0.7
三文鱼	10.0	白蘑菇（UV 照射）	26.1
金枪鱼	6.7	白蘑菇	0.2
石斑鱼	3.8	舞蘑（UV 照射）	28.1
鸡蛋	2.2	羊肚菌	5.2
牛肝	1.2	鸡油菌	5.3
酸奶	1.0	平菇	0.7
鳕鱼	0.9	土豆	0.0
鸭肉	0.6	西红柿	0.0
猪肉	0.4	小麦粉	0.0
牛肉	0.4	大米	0.0
鸡肉	0.2	板栗	0.0
牛奶（未强化）	0.1	苹果	0.0
羊肉	0.1	大豆	0.0

1 微克维生素 D 相当于 40 国际单位（IU）。数据来源：USDA National Nutrient Database。

大部分食用菌（蘑菇）都含有丰富的维生素 D_2，苜蓿和豆苗中也含有维生素 D_2。蘑菇中维生素 D_2 含量与紫外线照射有关。

野生蘑菇通常在阳光下生长，而人工培育的蘑菇通常在黑暗中生长，野生蘑菇维生素 D₂ 含量明显高于人工培育的蘑菇。

蘑菇、酵母和肉、蛋、奶中都含有维生素 D 前体，经紫外线照射可转变为维生素 D₂。研究发现，用紫外线照射鲜白蘑菇 5 分钟，其维生素 D 含量会由 0.2 微克/100 克大幅增加到 26.1 微克/100 克（表 2）。但在评估膳食维生素 D 含量时，维生素 D 前体并没有计算在内。

维生素 D 为无色晶体，易溶于脂性溶液，难溶于水性溶液。维生素 D 在中性和碱性环境中相对稳定，在酸性环境中易降解。因此，维生素 D 应密封避光保存于阴凉干燥环境中，避免与酸或空气接触。食物经水煮、油炸或烘烤后，其中的维生素 D 大约会损失 20%。

维生素 D 发现之前，佝偻病和软骨病曾严重威胁人类健康。维生素 D 发现之后被广泛添加到各类食品中（维生素 D 强化）。1933 年，美国开始对牛奶实施维生素 D 强化，此后部分方便食品、果汁、酸奶、豆奶、麦片等开始添加维生素 D。第二次世界大战之后，世界各国普遍对奶制品实施维生素 D 强化，经强化的奶制品已成维生素 D 摄入的重要来源。

在实施维生素 D 强化计划之初，因没有制定统一标准，食品中维生素 D 添加量普遍较大，这导致部分消费者尤其是儿童发生高钙血症。1993 年，美国食品药品监督管理局修改强化法规，每100 克液态奶维生素 D 添加量不得超过 1.05 微克（42 国际单位，表 3）。

表3　中国和美国食品维生素 D 强化标准（微克/100 克食物）

食物	中国标准*	美国标准#
液体奶（牛奶）	1.0—4.0	<1.05
豆浆（液态豆奶）	3.0—15.0	<1.45
含乳饮料	1.0—4.0	<2.225
酸奶	1.0—4.0	<2.225
植物酸奶（风味饮料）	0.2—1.0	<2.225
果汁或蔬菜汁	0.2—1.0	<1.05
早餐麦片	1.25—3.75	<8.75
谷类食品（饼干）	1.67—3.33	<2.25
人造黄油	12.5—15.6	<8.275

*：《食品安全国家标准：食品营养强化剂使用标准》（GB 14880—2012）。
#：Code of Federal Regulations, CITE: 21CFR172.380。

2012 年，中华人民共和国卫生部发布的《食品安全国家标准：食品营养强化剂使用标准》（GB 14880—2012）规定：液态奶（调制乳）维生素 D 的添加量应在 10 微克/千克—40 微克/千克之间，普通奶粉（调制乳粉）维生素 D 的添加量应在 63 微克/千克—125 微克/千克之间，豆奶粉（豆粉）维生素 D 的添加量应在 15 微克/千克—60 微克/千克之间，即食麦片维生素 D 的添加量应在 12.5 微克/千克—37.5 微克/千克之间，饼干维生素 D 的添加量应在 16.7 微克/千克—33.3 微克/千克之间（表3）。

婴幼儿容易发生维生素 D 缺乏，西方国家普遍在婴幼儿食品中添加了维生素 D。婴幼儿食品中维生素 D 的添加量一般取决于热卡值。在美国，每 100 千卡（kcal）当量的婴儿食品（包括配方奶粉）允许添加 1 微克—2.5 微克（40 国际单位—100 国际单位）维生素 D。在加拿大，每 100 千卡当量的婴儿食品（包括配方奶粉）允许添加 1 微克—2 微克（40 国际单位—80 国际单位）维生素 D。

天然食物中的维生素 D 存在于各种基质中，须经消化酶分解才能被释放出来。食物的结构会影响维生素 D 的吸收，脂肪可促进维生素 D 吸收，纤维素则会阻碍维生素 D 吸收。维生素 D 与高脂肪食物一起食用，其吸收率较高；维生素 D 与高纤维食物一起食用，其吸收率较低。日常食物中的维生素 D 吸收率约为 60％，两种形式的维生素 D（D_2 和 D_3）吸收率没有明显差异。有些减肥药可抑制甘油三酯的吸收，由于维生素 D 和甘油三酯的吸收机制相似，这类减肥药也可阻碍维生素 D 的吸收。由于含有脂肪基质，膳食补充剂（保健食品）中的维生素 D 吸收率接近 100％。

美国农业部开发的食物成分数据库提供了多种营养素含量，其中可检索到常见食物的维生素 D 含量。中国营养学会编制的《中国食物成分表》没有列出维生素 D 含量。

哪些因素会影响皮肤合成维生素 D?

在日光特别是紫外线（UVB）照射下，表皮下层细胞可将麦角固醇转变为维生素 D_2，将 7 - 脱氢胆固醇转变为维生素 D_3，维生素 D 因此也称阳光维生素。体内维生素 D 的丰缺最终取决于两个因素，其一是膳食中维生素 D 含量是否充足，其二是皮肤接受阳光照射是否充足。影响皮肤维生素 D 合成的因素包括紫外线波长、肤色深浅、晒太阳时长、紫外线强度等。

1. 紫外线波长

按照波长，紫外线可分为长波（UVA，波长 320 纳米—400 纳米）、中波（UVB，波长 280 纳米—320 纳米）和短波（UVC，波长 100 纳米—280 纳米）三类。其中，UVA 致癌性强，UVC 被大气臭氧层阻隔很难抵达地面，只有 UVB 可促进皮肤合成维生素 D。

2. 肤色深浅

表皮中的黑色素会阻挡紫外线进入深层组织，从而减少维生素 D 的合成。虽然赤道附近的居民（黑色人种和棕色人种）肤色较深，皮肤中黑色素含量多，当地阳光强烈，但皮肤合成维生素 D 的效率很低。反之，虽然北极圈内的居民（诺迪克人和斯拉夫人）肤色较浅，皮肤中黑色素含量少，当地阳光较弱，但皮肤合成维生素 D 的效率很高。由此可见，肤色是人类在进化过程中为获取适量维生素 D 而发生的适应性改变。

3. 晒太阳时长

农民、野外作业者、经常参加户外锻炼的人因经常晒太阳，皮肤合成维生素 D 较多。南极和北极地区有极昼和极夜现象，也就是说一年中有连续六个月是白昼（极昼），连续六个月是黑夜（极夜）。极地居民夏季接受长时间阳光照射，皮肤合成大量维生素 D，多余的维生素 D 会储存在肝脏和脂肪中，在冬季来临时供身体所用。

4. 紫外线强度

阳光中紫外线强度受多种因素影响。空气会吸收阳光中的紫外线，因此海拔越高紫外线越强。阳光垂直照射的地区，光线穿越大气层的行程短，因此越接近赤道（纬度低）的地区紫外线越强。在中国，青藏高原海拔高，阳光中紫外线强度大；海南三亚纬度低，阳光中紫外线强度大。哈尔滨处于高纬度平原地区，阳光中紫外线强度较小。

云层可遮挡50％的紫外线，严重的大气污染可遮挡60％的紫外线，在大气污染严重地区，居民容易发生维生素D缺乏。中波紫外线（UVB）无法穿越玻璃，因此透过玻璃晒太阳，皮肤不会合成维生素D。

防晒霜会遮挡部分紫外线，进而减少皮肤维生素D的合成量。日光防晒系数（sun protection factor, SPF）用于衡量防晒霜对紫外线的遮挡效应。SPF的计算方法是，皮肤涂抹防晒霜后产生红斑所需照射剂量（或照射时间）除以皮肤未涂抹防晒霜产生红斑所需照射剂量（或照射时间）。化妆品的SPF一般在2—50之间，SPF值越大紫外线遮挡作用越强。如果某人未涂抹防晒霜，在日照下10分钟内就会出现晒斑；如果涂抹SPF为15的防晒霜，则需150分钟才会出现晒斑。

紫外线会促进维生素D合成，但也会诱发皮肤癌，尤其是恶性黑色素瘤。2017年，全球大约有6.3万人死于恶性黑色素瘤。若长时间暴露在强烈的阳光下，应采取适当防护措施，必要时涂抹防晒霜。人体长时间暴露在阳光下，皮肤合成维生素D增加，但皮肤中过量的维生素D很快就会被降解或灭活，因此长时间晒太阳不会引起维生素D中毒。

哪些人容易缺乏维生素 D?

肉食和食用菌中含有维生素 D，人体皮肤可合成维生素 D，乳制品普遍实施了维生素 D 强化。在现代饮食环境中，维生素 D 缺乏已相对少见，只有特殊人群和某些疾病患者需要补充维生素 D。

1. 素食者和偏食者

与原始人类相比，现代人户外活动明显减少，晒太阳时间大幅缩短，经皮肤合成的维生素 D 较少。另一方面，多数人无法从膳食中摄取足够维生素 D。素食者因为不吃肉、蛋、奶，更容易发生维生素 D 缺乏。有些减肥的人不吃脂肪和植物油，膳食中维生素 D 含量下降，且不易被吸收。

2. 肥胖者

肥胖是指体重指数（BMI）等于或超过 30。研究发现，肥胖者维生素 D 吸收率较高，肥胖本身也不影响皮肤合成维生素 D，但肥胖者血维生素 D 浓度明显偏低。发生这种矛盾现象的原因是，肥胖者吸收的维生素 D 大量蓄积在脂肪组织中，即使身体需要，这些维生素 D 也很难从脂肪中释放出来。

3. 婴幼儿

母乳中维生素 D 含量在 0.63 微克/升—1.95 微克/升（25 国际单位—78 国际单位/升）之间，即使宝宝每天吃奶 1 000 毫升，其中的维生素 D 也达不到适宜摄入量（10 微克/天）。乳母缺乏维生素 D，乳汁中维生素 D 含量降低，宝宝易发生佝偻病。澳大利亚开展的监测发现，孕期和哺乳期经常戴面纱的妇女，乳汁中维生素 D 含量下降，她们的宝宝容易发生佝偻病。晒太阳可促进皮肤合成维生素 D，但美国儿科学会（AAP）不建议婴幼儿晒太阳，因为阳光会灼伤宝宝皮肤。AAP 建议实施母乳喂养的婴儿，每天应将维生素 D 摄入量补足到 10 微克。宝宝 6 个月后应逐渐停止母乳喂养，同时有计划地添加富含维生素 D 的辅食。

4. 老年人

随着年龄增长，肠道维生素 D 吸收能力下降，皮肤合成维生素 D 的能力也下降，老年人因此容易发生维生素 D 缺乏，进而导致骨质疏松，并增加骨折的风险。在美国开展的调查显示，发生髋部骨折的老年人很大一部分血 25 -羟维生素 D 水平低于 30 纳摩尔/升。

5. 不常晒太阳的人

长期处于室内的人、夜班工作者、居住在极地的人晒太阳时间少，这些人如果膳食结构不合理，就容易出现维生素 D 缺乏。日托式寄养的儿童也可能因晒太阳少而罹患佝偻病。英国开展的调查发现，在新型冠状病毒肺炎（COVID - 19）流行期间，家居隔离者因晒太阳少，血 25 -羟维生素 D 水平下降，需经膳食或补充剂增加维生素 D 摄入量。受宗教信仰和文化传统影响，中东地区女性外出时常用头巾包裹双手和头面部，检测发现当地女性有 96％血 25 -羟维生素 D 水平低于 20 纳克/毫升，有 60％的女性血 25 -羟维生素 D 水平低于 12 纳克/毫升，骨软化症在女性中相当多见。

6. 肤色深的人

肤色深浅主要取决于表皮中黑色素的含量。黑色素会阻挡中波紫外线（UVB）进入皮肤深层进而刺激维生素 D 合成。因此，黑种人和黄种人皮肤合成维生素 D 的能力远低于白种人。研究证实，接受相同日光照射时，白种人血 25 -羟维生素 D 水平明显高于黑种人。因此，皮肤黝黑的人更应重视维生素 D 营养。

7. 营养不良者

维生素 D 为脂溶性维生素，其吸收有赖于肠道对脂肪的吸收。如果膳食中缺少脂肪或植物油，或肠道脂肪吸收不良，就会出现维生素 D 吸收障碍。牛奶过敏或乳糖不耐受的儿童无法食用奶制品，也容易发生维生素 D 缺乏。

8. 慢性胃肠疾病

肝脏疾病、囊性纤维化病、溃疡性结肠炎、克罗恩病、乳糜泻等疾病患者，肠道吸收脂肪的能力下降，加之这些患者往往会限制乳制品的摄入，容易发生维生素 D 缺乏。

9. 曾行肝胆或胃肠手术者

作为一种脂溶性营养素，维生素 D 的吸收需要胆汁乳化和胰酶消化。因疾病或减肥实施胃旁路手术的人，食物会绕过吸收维生素 D 的小肠上部，这些人容易发生维生素 D 缺乏。曾实施肝胆和肠道手术的人，胆汁和消化酶分泌障碍，也会影响维生素 D 的吸收。研究发现，实施胆肠吻合术后，患者血 25 -羟维生素 D 水平可降低 30％以上。

10. 镁缺乏者

来自膳食和皮肤的维生素 D 须在体内进行两次羟化才能被激活。第一次羟化在肝脏进行，维生素 D 转化为 25 -羟维生素 D（骨化二醇）。第二次羟化在肾脏进行，骨化二醇进一步转化为 1α，25 -二羟维生素 D（骨化三醇）。1α，25 -二羟维生素 D 是维生素 D 的主要活性形式，参与活化维生素 D 的羟化酶必须有镁离子存在才能发挥作用。镁缺乏会阻碍维生素 D 活化，最终影响钙磷代谢。

11. 服用特殊药物的人

皮质类固醇药物（如强的松）可减少钙吸收，同时干扰维生素 D 代谢；减肥药奥利司他（Orlistat，商标名有赛尼可、罗氏鲜 Xenical、阿莱 Alli 等）和降胆固醇药考来烯胺（cholestyramine，消胆胺）可干扰维生素 D 的吸收；抗癫痫药苯巴比妥和苯妥英钠会阻碍维生素 D 活化。服用这些药物的患者应注意补充维生素 D。

对于存在缺乏风险的人，在补充前应评估体内维生素 D 的营养状况。血 25 -羟维生素 D（骨化二醇）浓度反映体内维生素 D 的丰缺程度。血 1α，25 -二羟维生素 D（骨化三醇）浓度不能反映体内维生素 D 的丰缺程度，原因是其半衰期仅有 15 小时，除非体内严重缺乏维生素 D，血 1α，25 -二羟维生素 D 浓度一般不会降低。

根据美国医学研究所制定的标准，血 25 -羟维生素 D 的正常参考值范围在 50 纳摩尔/升—125 纳摩尔/升（20 纳克/毫升—50

纳克/毫升）之间。血 25 -羟维生素 D 水平在 30 纳摩尔/升—50 纳摩尔/升之间，提示体内维生素 D 缺乏；血 25 -羟维生素浓度低于 30 纳摩尔/升（12 纳克/毫升），提示可能发生佝偻病或骨质软化症；血 25 -羟维生素 D 浓度超过 125 纳摩尔/升，提示存在维生素 D 中毒的风险。

维生素 D 缺乏会有哪些危害？

维生素 D 在体内主要参与钙磷代谢，儿童缺乏维生素 D 可导致佝偻病，成人缺乏维生素 D 可导致骨质软化症，老年人缺乏维生素 D 可导致骨质疏松症。

1. 佝偻病

佝偻病主要影响骨骼系统。6 月龄以前，佝偻病可表现为颅骨变薄，按压前囟边缘有"乒乓球"样感觉。6 月龄以后，佝偻病可表现为方颅（头型呈方形）、头围大、肋骨串珠样突起，严重者手腕和足踝部环状隆起，民间称之为"手镯"和"脚镯"。1 岁后，佝偻病可表现为胸骨前突（鸡胸）、胸廓下缘内陷（郝氏沟）、膝内翻（O 型腿）或膝外翻（X 型腿）畸形。佝偻病患儿行 X 线检查可见骨钙化不良、骨质稀疏、骨皮质变薄，这种骨骼易发生畸形和骨折。缺乏维生素 D 还可引起血磷降低，影响糖代谢，导致全身肌肉松弛、肌力下降。

伲偻病是严重的维生素 D 缺乏症。17 世纪中叶，英国医生系统描述了伲偻病的症状。19 世纪末，德国学者发现，每天服用 1 茶匙鱼肝油可防治伲偻病。20 世纪 30 年代，发达国家开始推行维生素 D 强化食品，其后伲偻病已基本绝迹。但在广大发展中国家，伲偻病仍时有发生。

2. 骨质软化症

在人的一生中，骨骼处于持续更新之中，不断有骨骼破坏和新生，成人骨骼每年更新的比例大约为 5％。维生素 D 缺乏时，新生骨骼不能充分钙化，这样就会发生骨质软化症。骨质软化症早期表现为骨痛和四肢乏力，但这些症状往往会被忽视。随着骨质软化加重，长期负重或活动可引起骨骼畸形，这时会出现强烈骨痛。畸形和疼痛会影响肢体运动功能，导致患者跛行甚至长期卧床。由于骨骼结构异常，轻微的外伤和碰撞都会引发病理性骨折。与儿童伲偻病一样，成人骨质软化症也可导致胸骨前突（鸡胸）、胸廓内陷（郝氏沟）、脊柱弯曲、骨盆畸形，严重胸廓和脊柱畸形可影响心肺功能，女性骨盆变形则可影响生育，导致难产。

3. 骨质疏松症

老年人缺乏维生素 D 会加速骨钙流失，导致骨质疏松，进而增加骨折的风险。

4. 自身免疫性疾病

维生素 D 可增强先天免疫，抑制自身免疫。维生素 D 缺乏可能会损害免疫系统的完整性，并引发自身免疫性疾病。

维生素 D 过量会有哪些危害？

　　富含维生素 D 的天然食物并不多，经食物摄入维生素 D 一般不会引发毒副反应。维生素 D 是一种脂溶性维生素，容易在体内蓄积，大量服用维生素 D 类药品或保健食品（膳食补充剂）有可能引发毒副反应。在食品普遍实施维生素 D 强化的背景下，服用大剂量维生素 D 补充剂更易导致摄入过量。

　　在紫外线作用下皮肤可合成维生素 D，但长时间晒太阳不会引发维生素 D 中毒。这是因为，长时间晒太阳后皮肤温度升高，高温会促进维生素 D 降解，而皮肤中蓄积的降解物还会抑制维生素 D 合成。

　　维生素 D 摄入过量会引起食欲下降、体重减轻、多尿和心律不齐等非特异性症状。维生素 D 过量的主要危害是高钙血症和组织异常钙化，进而损害血管、心脏和肾脏等组织器官。当血 25 -羟维生素 D 水平高于 500 纳摩尔/升时，毒副反应的发生风险明显增加。妇女健康促进研究（WHI）发现，绝经后妇女每天服用

1000毫克钙和10微克（400国际单位）维生素D，7年间肾结石发病风险会增加17%。

根据美国医学研究所制定的标准，成人维生素D可耐受最高摄入量（UL）为每天100微克（4000国际单位）。根据中国营养学会制定的标准，成人维生素D可耐受最高摄入量为每日50微克（2000国际单位，表3）。如果维生素D摄入长期超过限量，产生毒副作用的风险就会大增。

表3 维生素D可耐受最高摄入量（UL，微克/天）

美国医学研究所			中国营养学会#		
年龄段	男性	女性	年龄段	男性	女性
0—6个月	25	25	0—6个月	20	20
7—12个月	38	38	7—12个月	20	20
1—3岁	63	63	1—3岁	20	20
4—8岁	75	75	4—6岁	30	30
9—13岁	100	100	7—10岁	45	45
14—18岁	100	100	11—13岁	50	50
19—50岁	100	100	14—17岁	50	50
51—70岁	100	100	18—64岁	50	50
≥71岁	100	100	≥65岁	50	50
孕妇≤18岁		100	孕妇，早		50
孕妇≥19岁		100	孕妇，中		50
乳母≤18岁		100	孕妇，晚		50
乳母≥19岁		100	乳母		50

1微克维生素D相当于40国际单位（IU）。#：中华人民共和国卫生行业标准《中国居民膳食营养素参考摄入量第4部分：脂溶性维生素》WS/T 578.4—2018。

最近有研究者建议将维生素 D 可耐受最高摄入量上调到每日
250 微克（10 000 国际单位），将血 25-羟维生素 D 的中毒阈值设
为 500 纳摩尔/升。尽管每天摄入 100 微克—250 微克（4 000 国际
单位—10 000 国际单位）维生素 D 不太可能出现急性中毒反应，
但美国全民健康与营养调查表明，这一摄入水平可能对远期健康
产生不利影响。美国医学研究所据此建议，应尽量避免血 25-羟
维生素 D 水平超过 150 纳摩尔/升。成人每天摄入 125 微克（5 000
国际单位）维生素 D 就可能使血 25-羟维生素 D 水平超过 150 纳
摩尔/升。考虑 20% 的不确定因素，美国医学研究所将 9 岁以上儿
童和成人维生素 D 可耐受最高摄入量设定为每天 100 微克（4 000
国际单位），8 岁及以下儿童维生素 D 可耐受最高摄入量应更低。

维生素 D 可防治哪些疾病？

学术界曾评估维生素 D 在多种慢病防治中的作用，其中包括癌症和心脑血管病。根据现有研究证据，维生素 D 确实可防治骨质疏松，但针对其他疾病的疗效尚未明确。

1. 骨质疏松症

据中国疾病控制中心估计，中国目前有 1.6 亿骨质疏松患者。随着人口老龄化加剧，这一数字还在持续上升。骨质疏松的特点是骨量降低、骨结构劣化、骨脆性增加、骨折风险增高。骨质疏松的直接原因是钙摄入不足和钙流失过多，维生素 D 缺乏会减少钙吸收，从而引发骨质疏松。如果说佝偻病和骨软化症是维生素 D 缺乏的极端结局，骨质疏松就是维生素 D 缺乏的最常见病症。老年人、残疾人、绝经后妇女、长期使用类固醇药物（糖皮质激素）的人，更容易因维生素 D 缺乏而引发骨质疏松。

人体骨骼处于构建和破坏的动态平衡中。妇女在绝经期间，这一平衡被打破，原因是体内雌激素水平骤然下降，导致破骨作用大于成骨作用，骨钙大量流失，进而引发骨质疏松。采用雌激素替代疗法（HRT）可延缓骨质疏松的发生，但这一疗法有可能增加妇科肿瘤的风险。因此，补充钙和维生素 D 依然是绝经后妇女预防骨质疏松的优先选择。临床研究也证实，给绝经后妇女同时补充钙和维生素 D 可增加骨密度，降低骨折风险。

2. 癌症

实验研究和流行病学调查均提示，维生素 D 的营养状况可能会影响癌症的发病风险。从作用机制推测，维生素 D 有利于预防结直肠癌、前列腺癌和乳腺癌，但临床研究的结果并不一致。欧洲癌症与营养前瞻性调查（EPIC）提示，血 25 -羟维生素 D 水平与结直肠癌风险呈负相关。也就是说，血 25 -羟维生素 D 水平越低，结直肠癌风险越高。妇女健康促进研究（WHI）表明，成年妇女每天服用 10 微克（400 国际单位）维生素 D 加 1 000 毫克钙并不能降低结肠癌的发病风险。美国哈佛大学医学院开展的维生素 D 和奥米茄-3 研究（VITAL）表明，每天服用 50 微克（2 000 国际单位）维生素 D 不会降低乳腺癌、前列腺癌和结直肠癌的发病风险。在美国内布拉斯加州开展的研究表明，绝经后妇女每天服用 27.5 微克（1 100 国际单位）维生素 D 和 1 500 毫克钙反而增加癌症的发病风险。总体看来，现有证据不支持用维生素 D 来预防癌症。

3. 心脑血管病

有大量研究探索了维生素 D 在糖尿病、高血压、心脑血管病、多发性硬化等疾病防治方面的作用。目前这些结果主要来自实验室研究、动物研究和流行病学调查，尚缺乏针对性的随机对照试验。VITAL 研究表明，每天服用 50 微克（2 000 国际单位）维生素 D，并不能降低血管事件（心肌梗死、卒中和周围血管病）的发生风险。

4. 新冠病毒感染

维生素 D 缺乏可能会增加呼吸道感染的风险。荟萃分析表明，维生素 D 缺乏的人感染 COVID-19 的风险更高，维生素 D 缺乏与感染后症状严重程度有关。2020 年 6 月，美国国立卫生研究院（NIH）评估后认为，目前没有足够证据支持或反对使用维生素 D 补充剂预防或治疗 COVID-19。同月，英国国家卫生与临床优化研究所（NICE）发布公告，认为目前没有足够证据支持或反对服用维生素 D 补充剂来预防或治疗 COVID-19。NIH 和 NICE 都指出，由于 COVID-19 大流行期间居民晒太阳较少，可能会有更多人需要补充维生素 D。据此，英国国家医疗服务体系（NHS）已为 COVID-19 高危人群免费提供维生素 D 补充剂。

维生素 D 是如何发现的？

  2015 年，爱尔兰泰里岛（Tiree）出土多具新石器时期人类遗骸。英国布拉德福德大学（University of Bradford）的考古人员检测发现，遗骸中有一人生前患有佝偻病。该例患者为女性，生活在距今约 5 200 年前，去世时年仅 25 岁，身高 145 厘米。她的胸骨、肋骨和四肢骨骼有多处畸形，其病理改变完全符合佝偻病的特征。对遗骸牙齿中碳和氮同位素进行分层检测后得知，尽管这名女性生活在海岛上，但她基本不吃海鱼。研究人员推测，这名女子被长期囚禁于室内，终因营养不良和缺乏阳光而罹患佝偻病。新石器时期，人类由肉食为主转为以素食为主，膳食结构的变迁导致脂溶性维生素摄入减少，若同时缺乏阳光就可能引发佝偻病。

  西方医学对佝偻病的认识可追溯到公元 2 世纪。古罗马时期的儿科医生索兰纳斯（Soranus of Ephesus，98—138 年）发现，罗马城中儿童患骨骼畸形的比例远高于希腊地区（当时属罗马帝国）。索兰纳斯认为，营养缺乏、卫生条件差是罗马儿童骨病多发的原因。稍后，盖仑（Galen of Pergamon，约 129—200 年）描述了儿童骨骼畸形的各种表现，这些症状符合现代医学中佝偻病的诊断标准。

14 到 17 世纪，美第奇（Medici）家族从银行业起家，迅速崛起为欧洲最富裕和最具权势的名门望族。美第奇家族曾资助达·芬奇、拉斐尔、米开朗琪罗、伽利略和马基雅弗利等学者，主导了钢琴的发明和歌剧的创立，建造了圣母百花大教堂（Basilica di Santa Maria del Fiore）。遗憾的是，富可敌国并未换来健康长寿，1737 年美第奇家族因绝嗣快速解体。之后很长一段时间，文艺复兴第一家族衰败的原因成为一个不解之谜。2004 年，考古人员在佛罗伦萨发现了美第奇家族的神秘地窖。地窖中埋藏着 9 具儿童遗骸，X 线检测发现，其中 6 名（66.7%）儿童患有严重佝偻病。有学者认为，因享受着特殊教育，美第奇家族的孩子大部分时间都待在室内，即使外出也要裹上厚厚的头巾，因为当时认为肤色白皙是贵族的象征。通过骨骼氮同位素检测推知，地窖中埋葬的孩子直到 2 岁才断奶，这一推断也符合文艺复兴时期贵族家庭的传统。现在我们知道，断奶晚的宝宝若不添加辅食而仅靠母乳，更容易发生佝偻病，母乳中维生素 D 含量随哺乳时间延长逐渐下降。文艺复兴时期的贵妇喜好浓妆，浓妆会遮挡紫外线，导致体内维生素 D 缺乏，乳母缺乏维生素 D 会使乳汁中维生素 D 含量进一步下降。不良的喂养习惯和缺乏阳光导致美第奇家的儿童普遍罹患佝偻病，很多儿童未到成年就夭折，这成为家族快速衰落的重要原因。文艺复兴时期的大画家布克迈尔（Hans Burgkmair）的作品就曾描绘过佝偻病患儿（图 1）。

图 1 布克迈尔的名画《圣母子》（*Virgin and Child*）。该画创作于 1509 年，现藏于德国国家博物馆。从双腿的形态判断，画中的幼童可能患有佝偻病。

  17 世纪早期，英格兰西南部的多塞特和萨默塞特流行一种儿童骨病，当地人称之为"rickets"（佝偻病）。1645 年，英国医生惠斯勒（Daniel Whistler）发表了《对英国儿童中发生的民间所谓佝偻病的初步医学论证》（*Inaugural Medical Disputation on the*

Disease of English Children which is Popularly Termed the Rickets）
一文。论文对佝偻病的症状进行了详细描述，并用专业术语
"paedosteocaces"替代了民间俗称"rickets"。惠斯勒被认为是最早
认识佝偻病的西方学者。但有医学史家对论文的原创性表示怀疑，
提出惠斯勒的观点源自道听途说而非基于临床实践，当时他还是
莱顿大学的医学生，不太可能接触到大批佝偻病患者。

1650 年，任职于剑桥大学的格利森（Francis Glisson）发表了
拉丁语论文《论佝偻病》（*De Rachitide*）。与惠斯勒不同，格利森
对佝偻病的论述完全基于临床观察和尸检报告，并且提出了佝偻
病的诊断标准。格利森的论文经受住了岁月考验，其中的经典论
述至今仍被医学界奉为圭臬："6 个月之内的婴幼儿佝偻病很少
见。6 个月之后，随着年龄增长佝偻病会变得越来越普遍，到 18
个月时发病率达到高峰。到 2 岁半之后，新发病例又明显减少。"

但在分析佝偻病的病因时，格利森陷入了中世纪的神秘主义
中，他认为佝偻病是因潮湿、肮脏、落后和愚昧导致坏体液蓄积。
格利森据此建议，可用灼烧皮肤、切皮放血、捆扎四肢等方法医
治佝偻病，目的是排出或阻断坏体液。为了矫正骨骼畸形，格利
森提出了夹板固定和人体悬吊等方法。在格利森之后的两个多世
纪里，佝偻病研究几乎没有进展。

1889 年，伦敦动物园诞生了一批小狮子。由于母狮缺奶，饲
养员不得不用马肉喂养幼狮，这批幼狮很快就发生了佝偻病，之
后接二连三地死去。动物园方面求助于当时英国著名的外科医生
萨顿（Bland Sutton），他任职的米德尔塞克斯医院（Middlesex
Hospital）就在动物园隔壁。根据萨顿的建议，给母狮和幼狮都添
加了羊肉、羊碎骨和羊奶，同时还给幼狮添加了鱼肝油。神奇的

是，病得奄奄一息的小狮子很快就变得活蹦乱跳。

萨顿出生于伦敦附近的一个小农场，父亲是一名牲口催肥师。在追随父亲给牲口看病的过程中，萨顿从小就听说鱼肝油和碎骨可防治佝偻病，动物园的小狮子为他提供了绝佳的试验机会。在欧洲沿海地区，民间早就认识到鱼肝油的治疗价值。1789 年，英国曼彻斯特皇家医院（Manchester Royal Infirmary）的达比（Darbey）医生曾用鱼肝油治疗风湿病。1824 年，德国出版的医学书籍明确记载鱼肝油可防治佝偻病。1861 年，法国名医特鲁索（Armand Trousseau）在《临床医学讲义》（*Clinique Médicale de l'Hôtel-Dieu*）中写道："鱼肝油治疗佝偻病可产生神奇疗效，对于低龄儿童，尤其是牙齿没长全的儿童，应普遍补充鱼肝油。没有鱼肝油的话，鱼油或牛奶也可以，但牛奶需要上乘品质。"

1919 年，英国医生梅兰比（Edward Mellanby）通过饮食控制，在小狗中诱发出佝偻病，这一动物模型为研究佝偻病提供了极大便利。经过反复尝试，梅兰比发现，酵母和橙汁对佝偻病无效，而鱼肝油、黄油和牛奶可防治佝偻病。

同一时期，美国生化学家麦科勒姆建立了大鼠佝偻病模型。用纯粮饲料喂养大鼠，动物生长迟缓，胸骨突起（鸡胸），肋骨发生串珠样改变。X 线检测发现，这些大鼠的骨骼病理改变与人类佝偻病完全一样。给佝偻病大鼠补充鱼肝油，数天内软骨边缘就有新的钙沉积，之后钙沉积范围逐渐扩大，最终佝偻病的病理改变完全消失。

梅兰比和麦科勒姆几乎同时确定鱼肝油可防治佝偻病。当时已经知道，鱼肝油中的维生素 A（当时称脂溶性 A 物质）可防治干眼症。那么一个突出问题就摆在面前：是维生素 A 在防治佝偻病，还是另有营养素在发挥作用？解答这一问题成为揭开佝偻病病因之谜的关键。

当时已建立了用氧化法灭活营养素的技术。梅兰比发现，将氧气吹入鱼肝油和黄油中使其充分氧化，氧化黄油不再有防治佝偻病的作用，氧化鱼肝油仍具有防治佝偻病的作用。梅兰比认为，鱼肝油中含有更丰富的维生素 A，氧气不能将其完全破坏，防治佝偻病的成分就是维生素 A。

麦科勒姆不同意梅兰比的观点，他开展的研究发现，氧化鱼肝油仍具有防治佝偻病的作用，但丧失了防治干眼症的作用。椰子油没有防治干眼症的作用，但具有防治佝偻病的作用。这些结果无可辩驳地证实，防治佝偻病和干眼症的并非同一营养素。也就是说，防治佝偻病的并非维生素 A，而是一种新的脂溶性营养素。由于此前已发现了三种维生素（A、B、C)，这种新的营养素被命名为维生素 D。麦科勒姆最终被确认为维生素 D 的发现者。

阳光维生素是如何发现的？

人体中的维生素 D 可源于食物，也可在阳光照射下由皮肤合成，这一事实同样经历了漫长而曲折的认识过程。1822 年，波兰医生斯尼亚德奇（Jerdrzej Sniadecki）最早提出阳光可防治佝偻病。斯尼亚德奇观察到，华沙市区儿童佝偻病的患病率远高于农村地区。他据此认为，缺乏阳光会导致佝偻病，城市儿童应多晒太阳以防治佝偻病。遗憾的是，当时的医学界不可能接受这样超前的认识。在民间，晒太阳能防治佝偻病的观点无异于天方夜谭，根本没人相信。

19 世纪中叶，北欧兴起工业革命，儿童佝偻病开始在城市盛行。英国医生帕姆（Theobald Palm）也注意到阳光与佝偻病之间的关系。帕姆出生于一个苏格兰长老会传教士家庭。1875 年，从爱丁堡大学（University of Edinburgh）医学院毕业后，帕姆作为传教士被派往日本布道行医。1884 年，帕姆回到英国后在坎伯兰（Cumberland）行医。两地行医的经历让帕姆意识到，英国盛行的佝偻病在日本基本不存在。1888 年，帕姆给《英国医学杂志》（*British Medical Journal*）写信，认为儿童佝偻病是因缺乏阳光所致，建议应让城里孩子多晒太阳。

为了证实自己的观点，帕姆给世界各地的传教士写信，让他们调查当地儿童佝偻病的发病情况。返回的资料表明，中国、日本、印度、锡兰、摩洛哥等地佝偻病很少见，意大利南部、西班牙南部、土耳其和希腊这些阳光充裕地区也少有佝偻病发生，英国、德国、荷兰、比利时、法国和意大利北部佝偻病则很常见。在英国本土，工业地区佝偻病患病率高于农业地区。在格拉斯哥和爱丁堡之间的传统产煤区，密集分布着炼焦、冶金、造船、架桥、机械制造等产业，燃煤释放的浓烟遮天蔽日，格拉斯哥和爱丁堡终日笼罩在雾霾之中，城市街道上随处可见蹒跚而行的佝偻病患者。伦敦市区内佝偻病患者也很多，尽管不是产煤区，但伦敦的燃煤消费量居全英之首。

帕姆总结后认为，中国、日本和印度这些落后地区环境肮脏、营养不良，但儿童很少患佝偻病，原因是他们能获得充足阳光。在发达的北欧地区，由于大气污染严重，城市儿童无法获得充足阳光，导致佝偻病盛行。因此，佝偻病一度被称为"文明病"。另外，佝偻病在夏季少发，在冬季多发，也间接证明其与阳光之间的关系。帕姆向英国当局建议，应在大城市检测阳光强度，将佝偻病儿童转移到阳光充裕的郊区养育。

1883 年，印度尼西亚喀拉喀托火山（Krakatoa）喷发，这是人类见证的最大火山喷发。火山灰上升到 80 千米的高空，其中的二氧化硫沿平流层扩展到全球。火山灰和二氧化硫增加了反射率，使抵达地面的阳光明显减少。第二年，全球平均气温降低了

0.6℃。火山灰导致的雾霾天气一直延续到 1889 年，成为同期儿童佝偻病高发的重要原因。

18 世纪中叶开始的工业革命导致大气污染持续恶化，儿童佝偻病患病率进一步增加。根据 1900 年的统计，欧洲和美国部分工业化地区，有佝偻病症状的儿童比例高达 80%，这种骨骼疾病给社会经济发展带来巨大威胁。当时也有美国学者提出，阳光可防治佝偻病，但对普通大众而言，晒太阳能医治佝偻病仍属奇谈怪论，阳光依然没能让孩子们摆脱佝偻病的摧残。

第一次世界大战期间，协约国实施严密的交通封锁，德国和奥匈帝国食品极度匮乏，儿童佝偻病发病率快速攀升，甚至有青年人新发佝偻病。在柏林和维也纳，孤儿院收养的孩子整天都待在阴暗湿冷的房间里，简单粗糙的食物加上阳光缺乏，孤儿院中佝偻病患病率超过 50%。看到佝偻病患儿皮肤苍白，德国军医胡尔钦斯基（Kurt Huldschinsky）突发奇想，萌生了用汞蒸气灯照射患儿皮肤的想法。汞蒸气灯可发出波长 200 纳米—600 纳米的光线，其中包括中波紫外线（UVB，波长 290 纳米—320 纳米）。对100 名患儿实施照射后，胡尔钦斯基宣布，汞蒸气灯可防治佝偻病。

当时已经能用 X 线检测人体骨骼的钙化程度，胡尔钦斯基用X 线检测发现，即使用汞蒸气灯照射患儿一只手臂，全身骨骼钙化状况也会随之改善。这一神奇疗效提示，光线刺激皮肤合成了某种营养素，这种物质随血液循环转运到全身，从而发挥防治佝偻病的作用。

1921 年，美国儿科医生赫斯（Alfred Hess）通过临床研究证实，阳光可防治佝偻病。在纽约市一家医院的楼顶上，赫斯让佝倭病患儿每天晒 15 分钟—60 分钟太阳（根据阳光强弱），数周后用 X 线检查发现，佝偻病患儿的骨骼钙化状况明显好转。赫斯还发现，波长在 289 纳米—302 纳米之间的紫外线（UVB）疗效最佳，波长超过 320 纳米的紫外线（UVA）基本没有治疗作用。

1923 年，美国生化学家斯廷博克（Harry Steenbock）发现，不仅用紫外线照射大鼠可防治佝偻病，用紫外线照射大鼠饲料也能防治佝偻病。更为神奇的是，同笼饲养紫外线照射大鼠和未照射大鼠，同样能防治佝偻病。斯廷博克认为，紫外线可将食物和皮肤中的某些成分转变为防治佝偻病的营养素（当时还不知道这种营养素就是维生素 D）。皮肤合成的脂溶性营养素会分泌到毛发中，同笼饲养的大鼠有相互舔舐清理毛发的习惯，未照射大鼠可从同伴毛发中获得这种营养素，进而发挥预防佝偻病的作用。

1924 年 6 月 30 日，斯廷博克花费 300 美元为紫外线照射食品申请了发明专利（US1680818‑A）。不久，桂格燕麦公司（Quaker Oats Company）开价 100 万美元求购这一专利。斯廷博克出售了部分专利权，只允许桂格用紫外线照射早餐麦片。此后，斯廷博克还将专利权出售给制药公司。斯廷博克将专利收入全部捐献给威斯康星大学，建造了麦迪逊分校图书馆。1945 年，当斯廷博克的专利到期时，肆虐欧美工业区 100 多年的佝偻病被彻底根除。

1927 年，德国化学家温道斯发现，食物中的麦角固醇可在紫外线照射下转化为维生素 D。之后，温道斯分离出三种形式的维生素 D，两种源自紫外线照射的植物（D1 和 D2），一种源自紫外线照射的动物皮毛（D3）。自此，阳光与维生素 D 之间的秘密被彻底揭开。1928 年，温道斯因发现维生素 D 的化学结构而获得诺贝尔化学奖。

20 世纪 30 年代初，美国成立佝偻病防治委员会，建议父母将孩子带到室外进行适量日光浴。20 世纪 50 年代初，商家开始推出可防治佝偻病的紫外线灯。但在欧美国家，消灭佝偻病的最终解决方案是对牛奶实施维生素 D 强化。日光浴和紫外线照射的缺点是容易灼伤宝宝皮肤。近年来还发现，强烈的日光照射会增加皮肤癌的风险。美国儿科学会（AAP）在最新指南中强调，应通过膳食补充剂，而非晒太阳来改善体内维生素 D 的营养状况。

佝偻病不仅是一个公共卫生问题，而且是一个社会发展问题。在英国，佝偻病的流行从维多利亚时代一直延续到第二次世界大战。英国在二战期间实行食品配给制，解决了穷人的营养问题。同期对面粉实施钙强化，对黄油实施维生素 D 强化，给乳母和儿童补充维生素 D，这些措施让佝偻病在英国基本绝迹。二战后亚洲移民涌入英国，佝偻病流行的趋势再次抬头。在维多利亚时代，佝偻病曾被称为"英国病"（English disease）和"文明病"（civilization disease）。20 世纪 60 年代，因在亚裔中盛行，佝偻病又被称为"亚洲佝偻病"（Asian rickets）。由于此后英国经济持续不景气，佝偻病在亚裔中高发的问题始终没能解决，移民健康遂在英国发酵为一个敏感的政治问题。

中医如何认识佝偻病？

中国古人对佝偻病的认识可上溯到商代。在殷墟甲骨文中，有多处卜辞提出商王有骨病："王骨异，其疾？不宠？""王骨羸？王骨不其羸？"囿于当时的认识水平，卜辞仅描述了骨病部位，没有确定病变性质。但根据生活环境和饮食特征推测，商王的骨病可能是佝偻病。商代处于农业社会早期，商民开始以五谷为主食。虽然脂溶性维生素摄入少，但庶民和奴隶在田间劳作时经常晒太阳，他们不太可能罹患佝偻病。相反，王室成员很少晒太阳，他们完全有可能发生佝偻病，这一推测可被意大利美第奇家族的经历证实。

《诗经·国风》载："新台有泚，河水弥弥。燕婉之求，蘧篨不鲜。新台有洒，河水浼浼。燕婉之求，蘧篨不殄。鱼网之设，鸿则离之。燕婉之求，得此戚施。"根据朱熹的解释，蘧篨（qú chú）原指竹席，围成囷状可储存粮食，这里用来形容臃肿而无法弯腰的人。戚施原指蟾蜍（癞蛤蟆），这里用来形容颈短而难以仰头的人。有学者认为，蘧篨为鸡胸，戚施为驼背，两者均系佝偻病所致。《国语·晋语》："戚施不可使仰。"三国时期的韦昭注解认为，戚施就是佝偻。

《山海经》曰："交胫国在其东，其为人交胫。"交胫国的人小腿相交（X型腿）。又曰："结匈国在其西南，其为人结匈。"结匈（胸）国的人胸部向前突出（鸡胸）。交胫国和结匈国在今天云南、广西和越南北部。先秦时期，这些地区尚处原始社会，生活在密林中的部落人食物简单，如果阳光照射不足，就可能患佝偻病。

上海博物馆收藏的战国竹书《容成氏》描述了商汤时伊尹制定的治国方略："于是乎喑聋执烛，瞽瞍鼓瑟，跛躄守门，侏儒为矢，长者修宅，偻者枚数，瘿者煮盐，宅忧者渔泽，僵弃不举。"伊尹主张人尽其才，其中就包括让佝偻病患者安装门钉（需要长时间弯腰低头工作）。将偻者与跛躄喑聋盲并列，可见当时佝偻病相当多见。

痀偻（佝偻）一词最早见于《庄子·达生》，该篇记载了痀偻承蜩的故事："仲尼适楚，出于林中，见痀偻者承蜩，犹掇之也。"孔子出游到楚国，在树林外遇见一个驼背弓腿老人，能用竹竿粘取树上的蝉，就像从地上捡拾东西一样熟练。根据《说文解字》，痀是指脊背前屈（弓背、驼背），偻是指腿部弯曲（罗圈腿）。这样看来，孔子遇到的捕蝉者应该患有佝偻病。

古汉语中有很多专门描述骨骼异常的词语，说明上古时期骨病高发。《吕氏春秋》记载："苦水所，多尫与伛人。"高诱认为："尫，突胸仰向疾也。"尫、尤、尣、尪、尪为同源字（读音均为wāng），是指胸部前突（鸡胸），面部朝天；伛是指胸部后突（驼背），面部朝地。商周时流行的求雨仪式就是焚烧尫人。《左传·

僖公二十一年》记载："夏大旱，公欲焚巫尪。"杜预《左传注疏》中解释："（尪）天哀其病，恐雨入其鼻，故为之旱。"尪人面孔朝天，天神担心雨水灌入他们的鼻孔，因此不愿降雨而导致大旱，烧死尪人后天神就会施雨。

《睡虎地秦墓竹简》中记载："两足下奇（踦）。"踦是指患者一条腿正常，另一条腿有病，身体重心被迫向健侧偏倚。两足下踦说明两腿都有问题，为了维持平衡，身体重心被迫下移，双膝呈 X 型，严重者行走时两腿不能相过。根据现代医学理论，X 型腿是佝偻病的典型表现。

古代没有流行病学调查，无法确定佝偻病的发病状况，但文献记载很多名人患有佝偻病，提示该病相当多见。《淮南子·说山训》记载："文王污膺，鲍申伛背。"高诱注释认为："污膺，陷胸也。"也就是说，周文王有漏斗胸，楚国名臣鲍申有驼背。汉代王充所著《论衡·骨相》中也记载："武王望阳，周公背偻。"周武王患有鸡胸，周公旦患有驼背。

《庄子·外物》中说："（孔子）修上而趋下，末偻而后耳。"孔子胳膊长腿短，肩背佝偻。《史记·孔子世家》也记载："（孔子）生而首上圩顶，故因名曰丘云。"圩顶是指头顶凹陷，四傍隆起，这种状况类似儿童佝偻病导致的方颅。《史记》还描述了秦始皇的外貌体型："蜂准，长目，挚鸟膺，豺声。"其中"挚鸟膺"就是鸡胸。

《晋书·列传第十三》记载："淳字子玄，不仕，允字叔真，奉车都尉，并少尪病，形甚短小，而聪敏过人。武帝闻而欲见之，涛不敢辞，以问于允。允自以尪陋，不肯行。"西晋名士山涛有五个儿子，其中两个（山淳、山允）自幼患佝偻病，可见该病在世家大族中相当多见。

《南史·列传第五十五》记载："新安王伯固，字牢之，文帝第五子也。生而龟胸，目通睛扬白，形状眇小，而俊辩善言论。"陈伯固是南朝陈世祖陈蒨的第五子，出身于皇族贵胄，但从小患有鸡胸（龟胸），长大后身材矮小。

《北史·列传第十七》记载："昶嫡子承绪，主所生也。少而尫疾，尚孝文妹彭城长公主，为驸马都尉，先昶卒。"刘昶是南朝宋文帝刘义隆第九子，因受猜忌叛逃到北魏，官至大将军并封宋王。在北魏，刘昶先后迎娶了三位公主（武邑公主、建兴公主、平阳公主，前两位因病早逝）。刘昶的小儿子刘承绪为平阳公主所生，自幼患有佝偻病，身形丑陋矮小，但依靠刘昶的势力依然迎娶了彭城公主。彭城公主是北魏孝文帝的六妹，姿色绝伦，刘承绪尚公主后不久病亡。

《旧唐书》记载，唐初名臣崔善为也是佝偻病患者。崔善为身材矮小，曲颈驼背，但他精通历算且为官清廉，深得唐高祖李渊信任。同道官员对他心生嫉妒，经常奚落他的残疾之躯："崔子曲如钩，随例得封侯。髆上全无项，胸前别有头。"

中国古人对佝偻病的病因早有认识。《吕氏春秋》记载："室大则多阴，台高则多阳，多阴则蹶，多阳则痿，此阴阳不适之患也。"蹶是指跌倒。吕不韦认为，房子太大就会缺少阳光，缺少阳光就会患蹶病。如果蹶病确实是佝偻病的话，吕氏应该是世界上最早发现阳光与佝偻病关系的人。

《吕氏春秋》中还说："夫乱世之民，长短颉忤，百疾，民多疾疠，道多褓襁，盲秃伛尪，万怪皆生。"战乱年代各种社会矛盾突显，人民容易罹患疾病，身体出现各种畸形。这种观点在 20 世纪发生的两次世界大战中得以充分验证。

关于饮水与疾病,《吕氏春秋》中的一处论述更为经典:"轻水所多秃与瘿人,重水所多尰与躄人,甘水所多好与美人,辛水所多疽与痤人,苦水所多尪与伛人。"苦水也称苦咸水,在中国主要分布于华北和西北干旱地区。在宁夏西海固地区开展的检测发现,除了高水平钠、钙、镁、锰、铁等无机盐,苦咸水还含有高水平氟化物,长期饮用的人会出现氟骨病,其表现与维生素 D 缺乏引起的佝偻病类似。

唐宋时中医趋于繁荣,对佝偻病的认识也更加深刻。巢元方在《诸病源候论》中提到"齿不生候""数岁不能行候""头发不生候""四五岁不能语候"等典型佝偻病表现。宋代《圣惠方》记载:"(小儿解颅):囟大,胫寒足交,三岁不行。"解颅是指头骨间缝隙大,与囟门大和 X 型腿都是佝偻病的典型表现。

钱乙《小儿药证直诀》记载:"长大不行,行则脚软;齿久不生,生则不固;发久不生,生则不黑。"宋代医学典籍将佝偻病形象地归纳为"五软"和"五迟"。"五软"为头项软、口软、手软、足软、肌肉软,"五迟"为立迟、行迟、语迟、发迟、齿迟。这些症状与现代佝偻病诊断标准已相去不远。

对中医典籍中记载的佝偻病治疗方法进行分析后发现,其中所列药物大多富含维生素 D 和钙。葛洪在《肘后方》中记载了治疗小儿解颅的方剂:"蟹足骨、白蔹等分,细末,乳汁和涂上,干又敷。"蟹足骨含有丰富的钙,乳汁中含有维生素 D,将蟹足骨研末和上乳汁,应该是防治佝偻病的良药,但将其涂抹在囟门和头颅骨缝处,其效果显然不如口服。

《太平圣惠方》中记载了治疗小儿解颅的钟乳丸方:"钟乳粉、

防风（去芦头）、熟干地黄、牛黄（细研）、甘草（炙）、漆花。"钟乳石的化学成分为碳酸钙，狗脑中含有维生素 D。从现代药理学的角度分析，钟乳丸应该具有防治佝偻病的功效。

尽管经过长期观察和摸索，中医发现了佝偻病的部分诱因，找到了一些防治验方；但受限于理论体系和研究方法，中医始终没能找到佝偻病的根本病因（维生素 D 缺乏）。虽然历代医家提出了多种病因学说，但大都出于揣测和感悟，相互抵牾也就毫不意外。宋代儿科医生钱乙认为，佝偻病为肾阴虚所致；元代朱丹溪则认为，佝偻病是肝肾不足所致筋骨痿软；明代医家薛铠则将其归之脾肾不足。

由于没能找到真正病因，中医典籍中记载的佝偻病治方良莠混杂。《婴孺方》记载有小儿锢囟药："芍药粉，上取黄雌鸡临儿囟上，刺其冠，以血滴囟上，血上以芍药粉敷之，使血不见，一日立瘥。"将公鸡的鸡冠血滴在小儿囟门上，一天就能治好囟门不闭和头颅畸形，声称的疗效未免太过夸张。但由于言之凿凿，且声称立竿见影，此方经常被后世医家采用。

第十四章 维生素 E

维生素 E（vitamin E）又称生育酚，是一组脂溶性化合物。在人体中，维生素 E 发挥着抗氧化和维持生育等作用。人体不能合成维生素 E，须经膳食持续补充。

1. 抗氧化

人体在代谢过程中产生的活性氧（ROS）会损伤细胞结构，干扰细胞代谢，引发动脉粥样硬化、癌症等慢性疾病。吸烟、大气污染、紫外线照射会促进活性氧生成。作为体内主要的抗氧化剂之一，维生素 E 可使细胞免受活性氧损害。

2. 抗血小板作用

维生素 E 可防止低密度脂蛋白氧化，减少前列腺素 E2 和蛋白激酶C合成，这些机制使维生素E具有抑制血小板聚集的作用。

3. 维持生育

维生素E是哺乳动物维持生育必不可少的营养素。大鼠饲料中缺乏维生素E可导致繁殖能力下降，怀孕后胚胎死亡率升高。

4. 调节免疫

通过参与细胞间信号转导、基因调控和能量代谢，维生素E可影响人体免疫功能。

5. 保护血管

血管内皮细胞中的维生素E可抑制血液有形成分黏附在血管壁上，抑制血小板聚集，促进血管扩张，抑制平滑肌细胞增殖和分化。因此，维生素E可发挥血管保护作用。

6. 保护皮肤

皮肤中的维生素E可淬灭自由基，消除活性氧，防止脂质氧化，抑制炎性介质生成，从而减轻紫外线等引起的皮肤损伤。维生素E分子可吸收短波紫外线，但不能吸收长波紫外线，其皮肤保护作用主要源于抗氧化作用，而非紫外线遮挡作用。

一旦暴露在空气中或阳光下，维生素E很快就会被破坏。因此，直接加入化妆品中的维生素 E 效果有限。阿魏酸是一种植物源性抗氧化剂，将其加入化妆品可增加维生素 E 的化学稳定性，进而发挥维生素 E 的护肤作用。

维生素 E（α-生育酚）主要在小肠吸收。吸收入血的维生素 E 与生育酚转运蛋白（PPT）结合后被转运到肝脏，在肝脏中维生素 E 与转运蛋白分离，参与抗氧化和解毒反应。体内的维生素 E 以 α-生育酚为主，其他形式的维生素 E 含量很低，生理作用很小。

人体每天需要多少维生素 E?

　　维生素 E 有 4 种生育酚（tocopherols）和 4 种三烯生育酚
（tocotrienols），共 8 种形式。其中 α-生育酚在自然界分布最广泛，
在人体中作用最强。膳食指南中维生素 E 推荐摄入量（RDA）仅
指 α-生育酚。但 8 种形式的维生素 E 都可能产生毒副作用，膳食
指南中维生素 E 可耐受最高摄入量（UL）则包括其所有形式。

　　维生素 E 的计量单位有毫克（mg）和国际单位（IU），国际
单位是以生物活性为基础的计量方法。天然维生素 E（d-α 生育
酚）和人工合成维生素 E（dl-α 生育酚）的化学结构和生物活性
不同，将毫克换算为国际单位时应加以区别。

　　根据美国医学研究所制定的标准，1 毫克 α-生育酚相当于
1.49 国际单位天然维生素 E，1 毫克 α-生育酚相当于 2.22 国际单
位人工合成维生素 E。1 国际单位天然维生素 E 相当于 0.67 毫克
α-生育酚，1 国际单位人工合成维生素 E 相当于 0.45 毫克 α-生
育酚。目前，多数国家食品标签上采用国际单位计量维生素 E 的

含量。美国食品药品监督管理局已发布公告，从 2021 年 1 月 1 日起，所有食品标签上维生素 E 计量单位均须使用毫克，不得再使用国际单位。

1. 成人

在现代饮食环境中，维生素 E 缺乏相当少见，因维生素 E 缺乏引起的特异性病症更少见。中国营养学会认为，目前的研究数据不足以制定维生素 E 的推荐摄入量（RDA），仍以适宜摄入量（AI）替代。推荐摄入量是为了预防特异性疾病而制定的目标摄入量，而适宜摄入量是健康人群的实际摄入量。一般情况下，推荐摄入量高于适宜摄入量。由于推荐摄入量和适宜摄入量是两个不同概念，民众在参考时应加以区分。根据中国营养学会制定的标准，14 岁及以上人群维生素 E 的适宜摄入量为每日 14 毫克（表 1）。

表 1　维生素 E 推荐摄入量（毫克/天）

美国医学研究所			中国营养学会#		
年龄段	男性	女性	年龄段	男性	女性
0—6 个月	4*	4*	0—6 个月	3*	3*
7—12 个月	5*	5*	7—12 个月	4*	4*
1—3 岁	6	6	1—3 岁	6*	6*
4—8 岁	7	7	4—6 岁	7*	7*
9—13 岁	11	11	7—10 岁	9*	9*
14—18 岁	15	15	11—13 岁	13*	13*
19—50 岁	15	15	14—17 岁	14*	14*

美国医学研究所			中国营养学会#		
年龄段	男性	女性	年龄段	男性	女性
51—70 岁	15	15	18—64 岁	14*	14*
≥71 岁	15	15	≥65 岁	14*	14*
孕妇≤18 岁		15	孕妇，早		14*
孕妇≥19 岁		15	孕妇，中		14*
乳母≤18 岁		19	孕妇，晚		14*
乳母≥19 岁		19	乳母		17*

所列数值仅指 α-生育酚一种形式的维生素 E。1 毫克 α-生育酚相当于 1.49 国际单位（IU）天然维生素 E，1 毫克 α-生育酚相当于 2.22 国际单位人工合成维生素 E。＊为适宜摄入量（AI），其余为推荐摄入量（RDA）。♯：中华人民共和国卫生行业标准《中国居民膳食营养素参考摄入量第 4 部分：脂溶性维生素》WS/T 578.4—2018。

维生素 E 缺乏时，人体无法及时清除体内的活性氧和自由基，导致红细胞脆性增加，容易发生溶血。虽然红细胞脆性增高是一种检测结果，而非一种特殊病症，但美国医学研究所据此制定了维生素 E 推荐摄入量（RDA）：14 岁及以上人群每日应摄入 15 毫克维生素 E，相当于 22.4 国际单位天然维生素 E，相当于 33.3 国际单位人工合成维生素 E。

2012 年中国居民膳食营养与健康状况调查显示，城乡居民平均每天摄入 8.5 毫克维生素 E，其中城市居民 9.5 毫克，农村居民 7.6 毫克。2018 年美国全民健康与营养调查显示，成年男性平均每天摄入 10.5 毫克维生素 E，成年女性平均每天摄入 9.5 毫克维生素 E，有 11.3％的美国成人长期服用维生素 E 补充剂。在美国，10.2％的成年男性和 3.7％的成年女性维生素 E 摄入不足。

对全球 100 多项膳食调查进行汇总发现，全球居民每天平均摄入 6.2 毫克维生素 E。

2. 孕妇

与其他维生素不同，血 α-生育酚（维生素 E）浓度在怀孕期间明显升高，这可能与孕期体内脂肪含量增加有关。尽管早产儿会出现维生素 E 缺乏症，甚至发生溶血性贫血，但目前还没有妊娠期间出现维生素 E 缺乏的报道，也没有证据支持孕妇补充维生素 E 可预防新生儿溶血性贫血。美国医学研究所推荐（RDA），孕妇每日应摄入 15 毫克维生素 E（与同年龄段普通女性相同）。根据中国营养学会制定的标准，孕妇维生素 E 适宜摄入量（AI）为每日 14 毫克（与同年龄段普通女性相同）。

3. 乳母

乳母通过乳汁向宝宝输送维生素 E，须经膳食补充更多维生素 E。美国医学研究所推荐（RDA），乳母每日应摄入 19 毫克维生素 E（在同年龄段普通女性的基础上增加 4 毫克）。根据中国营养学会制定的标准，乳母维生素 E 适宜摄入量（AI）为每日 17 毫克（在同年龄段普通女性的基础上增加 3 毫克）。

4. 婴儿

由于缺乏研究数据，目前尚不能制定婴儿维生素 E 推荐摄入量，而是用适宜摄入量替代。母乳中维生素 E 平均含量为 4 毫克/升，1—6 个月宝宝平均每天吃奶 750 毫升，从中可获取 3 毫克维生素 E。采用代谢体重法计算，7—12 个月宝宝每天摄入 4 毫克维生素 E。根据美国医学研究所制定的标准，1—6 个月婴儿维生素 E 适宜摄入量为每日 4 毫克，7—12 个月婴儿维生素 E 适宜摄入量为每日 5 毫克。根据中国营养学会制定的标准，1—6 个月婴儿维生素 E 适宜摄入量为每日 3 毫克，7—12 个月婴儿维生素 E 适宜摄入量为每日 4 毫克。

5. 儿童

儿童处于快速生长发育阶段，其维生素 E 需求量随年龄增长变化较大。不同年龄段儿童维生素 E 推荐摄入量主要依据代谢体重法推算而来（表 1）。

6. 老年人

老年人肠道吸收维生素 E 的能力下降，但目前没有证据支持老年人应增加维生素 E 摄入。

哪些食物富含维生素E?

维生素E包括4种生育酚和4种三烯生育酚。在维生素E的8种形式中，α-生育酚在自然界分布最广泛、活性最高，最易被人体吸收利用。在多数情况下，维生素E就是指α-生育酚。

自然界中的维生素E主要由植物合成，因此须经素食补充。坚果、蔬菜、水果、谷类（粮食）、豆类含有丰富的维生素E（表2）。植物油经种子或果实压榨而来，其中含有丰富的维生素E。由于消费量大，植物油和豆类是中国居民维生素E摄入的主要来源。

表2　富含维生素E的日常食物（毫克/100克食物）

食物	α-生育酚含量	食物	α-生育酚含量
小麦胚芽油	150.0	松子仁	9.3
榛子油	47.0	花生酱	9.0
芥花籽油	44.0	花生	7.8

食物	α-生育酚含量	食物	α-生育酚含量
葵花子油	41.1	开心果	2.8
杏仁油	39.2	牛油果	2.6
红花籽油	34.1	菠菜	2.0
葡萄籽油	28.8	鱼肉	1.9
葵花子仁	26.1	生蚝	1.7
杏仁	25.6	芦笋	1.5
杏仁酱	24.2	西蓝花	1.4
小麦胚芽	19.0	鸡蛋	1.1
菜籽油	17.5	腰果	0.9
棕榈油	15.9	莴苣叶	0.6
花生油	15.7	鸡肉	0.3
黄油	15.4	大米	0.2
榛子	15.3	土豆	0.1
玉米油	14.8	牛肉	0.1
橄榄油	14.3	猪肉	0.1
大豆油	12.1	牛奶	0.1

1毫克α-生育酚相当于1.49国际单位（IU）天然维生素E，1毫克α-生育酚相当于2.22国际单位人工合成维生素E。数据来源：①USDA National Nutrient Database。②杨月欣、王光亚、潘兴昌主编：《中国食物成分表》，第二版，北京大学医学出版社，2009。

维生素E相对耐热，经冷藏或烹饪后，天然食物中的维生素E很少被破坏。天然食物中的维生素E一般处于游离状态，无须通过烹饪来释放。不论生食或熟食，坚果、蔬菜、水果中的维生素E含量基本相同。维生素E易溶于乙醇和油剂，不溶于水，富含维生素 E 的食物加入少量油脂（植物油或动物脂肪）会显著提高其吸收率。

植物油中的维生素 E 会随酸败反应而被破坏。光照、受热、接触氧气会加速油脂的酸败反应。大豆油在黑暗环境中存放 56 天，几乎没有酸败反应发生，其过氧化物值也很低。大豆油在昼夜光照环境中存放 56 天，酸败反应明显增强，过氧化物值增加约 15 倍。可见，植物油应避光保存在阴凉干燥处。

维生素 E 具有较强的还原性，在碱性环境中不稳定，在酸性环境中相对稳定。维生素 E 在常温下为浅黄色油状物，经日光或紫外线照射后变为深黄色，提示其结构已发生改变。维生素 E 接触空气、铁盐、铅盐等会加速降解。作为药物和膳食补充剂（保健食品）的维生素 E 应密封避光保存。

保健食品（膳食补充剂）中的维生素 E 大部分为 α-生育酚，少部分为其他形式生育酚。天然存在的 α-生育酚只有一种可被人体吸收利用的异构体；人工合成的 α-生育酚有八种异构体，其中只有四种能被人体吸收利用。因此，合成维生素 E 的生物活性大约只有天然维生素 E 的一半。

为了延长维生素 E 的保质期，一般会将其酯化为 α-生育酚醋酸酯或 α-生育酚琥珀酸酯。酯化与未酯化的 α-生育酚吸收率基本相同。

美国农业部开发的食物成分数据库列出了常见食物的营养成分，其中包括 α-、β-、γ- 和 δ-生育酚含量，同时提供了富含维生素 E 的食物清单。《中国食物成分表》也列出了常见食物的维生素 E 含量。

哪些人容易缺乏维生素 E?

很多植物源性食物都含有维生素 E，人体肝脏也储存有维生素 E，膳食均衡的人一般不会缺乏维生素 E。早产儿和部分偏食者可能缺乏维生素 E。

1. 偏食者

植物中的维生素 E 一般与多不饱和脂肪酸（PUFA）共存，植物油中含有丰富的多不饱和脂肪酸，也是膳食维生素 E 的重要来源。另外，植物油可促进维生素 E 吸收。不吃或少吃植物油的人，可能会出现维生素 E 缺乏。

2. 早产儿和低体重儿

人体肝脏中储存有维生素 E，早产儿（出生时胎龄不足 37

周）和低体重儿（出生时体重少于 1 500 克）肝脏中储存的维生素 E 少，如果摄入不足就会发生维生素 E 缺乏，其主要表现就是视网膜病变和溶血性贫血。

3. 慢性胃肠病患者

消化道吸收维生素 E 需要脂肪帮助，脂肪吸收障碍的人容易发生维生素 E 缺乏。患有短肠综合征、克罗恩病、囊性纤维化病的人可因脂肪泻而影响维生素 E 吸收。维生素 E 须在胆汁作用下转变为水溶液微粒体才能吸收，肝胆疾病导致胆汁分泌减少的患者，也会因吸收障碍导致维生素 E 缺乏。这些患者可补充水溶性维生素 E，如生育酚聚乙二醇 1 000 琥珀酸酯。

4. β-脂蛋白缺乏症患者

β-脂蛋白缺乏症（abetalipoproteinemia，ABL）也称 Bassen-Kornzweig 综合征，是一种常染色体隐性遗传病。这种疾病的特征是患者血液中 β-脂蛋白缺乏，脂肪吸收障碍，循环中棘红细胞增多。该病常见于儿童，表现为脂肪泻、共济失调和视网膜色素变性。研究提示，β-脂蛋白缺乏症与维生素 E 代谢障碍有关，补充大剂量维生素 E 可缓解症状。

5. 囊性纤维化患者

囊性纤维化是一种遗传性外分泌腺疾病。其在呼吸系统主要表现为反复支气管感染和气道阻塞；在消化系统主要表现为胰腺分泌不足，患儿可因脂肪泻引起维生素 E 缺乏。

对于存在缺乏风险的人，在补充前应评估维生素 E 的营养状况。血 α-生育酚浓度可反映体内维生素 E 的丰缺程度。成人血α-生育酚浓度在 11.6 微摩尔/升—46.4 微摩尔/升之间，低于11.6 微摩尔/升提示体内维生素 E 缺乏。血液中维生素 E 大部分与低密度脂蛋白结合，因此评估血维生素 E 浓度应充分考虑血脂水平，合理的方法就是评估维生素 E 占总脂质的比例。成人血生育酚占总脂质的比例低于 0.8‰（质量比），婴儿低于 0.6‰，提示维生素 E 缺乏。

维生素 E 缺乏会有哪些危害？

维生素 E 是人体中重要的抗氧化物质，缺乏时会导致氧化应激损伤，严重时会导致溶血性贫血等病症。

1. 溶血性贫血

维生素 E 缺乏时，体内产生的活性氧会使红细胞脆性增加，这种红细胞容易破裂，进而发生溶血性贫血。

2. 脊髓小脑性共济失调

临床所见脊髓小脑性共济失调大多为遗传原因所致，主要表现为步态不稳、肢体震颤、精细动作困难。维生素 E 严重缺乏时，患者可出现类似症状，部分患者还会出现眼肌麻痹。

3. 视网膜色素变性

临床所见视网膜色素变性大多为遗传原因所致，主要表现为视野缺损、夜盲、视力下降等。维生素 E 严重缺乏时，患者可出现类似症状。

4. 周围神经病

人体缺乏维生素 E 可导致周围神经病，其病理特征是感觉神经纤维的轴突发生退行性改变，患者多表现为肢体麻木和疼痛。

5. 皮肤损伤

维生素 E 缺乏会影响皮肤结构和功能。用大鼠所做的研究发现，维生素 E 缺乏会引起皮肤溃疡和胶原纤维交联障碍。维生素 E 缺乏会加重紫外线导致的皮肤损害，加快皮肤老化进程。

维生素 E 过量会有哪些危害？

天然食物中的维生素 E 不会引发毒副反应，大量服用维生素 E 类保健食品（膳食补充剂）或药物则可能引发毒副反应。

1. 非特异性反应

服用大剂量维生素 E 会引起疲劳、情绪障碍、血栓性静脉炎、乳房胀痛、腹痛、腹胀等症状。服用大剂量维生素 E 会改变血肌酐、血脂、血脂蛋白、甲状腺功能等生化指标。但这些影响缺乏特异性，而且程度较轻，减少剂量或停止服用维生素 E 后一般都会消失。

2. 出血

在小鸡和大鼠中开展的研究发现，α-生育酚会延长凝血酶原时间，抑制血小板聚集，进而增加出血风险。但这些研究所用剂量非常大（500毫克/千克体重），相当于人体可耐受最高摄入量的30倍。在芬兰开展的研究发现，男性吸烟者每天服用50毫克维生素E（α-生育酚）6年，出血性中风的发生率增加了50%。但其他大型研究未观察到此种作用。

华法林是预防血栓性疾病的常用抗凝药，同时服用华法林和维生素E会干扰凝血功能，导致出血风险进一步增加。对于维生素K缺乏的人，服用大剂量维生素E也可能增加出血风险。早产儿静脉注射维生素E会增加颅内出血的风险。由于维生素E会增加出血风险，实施择期手术的人，最好在术前两周停用维生素E制剂。

3. 坏死性肠炎

早产儿静脉注射大剂量（200毫克）维生素E可引发坏死性肠炎，还会增加败血症的发生风险。

4. 间质性肺炎

在大鼠研究中观察到，每天补充大剂量维生素E（125毫克/千克体重），持续13周后，动物出现了间质性肺炎。

5. 前列腺癌

最近开展的荟萃分析提示，低于可耐受最高摄入量的维生素 E 也会引发毒副反应。有研究表明，每天服用 267 毫克（400 国际单位）维生素 E 会增加死亡风险。美国纪念斯隆凯特琳癌症中心发起的硒与维生素 E 预防癌症研究（SELECT）发现，每天服用 267 毫克（400 国际单位）维生素 E 会增加前列腺癌的风险。有学者据此对现行维生素 E 可耐受最高摄入量提出质疑。

根据美国医学研究所制定的标准，成人维生素 E 可耐受最高摄入量为每日 1 000 毫克，其中包括所有 8 种形式的维生素 E。根据中国营养学会制定的标准，成人维生素 E 可耐受最高摄入量为每日 700 毫克（表 3）。

表 3 维生素 E 可耐受最高摄入量（毫克/天）

美国医学研究所			中国营养学会#		
年龄段	男性	女性	年龄段	男性	女性
0—6 个月	—	—	0—6 个月	—	—
7—12 个月	—	—	7—12 个月	—	—
1—3 岁	200	200	1—3 岁	150	150
4—8 岁	300	300	4—6 岁	200	200
9—13 岁	600	600	7—10 岁	350	350
14—18 岁	800	800	11—13 岁	500	500
19—50 岁	1 000	1 000	14—17 岁	600	600
51—70 岁	1 000	1 000	18—64 岁	700	700
≥71 岁	1 000	1 000	≥65 岁	700	700
孕妇≤18 岁		800	孕妇，早		700
孕妇≥19 岁		1 000	孕妇，中		700

美国医学研究所		中国营养学会#		
乳母≤18 岁		800	孕妇，晚		700
乳母≥19 岁		1 000	乳母		700

　　所列数值包括所有 8 种形式的维生素 E。—：表示该值尚未建立。#：中华人民共和国卫生行业标准《中国居民膳食营养素参考摄入量第 4 部分：脂溶性维生素》WS/T 578. 4—2018。

维生素 E 可防治哪些疾病？

在人体中，维生素 E 具有显著的抗氧化作用。从理论上分析，维生素 E 有利于抗衰老，也有利于动脉粥样硬化、癌症、视网膜黄斑变性、痴呆等疾病的防治，因为这些病理过程往往是从氧化损伤开始的。很多商家也宣称维生素 E 类保健食品（膳食补充剂）可防治多种慢病，但这些预期效果尚未被临床研究证实。

1. 预防心脑血管病

实验研究发现，维生素 E 可抑制低密度脂蛋白（LDL）氧化，从而抑制动脉粥样硬化的发生和发展；维生素 E 可抵抗血小板聚集，进而抑制血栓形成。从理论上分析，维生素 E 可预防心脑血管病。美国护士健康研究表明，高维生素 E 摄入者（按四分位数分类）冠心病发病风险只有低维生素 E 摄入者的 30%—40%。芬兰开展的随访研究表明，膳食维生素 E 含量越高，冠心病死亡风险越低。

但干预性临床试验并未证实服用维生素 E 制剂可预防心脑血管病。心脏结局预防评估研究（HOPE）表明，每天服用 266.7 毫克（400 国际单位）维生素 E 持续 5 年，并不能降低心脑血管病的发病风险。HOPE 的后续研究 HOPE－TOO 也表明，持续服用维生素 E 补充剂 7 年，非但不能降低心脑血管病的死亡风险，反而将心力衰竭的风险增加 13％。学术界目前的共识是，膳食维生素 E 有益于血管健康，补充维生素 E 制剂并不能预防心脑血管病。

2. 预防癌症

维生素 E 可淬灭自由基，消除活性氧，阻止亚硝酸盐转化为亚硝胺，增强免疫力。从理论上分析，维生素 E 应该具有抗癌作用。HOPE－TOO 研究发现，55 岁以上中老年人每天服用 266.7 毫克（400 国际单位）维生素 E，持续 7 年后并不能降低癌症发病率和死亡率。妇女健康研究发现，给 45 岁以上妇女隔天服用 400 毫克（600 国际单位）维生素 E，即使持续 10 年也不能降低癌症的发病风险。可见，维生素 E 制剂不具有防癌作用。

3. 预防视网膜黄斑变性

年龄相关性黄斑变性（AMD）和白内障是老年人视力下降的主要原因。观察性研究发现，膳食维生素 E 摄入高（＞20 毫克/日）的人比摄入低（＜10 毫克/日）的人 AMD 患病率下降 20％。

但临床试验发现，补充维生素 E 制剂对 AMD 和白内障都没有预防作用。

4. 预防痴呆

人体大脑耗氧多，神经元在代谢过程中会产生大量自由基和活性氧，这些有害物质若不及时清除，就会毒害神经细胞，导致认知功能减退，甚至引发老年性痴呆（阿尔茨海默病）。从理论上分析，维生素 E 应该具有预防痴呆的作用，但临床干预研究并未证实这种预期效果。

5. 抗衰老

维生素 E 具有抗氧化、抗炎、抑制血小板聚集、增强免疫等作用。从理论上分析，维生素 E 可延缓细胞衰老，但目前尚没有证据支持这一理论。

维生素 E 是如何发现的？

19 世纪末建立现代营养学后，有学者希望找到一种"完美饮食"以预防各种营养不良性疾病。最初的观点认为，"完美饮食"应包括蛋白质、碳水化合物（糖）、脂肪、无机盐和水。利用分析化学的先进技术，当时就有研究者确定了"完美饮食"中各营养素的最佳含量。

1881 年，在瑞士巴塞尔学习的俄罗斯医学生鲁宁（Nikolai Lunin）发现，用"完美饮食"饲养幼年大鼠，动物根本就活不到成年，更不要说健康成长了。鲁宁的导师邦奇（Gustav von Bunge）认为，除了蛋白质、脂肪、碳水化合物、无机盐和水，人和动物还需要其他未知营养素，但邦奇的观点并未被接受。当时学术界对鲁宁研究的解释是，人工配备的纯化食物太难吃，动物因食欲不振引发了营养不良，最终导致死亡。

1905 年，荷兰乌得勒支大学的佩克尔哈林（Cornelius Pekelharing）再次用"完美饮食"饲养幼鼠，结果与鲁宁所见一样。佩克尔哈林还发现，只要在"完美饮食"中添加少量牛奶，小鼠健康状况就会大幅改善。佩克尔哈林据此提出，牛奶中存在的未知营养素对动物生存至关重要。佩克尔哈林的观点同样未被接受，他的论文隐藏在一本不知名的医学杂志中，很多年后才被翻出来重新认识。

1920 年，美国生物化学家马蒂尔（Henry Mattill）评估了动物在整个生命周期中是否仅靠牛奶就可维持健康。完全用鲜牛奶饲养，大鼠在出生后一个多月里生长良好，但 50 天后大鼠的生长开始变得迟缓。用鲜牛奶饲养的大鼠可活到成年，但完全丧失了生育能力。用市售奶粉饲养的大鼠成年后也没有生育能力。

遗憾的是，马蒂尔当时没有认识到全牛奶饮食可能会缺乏某些营养素，反而认为牛奶中含有抑制生育的有害物质。为了证明这一假说，他给奶粉中加入猪油、脂肪酸、淀粉等成分以稀释假定的生殖抑制因子。但用这种改良饲料喂养的大鼠，成年后依然没有生育能力。

就在马蒂尔评估纯牛奶饮食的作用时，美国胚胎学家埃文斯（Herbert Evans）阐明了大鼠的发情周期及生理机制。埃文斯发现，营养状况会影响动物的性成熟，营养不良会导致生育能力丧失。1922 年，埃文斯和毕晓普（Katharine Bishop）结合营养学的进展构建了全新的"完美饮食"：以酪蛋白（18%）、玉米粉（54%）、猪油（15%）、牛油（9%）、无机盐（4%）为主成分，加入少量鱼肝油（含维生素 A）、酵母（含维生素 B）和橙汁（含维生素 C）。令人失望的是，用这种"完美饮食"饲养的大鼠依然没有生育能力。

检测发现，以"完美饮食"饲养的雌性大鼠，生殖器官发育正常，排卵、受精和着床也正常，但胎盘结构和功能存在明显缺陷，导致大鼠怀孕后很快流产。以"完美饮食"饲养的雄性大鼠，睾丸生精上皮萎缩，无法产生健康的精子。

埃文斯和毕晓普发现，在"完美饮食"的基础上添加莴苣叶，大鼠就能恢复生育能力。他们据此认为，天然饮食中含有可促进动物性成熟的营养素。因为此前已发现了维生素 A、B、C 和 D，这种营养素被命名为维生素 E。后来的检测证实，莴苣中含维生素 E，而牛奶中几乎不含维生素 E。因此，单纯用牛奶喂养大鼠，势必造成生育能力丧失。

1924 年，马蒂尔发现，用牛奶（50%）、淀粉（38%）、猪油（10%）和其他当时已知营养素配制的"完美饮食"可导致大鼠不育；但如果将猪油换成淀粉，动物则能获得生育能力；给这种高脂饮食中添加 5% 的小麦胚芽，动物也能获得生育能力。马蒂尔据此认为，高脂饮食导致不育并非因维生素 E 含量低，而是其中的不饱和脂肪酸破坏了维生素 E。

为了验证上述假说，马蒂尔设计了"不育饮食"（sterility diet）和"生育饮食"（fertility diet）。不育饮食的主成分包括淀粉（44%）、酪蛋白（18%）、猪油（15%）、酵母菌（10%）、黄油（9%）、无机盐（4%）。生育饮食是在不育饮食的基础上，用 2% 的小麦胚芽油替代 2% 的猪油。将两种配方饮食分别放入锥形瓶中加热（70℃），同时充入氧气。结果发现，在 120 小时内，生育饮食几乎不消耗氧气；不育饮食在加热后产生了明显酸败反应，同时消耗了大量氧气。马蒂尔认为，动物脂肪（猪油、黄油、鱼肝油）会发生自氧化作用，其中间产物会破坏食物中的维生素 E。小麦胚芽油等植物油中含有抗氧化物质，可保护维生素 E 免受氧化破坏。马蒂尔当时没有认识到，维生素E本身就是一种抗氧化剂。

1934年，奥尔科特（Harold Olcott）和马蒂尔从小麦胚芽油中提取出高纯度维生素E。他们发现，加入维生素E可延长亚麻酸乙酯、油酸甲酯、蓖麻油酸乙酯和猪油的氧化诱导期，也就是防止油脂氧化，但维生素E很容易被对羟基氧化剂破坏。

1936年，埃文斯确定了维生素E的化学结构。由于维生素E具有促生育作用，加州大学伯克利分校的希腊语教授建议将其命名为"生育酚"（tocopherol）。tocopherol一词源于希腊语，意思是生育。1937年，马蒂尔和埃文斯的研究小组合作，发现了维生素E的多种形式。1938年，瑞士化学家卡勒（曾获1937年诺贝尔化学奖）首次合成维生素E。

1968年，美国医学研究所认定维生素E是人体必需的营养素。

第十五章 维生素 K

人体为什么需要维生素 K?

　　维生素 K 是一组脂溶性维生素，在化学结构上为萘醌类衍生物。天然维生素 K 包括 K_1 和 K_2 两种形式。维生素 K 在人体中主要参与凝血过程。人体不能合成维生素 K，必须经膳食持续补充。

1. 参与凝血过程

　　维生素 K 在体内参与蛋白质中谷氨酸残基的羧化反应，所形成的 γ-羧基谷氨酸（Gla）能与钙结合，从而使所在蛋白质具备相应的生物活性。通过这一机制，维生素 K 可影响凝血因子 Ⅱ（凝血酶原）、Ⅶ、Ⅸ、Ⅹ 以及蛋白 C、S 和 Z 的活性，进而发挥促凝血作用。维生素 K 缺乏时，人体容易发生出血。

2. 调节骨代谢

通过影响骨钙素（BGP，又称骨钙蛋白）、基质谷氨酸蛋白（MGP）、骨膜素和谷氨酸丰富蛋白（GRP）的活性，维生素 K 参与骨代谢的调节，防止组织异常钙化。维生素 K 缺乏时，人体容易发生骨质疏松，动脉和其他软组织容易发生钙化。

3. 促进血管新生

通过影响生长停滞特异性蛋白 6（Gas6），维生素 K 可促进血管新生。动脉血管因各种病变发生闭塞（脑梗死或心肌梗死）后，新生血管可在闭塞处形成侧枝循环，良好的侧枝循环可拯救缺血组织，促进患者康复。

食物中的维生素 K（主要为 K_1）主要在小肠吸收。在肠道中维生素 K 在胆汁和胰酶作用下被包裹于脂肪微粒中，然后被小肠上皮细胞吸收，再以乳糜微粒的形式沿淋巴管进入血液，最后被输送到肝脏。在肝脏中，维生素 K 被重新包装为极低密度脂蛋白（VLDL），然后经血液循环输送到全身组织器官。

人体摄入的维生素 K 在 24 小时内会有 40％—50％沿胆道排入肠道，约 20％经尿液排出，体内仅保留 30％—40％的摄入量。维生素 K 的代谢和排泄速度较快，血液中维生素 K 含量很低。血液中的维生素 K 主要存在于极低密度脂蛋白和低密度脂蛋白中。人体肝脏、脑、心脏、胰腺、骨骼中维生素 K 含量较高。

人体每天需要多少维生素 K?

植物和细菌可合成维生素 K。人体和多数动物不能合成维生素 K，必须经膳食持续补充。人体对维生素 K 的需求量受多种因素影响。

1. 成人

由于缺乏研究数据，目前尚不能建立维生素 K 的推荐摄入量（RDA），只能用适宜摄入量（AI）替代。根据美国医学研究所制定的标准，成年男性维生素 K 适宜摄入量为每日 120 微克，成年女性维生素 K 适宜摄入量为每日 90 微克。根据中国营养学会制定的标准，成年男性维生素 K 适宜摄入量为每日 80 微克，成年女性维生素 K 适宜摄入量为每日 80 微克（表 1）。

表1 维生素K适宜摄入量（微克/天）

美国医学研究所			中国营养学会#		
年龄段	男性	女性	年龄段	男性	女性
0—6个月	2.0	2.0	0—6个月	2	2
7—12个月	2.5	2.5	7—12个月	10	10
1—3岁	30	30	1—3岁	30	30
4—8岁	55	55	4—6岁	40	40
9—13岁	60	60	7—10岁	50	50
14—18岁	75	75	11—13岁	70	70
19—50岁	120	90	14—17岁	75	75
51—70岁	120	90	18—64岁	80	80
≥71岁	120	90	≥65岁	80	80
孕妇≤18岁		75	孕妇，早		80
孕妇≥19岁		90	孕妇，中		80
乳母≤18岁		75	孕妇，晚		80
乳母≥19岁		90	乳母		85

#：中华人民共和国卫生行业标准《中国居民膳食营养素参考摄入量第4部分：脂溶性维生素》WS/T 578.4—2018。

2018年美国全民健康与营养调查表明，成年男性平均每天经膳食摄入126.9微克维生素K，成年女性平均每天经膳食摄入128.6微克维生素K。2004年，在中国沈阳开展的调查发现，60岁以上的老年人平均每天经膳食摄入247微克维生素K_1。可见中国居民维生素K摄入水较高，其主要原因是中国居民蔬菜消费量较大。

2. 孕妇

妇女怀孕前后体内维生素 K 营养状况不发生明显改变。根据美国医学研究所制定的标准，18 岁及以下孕妇维生素 K 适宜摄入量为每日 75 微克（与同年龄段普通女性相同），19 岁及以上孕妇维生素 K 适宜摄入量为每日 90 微克（与同年龄段普通女性相同）。根据中国营养学会制定的标准，孕妇维生素 K 适宜摄入量为每日 80 微克（与同年龄段普通女性相同）。

3. 乳母

乳母通过乳汁向宝宝提供维生素 K。从理论上分析，乳母应增加维生素 K 摄入量。根据美国医学研究所制定的标准，18 岁及以下乳母维生素 K 适宜摄入量为每日 75 微克（与同年龄段普通女性相同），19 岁及以上乳母维生素 K 适宜摄入量为每日 90 微克（与同年龄段普通女性相同）。根据中国营养学会制定的标准，乳母维生素 K 适宜摄入量为每日 85 微克（在同年龄段普通女性的基础增加 5 微克）。

4. 婴儿

母乳中维生素 K 平均含量为 2.5 微克/升，1—6 个月宝宝平均每天吃奶 750 毫升，从中可获取 2.0 微克维生素 K。采用代谢体重法计算，7—12 个月宝宝每天摄入 10 微克维生素 K。根据美国医学研究所制定的标准，1—6 个月婴儿维生素 K 适宜摄入量为每日 2 微克，7—12 个月婴儿维生素 K 适宜摄入量为每日 2.5 微克。根据中国营养学会制定的标准，1—6 个月婴儿维生素 K 适宜摄入量为每日 2 微克，7—12 个月婴儿维生素 K 适宜摄入量为每日 10 微克。

5. 儿童

儿童处于快速生长发育阶段，其维生素 K 需求量随年龄增长变化较大。不同年龄段儿童维生素 K 适宜摄入量主要依据代谢体重法推算而来（表 1）。

6. 老年人

随着年龄增长，肠道对维生素 K 的吸收能力显著降低，但目前没有证据支持老年人应增加维生素 K 摄入量。

哪些食物富含维生素 K?

维生素 K 有多种形式。维生素 K_1 也称叶绿醌（phylloquinone），是由植物合成的化合物。叶绿醌参与光合作用，因此在绿叶蔬菜中含量较高。维生素 K_2 也称甲萘醌（menaquinone），是由细菌合成的化合物。人和动物可将叶绿醌转化为甲萘醌，肠道细菌也可将叶绿醌转化为甲萘醌。K_1 是植物源性维生素 K，K_2 是细菌源性维生素 K，K_3 和 K_4 则是人工合成的维生素 K。

绿叶蔬菜、植物油、水果含有丰富的维生素 K_1（表 2）。纳豆、豆豉、奶酪等发酵食品含有丰富的维生素 K_2，肉、蛋、奶含一定量维生素 K_2（表 3）。蔬菜中十字花科类（青菜、油菜、卷心菜、甘蓝、芥菜、大白菜、小白菜、西蓝花、雪里蕻、萝卜、大头菜）和藜科类（菠菜、甜菜）维生素 K_1 含量尤其丰富。

表2　富含维生素 K_1 的日常食物（微克/100 克食物）

食物	维生素 K_1 含量	食物	维生素 K_1 含量
羽衣甘蓝	817	小葱	213
蒲公英叶	778	包菜	194
雪里蕻	623	大豆油	184
芥菜叶	593	西芹	164
水芹	542	西蓝花	141
菠菜	541	红叶生菜	140
萝卜英	519	绿叶生菜	126
甜菜	484	白菜	109
紫甘蓝	419	芝麻菜	109
芦笋	240	猕猴桃	40
娃娃菜	231	胡萝卜	8

表3　富含维生素 K_2 的日常食物（微克/100 克食物）

食物	维生素 K_1 含量	食物	维生素 K_1 含量
日本豆豉	1 103	牛肝	8
鹅肝酱	369	培根	6
硬奶酪	76	猪肾	6
软奶酪	57	奶油	5
牛奶	38	猪排	4
蛋黄	32	鸭肉	4
黄油	15	鳝鱼	2
鸡肝	13	酸奶	0.9
鸡肉	9	三文鱼	0.5
牛肉	8	河虾	0.4
猪肝	8	鲭鱼	0.4

食物重量均以可食部分计算。数据来源：USDA National Nutrient Database。

中国居民饮食中维生素 K 的主要来源是十字花科类蔬菜、藜科类蔬菜和植物油。因为日常饮食中维生素 K 含量丰富，没有必要对加工食品实施维生素 K 强化。

为了促进畜禽健康生长，防止发生出血，规模化养殖的畜禽其饲料中都会加入合成甲萘醌。合成甲萘醌与天然维生素 K_2 结构稍有不同，动物会将其转化为维生素 K_2。用含甲萘醌饲料喂养的畜禽所生产的肉、蛋、奶维生素 K_2 含量明显升高。

尽管肠道细菌可将叶绿醌转化为甲萘醌（维生素 K_2），但肠道细菌主要位于大肠内，而大肠吸收维生素 K 的能力有限，因此只有部分细菌合成的维生素 K_2 可被人体吸收。

维生素 K_1 在常温下为亮黄色半透明油性液体；维生素 K_2 在常温下为黄色结晶，在 54℃ 时溶为液体。维生素 K_1 和 K_2 均易溶于氯仿、乙醚或植物油，略溶于乙醇，不溶于水。维生素 K_1 和 K_2 都耐高温，遇光、紫外线、碱、氧化剂均易降解。天然食物中的维生素 K 经日常烹饪后只有小部分损失。含维生素 K 的制剂应避光保存在阴凉处。人工合成的维生素 K_3 和 K_4 为水溶性，其化学性质更为稳定。

很多复合维生素制剂都含有维生素 K，每片含量通常不到成人适宜摄入量的 75％。维生素 K 也可单独作为保健食品（膳食补充剂）使用。保健食品（膳食补充剂）中的维生素 K 有多种形式，包括维生素 K_1（叶绿醌）和 K_2（甲萘醌）。

维生素 K_1（叶绿醌）制剂口服后的吸收率高达 80％，植物油中维生素 K_1 的吸收率与此相当，绿叶蔬菜中维生素 K_1 的吸收率则要低很多。研究发现，菠菜中维生素 K_1 的吸收率只有 3％—14％，加入植物油（油脂）可促进菠菜中维生素 K_1 的吸收。

美国农业部开发的食物成分数据库提供了常见食物的营养素含量，其中包括维生素 K_1（叶绿醌）和维生素 K_2（甲萘醌）。正在服用华法令的人，可利用这一数据库制定合理的膳食计划，以维持维生素 K 的稳定摄入。中国营养学会编制的《中国食物成分表》没有列出维生素 K 含量。

蔬菜和肉、蛋、奶中含有维生素 K，膳食均衡的人很少出现维生素 K 缺乏。特殊人群和部分患者可能需要补充维生素 K。

1. 新生儿

新生儿体内维生素 K 水平较低，容易因维生素 K 缺乏引发出血，这类出血最常发生在胃肠道、脑、皮肤和鼻子等部位。按照发生时间，维生素 K 缺乏性出血可分为早发型和晚发型。早发型多见于出生后一周内，晚发型多见于出生后 2 周—12 周。早发型出血是因宝宝出生前从母体获取的维生素 K 太少；晚发型出血是因母乳中维生素 K 含量过低，或因宝宝患有吸收不良性疾病，如阻塞性黄疸或囊性纤维化病。新生儿颅内出血致残率和死亡率很高，因此应高度重视刚出生宝宝的维生素 K 营养状况。为了预防维生素 K 缺乏性出血，医生一般会在宝宝出生 6 小时内经肌肉注射 0.5 毫克—1 毫克维生素 K_1。

2. 慢性消化道病患者

囊性纤维化病、脂肪泻、溃疡性结肠炎、短肠综合征等疾病会影响脂肪吸收，这些疾病患者容易出现维生素 K 缺乏。

3. 曾行胃肠道手术的人

胃大部切除术、胃束带术、胃内水球术、缩胃术、胃旁路术、小肠缩短术等都会影响脂肪吸收，因减肥或疾病实施胃肠手术的人容易出现维生素 K 缺乏。

4. 偏食者

维生素 K_1 主要存在于绿叶蔬菜中，肠道菌群合成甲萘醌（K_2）也需要以叶绿醌（K_1）为原料。很少吃蔬菜的人可能会缺乏维生素 K。

5. 经常服用抗生素的人

抗生素会杀灭肠道细菌，而肠道细菌是体内维生素 K 的重要来源。头孢类抗生素除了杀灭肠道细菌，减少维生素 K 合成，还能抑制维生素 K 在体内发挥作用。因此，长期使用头孢类抗生素有可能导致体内维生素 K 缺乏，进而引发出血。在中国台湾开展的大型巢式病例对照研究发现，长期使用头孢类抗生素（头孢美唑、头孢哌酮、氟氧头孢）会将出血风险增加71％。

6. 服用抑制胆汁酸药物的人

肠道中胆固醇的吸收需要胆汁酸辅助，胆甾醇胺、考来替泊（降胆宁）等螯合剂可抑制胆汁酸的重吸收，进而降低血胆固醇水平。维生素K等脂溶性维生素的吸收同样需要胆汁酸辅助，胆甾醇胺等药物因此可阻碍维生素K的吸收，长期服用这类药物的人应定期监测维生素K的营养状况。

7. 补充大量维生素E的人

维生素E可抑制维生素K参与的羧化反应，降低肠道维生素K_1的吸收率，因此补充维生素E会对抗维生素K的作用，进而增加出血风险。临床研究也证实，服用华法林的人，补充维生素E更容易发生出血。

8. 服用减肥药的人

奥利司他（罗氏鲜、阿莱）可抑制肠道内的脂肪酶，阻止甘油三酯水解，从而减少脂肪吸收，这一作用使其成为一种理想的减肥药。在减少脂肪吸收的同时，奥利司他还会阻碍维生素K的吸收。服用华法林的人再服用奥利司他，会导致凝血酶原时间明显延长，更容易引发出血。在欧美国家，医生通常会建议服用奥利司他的人适当补充维生素 K。

　　对于存在缺乏风险的人，在补充前应评估体内维生素 K 的营养状况。目前还没有评估维生素 K 的可靠指标，可用凝血酶原时间（血液凝固所需时间）间接评估体内维生素 K 的丰缺程度。但导致凝血酶原时间延长的原因很多，凝血酶原时间作为评估维生素 K 营养状况的指标缺乏特异性。

　　成人血叶绿醌（维生素 K_1）浓度范围在 0.29 纳摩尔/升—2.64 纳摩尔/升之间。血叶绿醌浓度不能准确反映体内维生素 K 的营养状态，血叶绿醌浓度稍低于正常值参考范围一般也不出现维生素 K 缺乏症状，这是因为人体还会从大肠中吸收细菌产生的甲萘醌（维生素 K_2）。血 γ-羧化骨钙素浓度、血羧基化凝血酶原活性、尿 γ-谷氨酸浓度都可大致反映体内维生素 K 的丰缺水平，但同样缺乏特异性。

维生素 K 缺乏会有哪些危害？

维生素 K 在人体中主要参与凝血和钙化过程，缺乏时会引起出血和骨骼异常钙化。

1. 出血

维生素 K 缺乏时凝血酶原活性降低，凝血酶原时间（PT）延长，血液不易凝固，容易发生内出血和外出血。膳食是人体维生素 K 的主要来源，曾有学者希望通过减少维生素 K 摄入量改变凝血状态，但这一尝试以失败告终，因为人体对维生素 K 的需求量很小，而天然食物中的维生素 K 又几乎无处不在，绝大多数人维生素 K 的摄入量远超生理需求量。

怀孕期间，胎盘屏障会部分阻挡母体血液中维生素 K 进入胎儿血液。初乳中维生素 K 含量较低。新生儿肠道菌群尚未建立，不能合成甲萘醌，容易因维生素 K 缺乏引发出血。

2. 骨质疏松

骨钙素的活化过程需要维生素 K 参与，骨钙素的主要作用是维持骨骼正常钙化，抑制异常的羟基磷灰石结晶形成。维生素 K 缺乏会影响骨骼正常钙化，导致骨质疏松。2006 年开展的荟萃分析表明，在纳入的 13 项研究中有 12 项发现增加维生素 K 摄入可改善骨密度，有 7 项研究发现补充维生素 K2（甲萘醌，15 毫克—45 毫克/天）可降低髋骨、椎骨和其他部位骨折的发生率，其他研究未发现补充维生素 K 可预防骨折。日本已批准用维生素 K（MK-4，45 毫克/天）预防骨质疏松症。欧洲食品安全局也批准将维生素 K 作为膳食补充剂（保健食品）以维持骨骼健康。美国食品药品监督管理局尚未批准维生素 K 的这一用途。

3. 血管钙化

血管钙化是指磷酸钙沉积在血管壁中，会导致动脉弹性下降，血压升高，脉压差变大，进而增加心脑血管病的风险。血管基质谷氨酸蛋白（MGP）可抑制血管钙化，而 MGP 的活化需要维生素 K 参与，维生素 K 缺乏的人容易发生血管钙化。美国农业部老龄营养研究中心开展的随机双盲临床试验发现，60—80 岁健康老人每天服用 500 微克叶绿醌（维生素 K1），可延缓冠状动脉钙化的进展速度。

由于维生素 K 广泛存在于天然食物中，膳食均衡的人一般不会出现维生素 K 缺乏。中国人因绿叶蔬菜食用量大，维生素 K 缺乏更为罕见。有吸收障碍的人或正在服用干扰维生素 K 代谢药物的人会出现维生素 K 缺乏。

目前尚没有发现口服大剂量维生素 K_1 或 K_2 的毒副作用。但经静脉注射维生素 K 有时会引起严重不良反应，包括支气管痉挛和心脏骤停。一般认为，这些反应是因过敏反应所致，发生率约为 3/10 万，用聚氧乙烯蓖麻油为增溶剂的维生素 K 注射剂更易引发过敏反应。

人工合成的甲萘醌也称维生素 K_3。早年开展的研究发现，长期服用维生素 K_3 会损害肝细胞。因此，维生素 K_3 目前已不再用作膳食补充剂（保健品），但可用作处方药以防治出血性疾病。

口服维生素 K 制剂发生毒副反应的风险极低。美国医学研究所指出，目前尚未发现维生素 K 制剂引发的不良反应，因此没有制定维生素 K 可耐受最高摄入量（UL）。中国营养学会也没有制定维生素 K 可耐受最高摄入量。

华法林、苊香豆醇、苯丙香豆素和氟茚二酮是临床常用的口服抗凝药，用于预防血栓形成性疾病。这类药物发挥抗凝血作用的机制在于，通过抑制维生素 K 环氧化物还原酶（VKOR），使维生素 K 在体内无法激活，导致维生素 K 依赖性凝血因子耗竭。正在服用华法林等抗凝药的人需保持膳食维生素 K 含量稳定，这样才能将国际标准化率（INR）维持在 2.0—3.0 之间。如果膳食维生素 K 含量大幅增加，就会抵消华法林的抗凝作用，进而引发缺血事件（心肌梗死和脑梗死）；如果膳食维生素 K 含量大幅减少，就会增强华法林的抗凝作用，进而引发出血事件。中国居民因十字花科类和藜科类蔬菜消费量大，而且食物种类庞杂，服用华法林类抗凝血药的效果不如西方居民。

维生素 K 是如何发现的？

1929 年，在研究胆固醇代谢时，丹麦生化学家达姆偶然发现，用无脂饲料喂养小鸡会导致皮下出血。达姆一开始怀疑动物发生了坏血病，但进一步研究否定了这种想法，因为给小鸡补充大量维生素 C 并不能防止出血。达姆据此提出，天然膳食中含有一种脂溶性营养素，其缺乏会引起出血。1935 年，达姆将研究结果发表在《自然》（*Nature*）杂志上。由于这种营养素主要参与凝血过程，根据丹麦语"凝血"（Koagulation）一词的首字母，达姆将其命名为维生素 K。

维生素 K 的概念提出后，其他研究人员很快就发现，植物绿叶和动物肝脏含有丰富的维生素 K。新鲜鱼肉中几乎不含维生素 K，但腐败鱼肉中含有丰富的维生素 K，这个有趣现象让研究人员找到了维生素 K 的另一来源，那就是细菌。

1939 年，美国圣路易斯大学学者宾克利（Steven Binkley）从苜蓿中提取出维生素 K，麦基（Ralph McKee）从腐败鱼肉中提取出维生素 K。美国生化学家多伊西（宾克利和麦基的导师）观察到，源于苜蓿和腐败鱼肉的维生素 K 结构不同，他将源于植物的维生素 K 称为 K_1，将源于细菌的维生素 K 称为 K_2。

1939 年，多伊西领导的研究团队确定维生素 K_1 的化学成分为叶绿醌（2-甲基-3-植基-1，4-萘醌），同年又合成了维生素 K_1。1940 年，多伊西确定了维生素 K_2 的化学结构为甲萘醌（2-甲基-1，4-萘醌）。1943 年，达姆因发现维生素 K，多伊西因确定其化学结构分享了诺贝尔生理学或医学奖。

新生儿发生胆道阻塞时，维生素 K 吸收障碍，这时血液难以凝固，容易发生内出血和外出血，尤其是颅内出血。维生素 K 发现后，很快就用于新生儿阻塞性黄疸，进而大幅降低了颅内出血的发生率。在欧美国家，给新生儿注射维生素 K 目前已成为产科常规。

20 世纪 20 年代，加拿大和美国北部农场流行一种怪病，很多奶牛因轻微外伤或小手术就流血不止，最终因失血过多而死亡。据一位农场主报告，他家 22 头小母牛在切除牛角后，有 21 头死亡（注：为了避免奶牛相互抵牾受伤，或用牛角抵伤挤奶工人，在奶牛出生 20 天内往往要切除牛角）；25 头小公牛在去势手术后，有 12 头死亡（注：去势也称阉割，去势后公牛会变得温驯，而且生长快速，肉质也会更加松嫩。去势一般在公牛出生后 6 个月内实施，采用手术摘除双侧睾丸）。大批奶牛死亡使农场主损失惨重。

1921 年，加拿大兽医斯科菲尔德（Frank Schofield）调查发现，奶牛死亡多发生在食用霉变甜苜蓿（三叶草）干草之后，这种病因此被称为"甜苜蓿病"（sweet clover disease）。为了明确病因，斯科菲尔德从同一批甜苜蓿饲料中挑选出霉变部分和无霉变部分，然后分别喂养兔子。结果发现，食用无霉变甜苜蓿的兔子健康状况良好，而食用霉变甜苜蓿的兔子多死于内出血。1929年，美国兽医罗德里克（Lee Roderick）进一步证实，霉变甜苜蓿中的有害物可阻碍凝血酶原激活，从而导致家畜流血不止。

1933年，美国威斯康星大学林克（Karl Link）教授带领的研究团队开始尝试从霉变甜苜蓿中提取抗凝物质。林克的学生坎贝尔（Harold Campbell）花了五年时间提取到 6 毫克抗凝剂结晶。之后，另一名学生斯塔曼（Mark Stahmann）用 4 个月时间提取到 1.8 克抗凝剂结晶。利用这些提取物，林克教授最后确定，霉变甜苜蓿中的抗凝剂为双香豆素。1940年，林克教授带领的团队成功合成双香豆素。

香豆素存在于很多植物中，鲜草释放的香味就是香豆素挥发所致。甜苜蓿含有高水平香豆素，切割时会产生浓郁的香甜味，因此得名"甜苜蓿"。茜草、甘草、薰衣草也含香豆素，因此能散发出特殊香味。香豆素本身并没有抗凝血作用，霉菌（真菌的一种）可将香豆素转变为双香豆素，双香豆素具有强烈的抗凝血作用。甜苜蓿霉变后，其中的香豆素转化为双香豆素，奶牛食用后就会出血不止；而食用无霉变甜苜蓿不会发病。

林克教授发现双香豆素及其抗凝作用后的数年间，有多种结构类似的抗凝剂被研发出来。1948年，林克教授研发出一种更强的抗凝剂苄丙酮香豆素，因为当时该研究受威斯康星校友研究基金会（Wisconsin Alumni Research Foundation，WARF）资助，将 WARF 和 coumarin（香豆素）两词结合，这种新研发的抗凝剂被命名为 warfarin，中文音译为华法林或华法令。

在人体中，华法林和其他双香豆素类抗凝剂能竞争抑制维生素 K，阻碍维生素 K 依赖性凝血因子 Ⅱ、Ⅶ、Ⅸ、Ⅹ 的合成，从而发挥抗凝血作用，但这些抗凝剂对已形成的凝血因子没有作用，使用后需待血液中已有凝血因子耗竭殆尽后方能显效。因此双香豆素类抗凝剂起效慢，但作用强烈而持久。

第二次世界大战后期，美国发起了大规模农业振兴计划，新开发的农业区鼠患成灾，严重影响粮食产量，当局急需一种高效灭鼠药。老鼠生性机警，一旦发现有同类异常死亡，其他老鼠就会规避其死前所吃食物，这一习性使常规灭鼠药不能成批杀灭老鼠，因此很难杜绝鼠患。华法林具有潜伏期长、作用持久的特点，这些优势使其成为一种理想的灭鼠药。作为灭鼠药投入市场后，华法林很快就控制了美国各地的鼠患。作为灭鼠药引入中国后，华法林因效果神奇被国人誉为"灭鼠灵"或"杀鼠灵"。1975 年，法国利帕公司（Lipha SA）研发出与华法林结构类似的溴敌隆（bromadiolone，乐万通、溴敌鼠），因灭鼠效果更强，被称为超级华法林（super-warfarin）。

华法林出现前，临床上常用双香豆素预防血栓形成性疾病。华法林出现后，很快有研究者希望将其用在患者身上，而且动物实验也证实，华法林抗凝作用更强，副作用更小。但是，华法林作为灭鼠药已家喻户晓，民众很难接受用一种毒药来治病。

转机发生在 1950 年，一名美国军人服用大量灭鼠灵（华法林）试图自杀。送院后，医生给他注射了维生素 K（华法林的解药），这名自杀者不久就完全康复了。这一事件说明华法林对人体毒性很小，而且可用维生素 K 解毒。此后的临床试验证实，华法林可有效预防血栓性疾病（脑梗死和心肌梗死）。1954 年，美国食品药品监督管理局批准华法林用于人体。1955年，美国总统艾森豪威尔在打高尔夫球时突发心脏病，主治医生给他紧急服用了华法林。此事经媒体报道后，华法林声名大震，口服抗凝药从此进入华法林时代，数以百万计的患者因此延长了生命。

华法林的效果在个体间差异很大，加之其抗凝作用受食物成分影响。20世纪80年代，世界卫生组织推荐用国际标准化率（INR）监测华法林的疗效。例如，房颤患者在服用华法林期间，应将INR维持在2.0—3.0之间。这一举措使华法林的用量变得有据可循，显著降低了出血风险，提高了防治效果。

本书所涉及的药品和疗法不能代替医嘱。